广东科学技术学术专著项目资金资助出版

粮食干燥解析法

李长友 著

科学出版社
北京

内 容 简 介

  本书以过程解析理论、能效评价方法为主线，面向产业应用，总结作者在干燥解析理论方面多年来的研究成果。全书包括粮食干燥科学及解析基础和深床干燥解析法两篇，共分 8 章。主要包括粮食水分结合形式的介绍，热物理特性、结构特征的理论表达，水分结合能、干燥动力学与传热、传质过程的模型解析，不同干燥工艺过程的分析解及其解析方法，干燥系统㶲的分析及能效评价方法。重点考虑多学科交叉、干燥标准及解决产业应用中的现实问题，通过实例，讲述过程解析及能效评价分析的方法。

  本书适合农业工程类、能源工程类、机械工程类等相关专业的高校师生阅读参考。

图书在版编目(CIP)数据

粮食干燥解析法/李长友著. —北京：科学出版社，2018.3
ISBN 978-7-03-055871-8

Ⅰ. ①粮… Ⅱ. ①李… Ⅲ. ①粮食－干燥－技术 Ⅳ. ①TS210

中国版本图书馆 CIP 数据核字（2017）第 305762 号

责任编辑：郭勇斌 彭婧煜 / 责任校对：杜子昂
责任印制：张 伟 / 封面设计：涿州锦晖计算机科技有限公司

科 学 出 版 社 出版
北京东黄城根北街 16 号
邮政编码：100717
http://www.sciencep.com
北京中石油彩色印刷有限责任公司 印刷
科学出版社发行 各地新华书店经销
*
2018 年 3 月第 一 版 开本：787×1092 1/16
2018 年 3 月第一次印刷 印张：15 插页：6
字数：356 000
定价：98.00 元
（如有印装质量问题，我社负责调换）

序

我国粮食年产量 6 亿多吨，是世界第一粮食生产和消费大国，但我国粮食干燥机械化装备技术水平较低，干燥机械化程度还不足 10%，与日本、美国、加拿大等发达国家在 20 世纪 80 年代就达到 90% 以上的水平相比，相差甚远；目前全国农作物耕种收综合机械化率已达 63.8%，发展很不平衡。近年来，在国家良好的政策导向下，干燥机市场持续走热，设备数量增长很快，但整体市场比较混乱，新技术应用不足，设备制造质量不高，适应性、通用性、可靠性、安全性差，处理工艺粗放，能耗高，效率低，品质不能保障。导致问题的原因有多方面，其中粮食干燥技术基础研究重视不够、设备效能评价标准不科学是问题的根源之一。我国的干燥机评价标准中缺乏公平、合理的干燥机作业能力和单位热耗评价方法，在一定程度上影响了新技术、新工艺的研发、应用和推广。

支撑粮食节能干燥与质量控制最重要的技术基础，在于揭示粮食自身固有的、适应外部条件变化的内部特征参数。为获得客观、真实的反映干燥过程的分析解，许多科研人员进行了大量的研究。基于宏观的质量、能量守恒定律和不可逆热力学原理，建立了含湿量、温度和气相压力解析方程，而方程中系数的物理意义不明确，大多假设其系数为常数并把干燥过程简化为一段降速干燥，建立并求解物料蒸发、相际水分交换、介质增湿三者之间的质平衡方程，将物料的最大干燥速率比等价于自由含水比，给出求解方法。由于自由液面蒸发的饱和含湿量，质量守恒定律要求扩散流的积累和流失必须保持一致，同时，在干燥中，还必须与粮食蒸发分数保持平衡，在不能精确掌握模型中诸多特征参数，如比表面积、有效蒸发面积系数、干燥过程中的传质系数及与系统热损关联的众多机制参数的情况下，难以得到较为切合实际的计算结果，导致提出的解析方法至今也未能应用于实际。就解析深床干燥和评价干燥系统的效能而言，并不一定要预先知道物料蒸发、相际水分交换等物理机制，可以通过研究系统中能够可靠测量的过程量、边界条件、初态和终态参数、定性尺寸等影响因素在干燥过程中的内在联系，综合成无量纲的数群，依此，揭示出机制参数在实际干燥过程中的变化规律，解析出干燥过程。

《粮食干燥解析法》一书，基于热力学方法，在深入分析过程特性和物理机制、水分结合能、干燥系统㶲效率的基础上，揭示了干燥过程中，系统特征参数的内在联系，获得了分析解，发展了解析法理论，通过静置层、流动层的特定实例，说明过程解析及能效评价的方法。为通过干燥工艺和装置结构设计来增大动力系数，开发干燥自适应控制系统，实现粮食优质、高效节能干燥提供了应用技术基础和分析方法。对干燥技术创新，制定科学、公平的评价标准，推动干燥领域科学技术进步具有重要的学术价值和现实意义。

罗锡文

2017 年 11 月

前　言

　　干燥理论涉及热量和质量传递（以下简称热质传递）、水分同物料的结合形式、干燥品质形成机制，以及不可逆热力学、物性学和动力学等多个学科，干燥理论与干燥工艺、干燥技术的有机结合构成了干燥科学。研究干燥问题的方法有理论研究和试验探索两类。理论研究方法主要有数学解析法、有限元分析法、数值解析法等。随着人们对干燥认识的不断深入，数学解析法在研究复杂的干燥问题中逐渐得到重视。为了指导干燥设计，实现优质、高效节能的目的，针对粮食在稳态条件下的干燥特性，人们建立了各种粮食的薄层干燥模型及其特征参数计算式。基于薄层干燥模型、导热微分方程、对流换热微分方程和干燥质平衡微分方程，利用计算机模拟干燥过程获得了较为广泛的应用，但模拟精度主要取决于模型中的参数取值。在不能精确在线测量诸多粮食物性、干燥过程及机制参数的情况下，其模拟结果与实际情况往往存在较大的差异。由于在实际干燥过程中，粮食及其介质的物性、状态实时变动，其成分、质构、集群组态、形态、位置的变动导致热质传递、干燥系统㶲（以下简称干燥㶲）及其传递发生变化，影响因素很多，问题十分复杂。为了得到这一系统的分析解，基于唯象学、相似理论的研究方法，客观地揭示干燥动力系数与物性、结构及能够正确测量出的过程特征参数之间的关系，把干燥系统的若干因素，按照它们在过程中的内在联系，综合成无量纲，能够使复杂问题得到大幅度简化。然后，通过试验研究，找到规律，验证理论，进而指导干燥装备及工艺系统设计。

　　粮食干燥系统存在诸多不确定因素，许多机制参数难以揭示，诸多过程参数又很难获得可靠的实时在线测量结果，导致粮食干燥过程控制一直徘徊在开环调节的水平等诸多疑难问题上。对此笔者已展开了 30 多年的研究，积累了一些解决问题的思想和方法。尤其是近年，在完成国家自然科学基金项目"高湿稻谷热力场协同干燥能效评价与品质形成机理的研究""稻谷干燥特征函数及其系统解析理论研究""粮食干燥体系㶲特征及热质运动规律的研究"和教育部高等学校博士学科点专项科研基金项目"谷物种子干燥行为与能质传递解析法研究"的过程中，笔者揭示了高湿稻谷水分分布与干燥峰面的移动过程，给出了粒体内部水分结合能及温度分布解析式，解析出了非稳态干燥过程粮食籽粒内部温度及压力分布，求解了深床干燥质平衡基础方程，获得了不同干燥工艺方式下的含水率在线分析解。为正确把握粮食干燥过程，指导干燥设计，评价干燥机产能，制定干燥设备效能评价标准，实现干燥过程自适应控制，补充了一些理论分析和解析计算的方法。通过总结历年的研究成果，以过程解析理论、能效评价方法为主线，面向产业应用，笔者撰写了《粮食干燥解析法》一书。围绕物料中的自由水分集态变化、解析物料干燥、相际水分蒸发、介质增湿平衡关系展开系统的研究工作，其理论基础是热力平衡与热质传递。基本任务是通过对干燥系统、热力平衡、状态参数、干燥过程的分析，得到干燥系统的分析解，为指导干燥工艺及装备设计，实现干燥过程自适应控制提供技术基础，进而基于此衡量干燥系统的性能，制定评价标准。其目的是实现粮食优质、高效节能干燥，消耗最少的主观热能，实现最大去水效果。采用唯象学、研究宏观现象的基本方法，通过已经揭示的物性特征参数、干燥特性、扩散与指数模型，探究其干燥特性表示法。把水分在粮食内部及相际蒸发的内在机制及有关的具体性质，当作宏观真实存在的特征数据予以肯定，对微观结构及无法在线测量的系数不作任何假设，利用干燥系统的刚性参数、可测量特征状态点及其真实的状态变化过程，建立这些参数间的内在联系，得到基础方程的分析解。

全书包括粮食干燥科学及解析基础和深床干燥解析法两篇，共分 8 章。主要包括粮食水分结合形式的介绍，热物理特性、结构特征的理论表达，水分结合能、干燥动力学与传热、传质过程模型解析，不同干燥工艺过程的分析解及其解析方法，干燥系统㶲分析及能效评价方法。本书重点考虑多学科交叉、干燥标准及解决产业应用中的现实问题。内容力求简明精炼，以便透彻地说明概念、详尽地介绍解析计算方法。由于笔者的知识水平有限，书中难免有疏漏和欠妥之处，敬请读者批评指正。

李长友

2017 年 10 月

目　　录

序

前言

主要参数说明

绪论 ……………………………………………………………………………………………… 1

上篇　粮食干燥科学及解析基础

第1章　含湿粮食 ………………………………………………………………………… 7
1.1　粮食中的水分 …………………………………………………………………………… 7
1.2　粮食的吸附特性 ………………………………………………………………………… 8
1.3　粮食的吸附和解吸过程 ………………………………………………………………… 9
1.4　粮食含水率及其表达 …………………………………………………………………… 11
1.5　粮食的热物理特性 ……………………………………………………………………… 14
1.6　粮食的空气动力学特性 ………………………………………………………………… 20

第2章　稳态干燥系统的特征参数 ……………………………………………………… 26
2.1　干燥系统的基本状态参数 ……………………………………………………………… 26
2.2　状态参数的特性 ………………………………………………………………………… 32
2.3　湿空气的状态参数图 …………………………………………………………………… 34
2.4　理想混合气体 …………………………………………………………………………… 36
2.5　理想气体的内能、焓和熵 ……………………………………………………………… 39
2.6　干燥系统的物质衡算及过程量的计算 ………………………………………………… 44
2.7　干燥过程的热量衡算 …………………………………………………………………… 46

第3章　干燥过程的理论表达 …………………………………………………………… 48
3.1　干燥理论研究概述 ……………………………………………………………………… 48
3.2　动量、热量、质量传递基本定律 ……………………………………………………… 49
3.3　薄层干燥特性及其理论模型 …………………………………………………………… 51
3.4　平衡含水率模型 ………………………………………………………………………… 62
3.5　深床干燥特性及模型 …………………………………………………………………… 68

第4章　干燥动力解析法 ………………………………………………………………… 74
4.1　干燥动力学 ……………………………………………………………………………… 74
4.2　湿粮基础方程 …………………………………………………………………………… 74
4.3　干燥动力学因子解析法 ………………………………………………………………… 76
4.4　水分结合能解析法 ……………………………………………………………………… 78
4.5　非稳态干燥过程籽粒内部温度分布解析法 …………………………………………… 86

下篇　深床干燥解析法

第5章　深床干燥基础方程及其求解方法 ································· 101

5.1　深床干燥理论研究概述 ·· 101

5.2　深床干燥过程特征 ·· 102

5.3　深层干燥特性表达 ·· 103

5.4　深层干燥系统状态参数变化特征 ·································· 105

5.5　深床干燥基础方程 ·· 109

5.6　基础方程的求解方法 ·· 116

第6章　静置层干燥解析法 ·· 122

6.1　过程特征参数及干燥特性 ·· 123

6.2　静置层干燥过程解析法 ·· 125

6.3　无量纲式的有量纲化 ·· 132

6.4　稻谷静置层干燥解析实例 ·· 138

第7章　流动层干燥解析法 ·· 156

7.1　稳定流动深床干燥系统 ·· 156

7.2　流动层干燥过程特征与参数 ······································ 157

7.3　逆流干燥解析法 ·· 158

7.4　多段逆流干燥–缓苏过程解析法 ·································· 168

7.5　顺流干燥解析法 ·· 170

7.6　横流干燥解析法 ·· 178

第8章　干燥系统㶲分析及能效评价 ···································· 183

8.1　能量转换的差异性及㶲 ·· 183

8.2　不同形式㶲的计算 ·· 185

8.3　㶲平衡方程及㶲效率 ·· 189

8.4　粮食热风干燥系统㶲分析 ·· 191

8.5　干燥系统的能效评价 ·· 195

8.6　干燥系统㶲匹配及能效评价法 ···································· 199

参考文献 ··· 202

附表1　部分常用气体在理想气体状态下的平均定压比热容 ··············· 204

附表2　部分常用气体在理想气体状态下的平均定容热容 ················· 205

附表3　饱和水与饱和水蒸气表（按温度排列） ························· 206

附表4　饱和水与饱和水蒸气表（按压力排列） ························· 208

附表5　未饱和水与过热水蒸气表 ····································· 210

附表6　大气压力（$p=1.01325×10^5Pa$）下空气的热物理性质 ··········· 221

附表7　未饱和水和饱和水的物理参数 ································· 223

附表8　饱和水蒸气的物理参数 ······································· 225

附表9　0.1MPa时饱和空气的状态参数 ································· 226

附表10　大气压力（$p=1.01325×10^5Pa$）下烟气的热物理性质 ·········· 228

彩图 ·· 229

主要参数说明

c	质量热容，J/(kg·K)
c_m	摩尔比热，J/(mol·K)
c_p	定压比热容，J/(kg·K)
c_v	定容热容，J/(kg·K)
c'	容积比热，J/(m³·K)
c_{mp}	定压摩尔热容，J/(mol·K)
c_{mv}	定容摩尔热容，J/(mol·K)
d	空气的含湿量，kg/kg
e_x	比㶲，kJ/kg
E	㶲，kJ
Fo	傅里叶数
g_0	单位干燥床层面积上的送风量，kg/(h·m²)
G_0	送风量，kg/h
h	比焓，J/kg
h_a	干空气的比焓，J/kg
h_v	水蒸气的比焓，J/kg
H	焓，J
I	㶲损，kJ
k	干燥常数，h⁻¹
m	质量，kg
M	混合物的折合摩尔质量，kg/kmol
M_d	干基含水率，%
M_e	平衡含水率，%
M_x	湿基含水率，%
M_0	初始含水率，%
p	压力，Pa
p_v	水蒸气分压力，Pa
p_s	饱和水蒸气分压力，Pa
p_{gv}	粮食表面水蒸气分压力，Pa
q	1kg 介质与外界交换的热量，kJ/kg
q_s	热损，kJ/kg
Q	热量，kJ
R	气体常数，kJ/(kg·K)
R_m	通用气体常数，kJ/(kmol·K)

R_v	水蒸气的气体常数，kJ/(kg · K)
s	比熵，kJ/(kg · K)
S	熵，kJ/K
t	摄氏温标，℃
t_d	露点，℃
t_g	粮食温度，℃
t_w	湿球温度，℃
T	热力学温度，K
T_v	水蒸气的热力学温度，K
u	比内能，kJ/kg
U	内能，kJ
v	比体积，m³/kg
V	容积，m³
V_m	摩尔容积，m³/mol
w	质量分数
W_s	失水量，kg
x_i	摩尔分数
α	导温系数，m²/h
β	粮食流道的体积分数，%
γ	汽化潜热系数，kJ/kg
γ_i	体积成分，%
γ_v	体膨胀系数
δ	无限大平板的厚度，m
ε	孔隙率
η	层厚无量纲
η_e	㶲效率
η_q	热效率
η_{E_X}	干燥室㶲效率
θ	干燥时间，h
λ	导热系数，W/(m · K)
μ	传质系数，kg/(h · m²)
υ	运动黏度，m²/s
π	容积无量纲（风量谷物比）
ρ	密度，kg/m³
ρ_b	绝干粮食的堆积密度，kg/m³
ρ_v	绝对湿度，kg/m³
ρ_{bs}	湿粮密度，kg/m³
τ	时间无量纲
φ	相对湿度，%
ϕ	自由含水比
χ	空气的含湿量差，kg 水/kg 干空气

绪　　论

　　粮食干燥是在大惯性、非线性、湿、热、混杂粉尘及多种不确定扰动因素并存的条件下自发去水的过程,伴随水分蒸发,粮食自身的物性特征实时改变并发生一系列复杂的理化反应。影响干燥效果及品质的成因,不仅有内部因素、外部条件,还有干燥系统的扰动及能质的内损耗。干燥体系的外部条件主要是介质的温度、湿度、压力、比容、初期粮食的含水率等状态参数;内部因素包括干燥系统的工艺方式、机械结构特征、粮食与介质的相对位置及运动特征、过程物性变化特征等;扰动量主要是进粮水分不一、大气条件波动、粮食及介质流态变化、供热及机器工况不稳等不确定因素,会引起干燥系统宏观参数大范围波动甚至引起反向相变,过程的不确定性也导致了诸如粮食的比表面积、有效蒸发面积系数、传质系数、有代表性的排气温度、湿度测点等诸多参数动态变化。单纯依赖物理技术检测手段,得到精确、可靠的实时在线数据难度极大,加上粮食体积收缩、质构、组态变化引起空隙、迂曲度改变,导致水分输运通路及强度非线性变化,使得固定测点测量值的代表性降低,直接影响热效率、干燥特征参数、在线平衡水分、实际干燥时间、相对运动速率、相际放热强度、热质惯性流动等的定量评价。如何获得这一复杂系统的分析解,通过模型解析,客观、真实地揭示其变化规律,科学地评价系统的效能是干燥研究领域的重大课题。

　　为探究不确定干燥系统复杂的解析理论与方法,历代研究人员进行了大量的工作,获得了很多有价值的试验数据,给出了多种粮食物性特征参数及干燥特性计算式,有了较为精确的平衡含水率计算模型。在20世纪20~30年代,人们把多组分气体扩散的菲克(Fick)定律应用于干燥过程,在假定扩散系数为常数的条件下,建立了扩散理论模型。1937年Ceaglskec和Hougen的实验结果及Hougen等的分析显示,常系数扩散理论模型解析结果与实际情况不符,他们认为干燥过程中物料内部水分迁移是毛细管作用的结果,用毛细管压力势与含湿量之间的关系,能正确表达干燥过程,但此做法没有考虑温度对干燥过程热质传递的影响,所给模型的应用同样有很大的局限性。1968年Luikov基于宏观的质量、能量守恒定律和不可逆热力学原理,推导了一组关于含湿量、温度和气相压力的方程组,但方程中的系数没有明确表达,应用时常要假设为常数。Krischer综合考虑液体浓度梯度引起的毛细管流动和水蒸气分压梯度引起的水蒸气扩散运动,基于温度差、浓度差和压力差三种驱动势,建立了一种干燥理论模型,利用吸附等温线来确定物料内部蒸气压分布。该模型中的系数同样要假定为常数,才能进行求解。同时期内研究人员基于连续流动,把体积平均运动方程和能量方程转换成含湿量、温度和气相压力三个方程,给出了多种不同形式、较复杂的偏微分数学方程,不足之处同样是方程中系数的物理意义不明确。

　　研究人员试图获得深床干燥过程的分析解，1958 年 van Meel 基于自由液面蒸发、介质湿球温度下的饱和含湿量，假设相际传质系数为常数，把干燥过程简化为一段降速干燥，并把物料的最大干燥速率比等价于自由含水比，建立并求解物料蒸发、相际水分交换、介质增湿三者之间的质平衡方程，给出了基础方程的分析解。1959 年桐荣良三基于 van Meel 的方法，解析了粉体的一段降速干燥过程。1980 年本桥国司基于 van Meel 的方法，解析了稻谷的二段降速干燥过程。由于 van Meel 求解基础方程时，基于的是自由液面蒸发的饱和含湿量，质量守恒定律要求扩散流的积累和流失（随时间的变化率）必须保持一致，同时在干燥中，还必须与粮食蒸发分数保持平衡。显然，在不能精确掌握模型中的诸多特征参数的情况下，如比表面积、有效蒸发面积系数、干燥过程中的传质系数及与系统热损关联等众多参数，难以得到较为切合实际的计算结果，导致提出的解析方法至今也未能实际应用。

　　强化干燥过程，可以通过增强过程的驱动力和增大动力学系数的方法来实现。由于粮食对其干燥温度要求比较严格，在提高温度、增强干燥动力受到限制的情况下，依赖工艺方式和装置结构设计来增大动力学系数，是实现粮食优质、高效节能干燥的主要技术途径。要真实地表达动力学系数在动态干燥过程中的响应规律，还必须深入考证干燥现象的理论表达，探索反映干燥本质主流特征的解析方法，进而确立基本参数之间的相互制约关系。就解析深床干燥现象、评价干燥系统的效能而言，解析其干燥过程并不一定要预先知道反映物料蒸发、相际水分交换等物理机制，可以通过研究系统中能够正确测量出的过程量、边界条件、初态和终态参数、设计的几何特征参数和确定的工艺条件等影响因素在干燥过程中的内在联系，综合成干燥无量纲的数群。依此，揭示出机制参数在实际干燥过程中的变化规律，解析出干燥过程。也就是说，对干燥发生的机制不做假设，只对干燥现象做高度可靠的解析，给出基础方程的分析解及其解析方法。

　　当粮食和介质间存在温度、水分及其他组分浓度差等不平衡势时，必然发生能量及物质的宏观运动，最后使干燥系统到达平衡态，伴随过程发生热质传递和动量传递，服从传递的基本原理。随着现代系统科学的发展，干燥技术及其过程解析理论方法也在发展。基于热力学系统科学的思想和方法，深入分析粮食干燥系统的过程特性和物理机制，探索过程参数、干燥无量纲的物理意义和与过程特性参数间的内在联系，发展干燥解析法理论，是一项具有理论价值和重要现实意义的工作。

　　热和水在物料中迁移的机制，取决于物料的物性特征，而物性特征在迁移过程中不断改变，又以粮食与介质之间的热质传递，相互作用过程的干燥特征为基础。本书基于热力学及系统分析方法，揭示粮食干燥系统的系统特征，从整体宏观现象出发，研究干燥宏观现象与物料、介质及其运动，工艺系统结构特征，扰动与功能、干燥条件与系统扰动等的相互联系和相互作用，提出粮食在不确定干燥系统去水过程的理论，阐明干燥水分、自由能、结合能的概念，揭示结构参数、条件参数、干燥无量纲和过程特征参数的内在联系、干燥系统的能量结构，给出粮食深床干燥特性的理论及其静置层干燥、流动干燥、多段逆流干燥-缓苏工艺过程的分析解及其能效评价方法。把水分迁移的现象看作一定数量的能量迁移，建立水分结合能解析模型，给出水分结合能随温度、含水率变化的规律，为合理匹配干燥温度提供理论依据和分析方法。从揭示干燥层内单一颗粒粮食的干燥行为中，找到表达深床干燥的统一特征参数及其数学表达式，基于状态函数表征干燥系统状态变化的综合特征，给出具有普遍意义的、能够表征其综合去水特征的数学模型，获得干燥层厚无量纲、干燥时间无量纲和容积无量纲，揭示不确定干燥系统物性、结构、运动、扰动等特征参数之间的内在联系及在干燥系统中的响应规律。从干燥分析动力学入手，基于热力学方法，讨论获取干燥系统分析解的理论表达与解析方法，从干燥现象和过程描述，导出干燥无量纲，深入分析具体过程特性和物理机制，解释结构特征参数、条件参数、干燥无量纲和过程参数间的内在联系，得到客观、真实地反映干燥过程的理论，获得具有实际意义的分析解，充实干燥应用技术基础理论。针对静置层、流动层等特定工艺方式，分析具体过程特性和物理机制，阐述粮食深床干燥解析理论及其在实际干燥中的应用及解析方法。

上篇
粮食干燥科学及解析基础

　　干燥的基本任务是要除去物料中多余的水分，遵循的基本原则是优质、高效、低耗、安全、环保。干燥工程学科体系中的干燥理论、干燥工艺、干燥技术三个方面紧密相连。干燥理论：研究干燥现象的本质，判断干燥遵循的机制，揭示过程变化的规律，建立过程参数间的相互关系，得到去水的动力学综合特征参数、过程模型解析方法，评价干燥系统能量利用效果。干燥工艺：研究干燥对象的物性（物料学）、干燥过程特征、系统的能量发生与利用，科学地、合理地选择干燥方法和干燥操作参数。干燥技术：针对物性、设计工艺系统，开发干燥设备、确定过程操作参数、工作机制、控制策略、检测技术、控制技术、通信技术及其实现的手段等。

　　干燥是粮食产后质量保护的决定性阶段之一，干燥工程是复杂的工艺过程，要通过干燥保障质量及其工艺特性指标，因此，选择干燥方法和制度都要以粮食的物性和工艺科学原理为基础：研究粮食的干燥特性，确立干燥方法，提出操作制度，据此设计干燥装备系统。

　　通过分析干燥过程中产生的理化现象能够表征干燥机制的主要因素，揭示这些现象的本质，弄清其成因，把握其变化规律是干燥科学的基本任务之一。

　　干燥在广义上是非均质、非均相的多相反应的自发过程，其反应过程是化学、物理化学、生物化学、流变学等综合作用的结果，过程的动力学和能量决定干燥进程。采用哪种干燥方法、依据何种原理，取决于物料自身的物性特征及水分同物料的结合能。

　　实际的粮食干燥属于非稳态不可逆热力过程，含湿量随时随地发生改变，过程本身力求平衡，干燥强度控制依赖过程物质迁移的动力条件。

　　如果把干燥过程迁移的物质简化为单一组分的水分，那么，基于热力学第一定律，伴随干燥水分质量运动的能量迁移就可用一微线性方程表示：

$$\psi = \int \mu \, \mathrm{d}m$$

　　水分迁移受多势场综合作用，在特定的干燥系统，水分浓度（含湿量）梯度、温度梯度、渗透压和物体内部总压力梯度，非均质、非均相及引起系统扰动的各种不平衡势都是水分迁移的动力源。干燥过程可以通过相应的工艺措施和操作条件，改变干燥系统水分迁移势、增加动力系数和动力来强化。如通过微波、红外线热辐射、声波、超声波辅助热风干燥，寻找诸如振动、流化、旋流、闪蒸、脉冲等补充动力的措施，采用大颗粒-细粉末、接触-吸附等物理性质，物料选择性吸收能量等新的媒介作用物理效应、化学效应提高动力系数，采用物性差异提高能效、干燥-缓苏、高低温组合等变换条件的工艺方法强化干燥过程。利用物理性质不同的方法改变水分与物料间架结合的特殊作用，增大势差，加快干燥进程。

第1章 含湿粮食

1.1 粮食中的水分

粮食是有生命的活体,其中存在不同状态的水。只有在含水的情况下,才有生命活动,水在生命的繁衍中有着多种重要作用。伴随分子生物学的发展,对生物水的研究集中在下列三个方面:①生物体系统内的电解质、各种生物分子、生物大分子及细胞精细结构对水的物化性质及结构状态的影响;②蛋白质、核酸、多糖等生物大分子的水合过程,它们的三维立体结构中水分子的定位及水分子对大分子构象的影响,水在膜结构中的定位和作用等;③研究水在酶激活、代谢、繁殖、生长和膜功能活动等生命现象中的作用,正常及病理条件下,有机体中水状态的变化。就粮食产后干燥过程而言,伴随其干燥过程,所含水分自身的性质及其理化功能与所处的状态实时变化,干燥过程发生的机制极其复杂。在干燥研究领域,综合考虑水分同物料结合的性质和结合能,把粮食中的水分概括为机械结合水、物理化学结合水和化学结合水三种形式。

1.1.1 机械结合水

机械结合水是一种不能定量的结合水,包括大毛细管水、微毛细管水和黏附在籽粒表面的水分。大毛细管水存在于平均半径大于 10^{-5} cm 的毛细管中,微毛细管水是指存在于平均半径小于 10^{-5} cm 的毛细管中的液态水分,黏附水分是最简单的外部结合水,存在于籽粒的表面、空隙和空穴中。机械结合水和绝干物质的结合比较松弛,且在数量上变化很大,比较容易干燥,可以用机械的方法除去。

1.1.2 物理化学结合水

物理化学结合水包括吸附结合水和无严密数量关系的渗透压保持水。吸附结合水是胶质溶液,是淀粉与水分的胶结体,它与细胞组分紧密结合而不能自由移动、不易蒸发散失。胶体吸水时,胶体-水体系受压缩,放出膨胀热(水化热)。解吸过程,即去除吸附结合水时,首先应使其变为水蒸气,然后使其缓慢地向外表移动,因此需要耗用更多的能量才能出去。渗透压保持水是存在于细胞体系中的膨胀水和结构水,它既是复合胶囊通过渗透吸收的水,也是固定的结构水,以细胞内外可溶组分的浓度差为载体,以液态形式进出细胞,其结合能极小,是可以自由运动的水,称为自由水或游离水,这种水既是种子生命活动的运载工具，又为生命活动提供合适的介质环境，它是种子生命活动和耐储藏性等诸多工艺特性的控制因子之一。为保障粮食安全储藏，需要除去此类多余的水分。

1.1.2　化学结合水

化学结合水相当牢固地与粮食结合，具有准确的数量关系，只有通过化学反应或极强的热处理方式（如煅烧）才能去除。粮食不能没有化学结合水，因此，干燥不需要去除它。

1.2　粮食的吸附特性

粮食的吸湿特性包括粮食籽粒吸附与解吸水分的特性。粮食吸附水分的内因在于粮食表面和内部的微观界面上的各种分子受内部分子的拉力，处于力场不平衡的状态，该不平衡力场由于吸附水分而得到补偿。通常吸附性能与粮食的比表面积和表面活性成正比，可以发生在各种不同相界面上，粮食之所以能够吸附水分，是因为：①粮食籽粒是多孔毛细管胶体，水蒸气能够通过扩散进入其内部并凝聚；②籽粒具有很大的吸附表面，使水蒸气分子能在表面发生单分子层或多分子层吸附；③籽粒中存在很多亲水基团，这些基团对水蒸气分子具有较强的吸附能力，如小麦的淀粉含量约占籽粒的 63%，蛋白质约占 16%，纤维素约占 13%，这些物质都具有数个亲水基团，构成了籽粒吸湿的活性部位。粮食吸附水分的类型有物理吸附和化学吸附。

1.2.1　物理吸附

物理吸附的作用力主要是吸附表面的分子和水蒸气分子之间的引力，即范德瓦耳斯力，包括极性分子相互靠近时，永久偶极作用产生的偶极力，极性分子和非极性分子相互靠近时产生的诱导力和非极性分子相互靠近时瞬时偶极产生的色散力。由于水分子是极性分子，水分子与籽粒极性部位分子之间存在偶极力、与籽粒非极性分子部位之间存在诱导力，当粮食与水蒸气接近时，水分子就分别吸附在极性、非极性物质表面上。尤其是在偶极力作用下，在极性物质表面发生强烈的吸附。

1.2.2　化学吸附

化学吸附水分主要是氢键作用的结果。籽粒中的淀粉、蛋白质都是亲水胶体。它们含有与水作用的极性基团。不论是直链淀粉还是支链淀粉，都具有羟基、环氧或氧桥。其中氧原子的孤立电子对在未饱和时，水分子通过氢键与氧原子键合而被吸附下来。蛋白质也是如此，除肽链以外，还有许多氨基酸侧链。它们都带有各种不同极性的基团，水分子很容易与其发生反应，形成单分子层吸附。

1.3　粮食的吸附和解吸过程

吸附水分是水分在粮食籽粒的表面发生，形成水蒸气吸附层，通过扩散吸附，由毛细管扩散到内部，吸附在有效表面上，其中有小部分与固体表面不饱和电子对发生作用，成为结合水。在吸附过程中，水分子先扩散到粮食籽粒的表面和内部，然后再在有效表面被吸附，形成单分子层，随着被吸附水分子的增多发展成多分子层并逐渐加厚，在毛细管壁上的液体层汇合时形成一个弯月面，弯月面的出现导致毛细管中气体的饱和水蒸气分压力降低，呈现毛细管凝结现象，而使气体中的水蒸气分子向弯月面集结、蓄积，使得粮食水分不断增加，直至气液二相平衡，完成吸附过程。

水分子在粮食内部的解吸过程与吸附过程相反。当外界环境中的水蒸气分压力低于粮食内部的水蒸气分压力时，毛细管中的水由内向外扩散，首先蒸发的是毛细管中的凝结水，其次是多分子层的吸附水，最后是单分子层的吸附水，直到粮食中的水蒸气分压力与环境中的水蒸气分压力相平衡为止。

可见，粮食吸湿的速率，不仅取决于水蒸气分子在粮食内部的扩散特性，还受限于水蒸气分子与有效表面吸附作用的特征。

在粮食呈现毛细管凝结现象的吸附过程中，弯月面上存在附加压力，使得弯月面上的蒸气压不同于平面的情况。开尔文公式给出了弯月面上的蒸气压与表面张力、曲率半径及液体物性参数之间的定量关系：

$$RT\ln(\frac{p_{\mathrm{v}}}{p_{\mathrm{s}}}) = \frac{2F \cdot M}{\rho \cdot r} \tag{1-1}$$

式中，p_{s} 是平面上的饱和水蒸气分压力；p_{v} 是曲面上的水蒸气分压力；r 是曲面的曲率半径，对凸面，r 取正值，对凹面，r 取负值；F、M 和 ρ 分别是液体的表面张力、摩尔质量和密度。

显然，形成弯月面时为凹面，$r<0$，$\ln(\frac{p_{\mathrm{v}}}{p_{\mathrm{s}}})<0$，表明弯月面降低了其上方的饱和水蒸气分压力。由于弯月面形成前，毛细管中饱和水蒸气分压力为 p_{s}，相对较高，与弯月面形成后，存在一个的压差，其最大差值为 $p_{\mathrm{s}} - p_{\mathrm{v}}$，这样就使毛细管气体中多余的水分向弯月面集结，反之亦然。

1.3.1　粮食的水分活度

水分活度是表征粮食中水分状态的一个参数，水分活度值越大，其结合能越小；水分活度值越小，其结合能越大。1887 年法国物理学家拉乌尔在研究含有非挥发性溶质的稀溶液行为时，给出的水分活度计算式为

$$\frac{p_{\mathrm{v}}}{p_{\mathrm{s}}} = \frac{n_{\mathrm{A}}}{n_{\mathrm{A}} + n_{\mathrm{B}}} \tag{1-2}$$

式中，p_v 是溶液的水蒸气分压力；p_s 是纯溶剂的饱和水蒸气分压力，一般称为饱和蒸气压；n_A 是溶剂的摩尔数；n_B 是溶质的摩尔数。公式表示"在某一温度下，稀溶液的水蒸气分压力等于纯溶剂的水蒸气分压力乘以溶剂的摩尔分数"。水分活度的表达式与空气相对湿度的表达形式相同，但它们的物理意义不同。相对湿度是表征空气介质的状态参数，水分活度表征的是粮食中水分状态的参数，取决于粮食自身的物性特性，它反映粮食呼吸代谢过程中可利用水分的程度。即便是水分活度相同的粮食，其含水率并不一定相同。在同样的环境条件下，不同的粮食所能到达的极限水分或平衡含水率也不一样。

1.3.2 粮食的吸湿等温线

吸湿等温线用来考察粮食的吸湿特性，它表示在温度、湿度恒定的环境中，粮食的含水率最终所能到达的极限，粮食在此平衡状态下的含水率称为平衡含水率。在温度恒定的条件下，它可表示为所处环境的相对湿度、平衡水蒸气分压力或者粮食水分活度的单值函数，如图 1-1 所示。通常粮食经历吸附和解吸过程时的平衡含水率并不相等。解吸时的水分含量高于吸附时的水分含量。分析原因主要有：①在吸附时水分子直接从空气中被吸引到籽粒表面，没有其他干扰因素，而在解吸时，水分子不仅要脱出籽粒表面还要脱离周围吸附分子的吸引，导致过程滞后；②籽粒毛细管中的空气妨碍吸附过程；③粮食内的复合胶囊通过渗透吸收的水，是以细胞内外可溶组分的浓度差为载体，以液态形式进出细胞，其浓度差使粮食解吸时比吸附时具有较高的平衡含水率；④在低水分时，籽粒中的极性基团彼此吸引紧密，而吸附水分后极性基团分离，在解吸时极性基团又强烈地吸引水分子，导致粮食解吸时的平衡含水率较高；⑤粮食的种皮和结构，种皮有蜡层和角质层且构造致密，对水分子的扩散起阻碍作用，是导致粮食吸湿过程平衡含水率差异的原因之一。

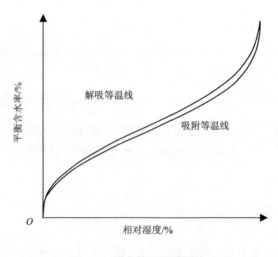

图 1-1　粮食的吸湿等温线

粮食水分的吸附和解吸是一个动态准平衡过程，范德瓦耳斯力在吸附过程中起主要作用；假设粮食吸附表面对水分子的吸附能力相等，并发生多分子层吸附。基于多分子层吸附理论，得到 BET 方程。

$$V = \frac{CV_{m}p_{v}}{(p_{s}-p_{v})\left[1+(C-1)\dfrac{p_{v}}{p_{s}}\right]} \tag{1-3}$$

式中，V 是温度恒定、水蒸气分压力为 p_v 时粮食吸收水蒸气的总体积；V_m 是籽粒表面全部被单分子层覆盖时能吸收水蒸气的体积；p_v 是水蒸气分压力；p_s 是饱和蒸气压；C 是吸附常数。

在含水率接近 0 时，对应的空气相对湿度也接近 0，水蒸气分压力趋向于 0，BET 方程粮食吸收水蒸气的总体积趋向于 0，吸附与解吸重合；在相对湿度为 100%时，水蒸气处于等温过程的饱和状态，此时的饱和温度也是露点，BET 方程表达的粮食吸收水蒸气的总体积趋向于 $+\infty$，相对湿度为 100%的空气条件，消除了粮食解吸与吸附过程存在的水分状态的所有差异，使等温等压解吸和吸附状态点重合。

按照粮食的吸湿等温线变化特征，考察粮食吸湿过程，可以把其区分为单分子层吸附、多分子层吸附和毛细管凝结作用吸附三段，每段的水分含量与其水蒸气分压力之间的关系不同。可以推断，在低水分域的变化规律，主要受水分子和吸附表面结合能的制约，吸湿等温线降速递增，而在中段近似一条直线的区域，形成多分子层吸附，其中一小部分是在非极性部位，在这一过程中的主要作用力是水分子的凝聚力，吸附水量主要取决于水蒸气分压力。吸湿等温线在高水分域的变化规律，主要受毛细管凝结作用，粮食水分呈非线性加速递增。

1.4　粮食含水率及其表达

粮食是由水和蛋白质、脂肪、灰分、糖等多组分构成，从去除水分的工艺角度，我们把粮食看成是水分和绝干物质两种组分。即

$$G_{g} = G - W \tag{1-4}$$

式中，G 是湿粮的质量（kg）；G_g 是 G kg 粮食中绝干物质的质量（kg）；W 是 G kg 粮食中水分的质量（kg）。

1.4.1　湿基含水率和干基含水率

粮食含有的水分，采用湿基含水率 M_x（%）或干基含水率 M_d（%）来表示。湿基含水率是指含湿粮食（以下简称湿粮）内含的水分量 W 的质量分数。干基含水率是指湿粮内含的水分量与其绝干物质的质量 D 之比。一般所说的含水率是指湿基含水率，干基含水率主要用于干燥过程的理论分析（含水率值取其百分数）。

湿基含水率：

$$M_{x} = \frac{W}{D+W} = \frac{M_{d}}{100+M_{d}} \tag{1-5}$$

干基含水率：

$$M_d = \frac{W}{D} = \frac{M_x}{100 - M_x} \qquad (1\text{-}6)$$

1.4.2 粮食的失水量及干燥得率

粮食干燥前后的质量差为粮食的失水量。干燥得率 x 是指粮食经过干燥后，得到的干粮的质量占干燥前湿粮质量的百分比，等于干燥后的粮食质量 G_2 与干燥前的粮食质量 G_1 之比的百分数。设干燥前的湿粮质量为 G_1（kg），湿基含水率为 M_{x1}，干燥后的粮食质量为 G_2（kg），湿基含水率为 M_{x2}，粮食中的绝干物质量为 G_g（kg），粮食的失水量为 W_s（kg），干燥得率为 x，在含水率取百分数时，这些量之间存在以下相互关系：

$$W_s = G_1 - G_2 \qquad (1\text{-}7)$$

$$G_g = G_1\left(1 - \frac{M_{x1}}{100}\right) = G_2\left(1 - \frac{M_{x2}}{100}\right) \qquad (1\text{-}8)$$

干燥前：

$$G_1 = G_2 \frac{100 - M_{x2}}{100 - M_{x1}} \qquad (1\text{-}9)$$

干燥后：

$$G_2 = G_1 \frac{100 - M_{x1}}{100 - M_{x2}} \qquad (1\text{-}10)$$

失水量：

$$W_s = G_1 - G_2 = G_1 \frac{M_{x1} - M_{x2}}{100 - M_{x2}} = G_2 \frac{M_{x1} - M_{x2}}{100 - M_{x1}} \qquad (1\text{-}11)$$

干燥得率：

$$x = \frac{G_2}{G_1} = \frac{100 - M_{x1}}{100 - M_{x2}} \qquad (1\text{-}12)$$

1.4.3 干基含水率和湿基含水率解析图

如图 1-2 所示，建立相邻坐标夹角为 60° 的平面坐标系。在该坐标系中，任意直线 L 与 x、y、z 坐标轴交点存在 $\frac{1}{z} = \frac{1}{x} + \frac{1}{y}$ 的确定关系。

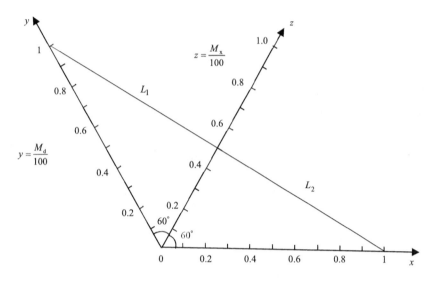

图 1-2　干基含水率和湿基含水率解析图

证明：设直线 L 与 z 轴的夹角为 γ，直线 L 与 z、y 轴、z、x 轴交点间的距离分别为 L_1、L_2。

由正弦定理：$\dfrac{L_1}{\sin 60°} = \dfrac{y}{\sin(180° - \gamma)}$，$\dfrac{L_2}{\sin 60°} = \dfrac{x}{\sin \gamma}$，于是得到 $\dfrac{x}{y} = \dfrac{L_1}{L_2}$；由余弦定理：

$L_1^2 = y^2 + z^2 - 2zy\cos 60°$，$L_2^2 = x^2 + z^2 - 2zx\cos 60°$，有 $\dfrac{L_1^2}{L_2^2} = \dfrac{z^2 + y^2 - zy}{z^2 + x^2 - zx} = \dfrac{y^2}{x^2}$。于是得到

$\dfrac{1}{z} = \dfrac{1}{x} + \dfrac{1}{y}$。

在图 1-2 中，过 $x=1$ 固定坐标点的任意直线与 z 轴和 y 轴的交点服从 $\dfrac{1}{z} = 1 + \dfrac{1}{y}$，即满足式（1-5）、式（1-6）表示的干基含水率和湿基含水率间的换算关系。

1.4.4　干燥得率、干基含水率和湿基含水率换算标尺

基于式（1-5）、式（1-6）、式（1-12），取 x 轴为干燥得率，y 轴为质量比，z 轴为质量分数，并取 $x=1$ 固定坐标点。对于粮食干燥，其质量组分可以简化为绝干物质质量组分和水分质量组分两部分，二者的质量组分之和为 1，如果粮食初始含水率等于干燥产品的湿基含水率 M_{x2} 时，则干燥得率为 1，那么，过坐标原点 0，任作一条取值区间为[0,1]，带有刻度的直线段，作为粮食绝干物质质量组分的坐标线，记为 g 坐标轴，连接湿基含水率为 M_{x2} 时的绝干物质质量组分点与 $x=1$ 固定坐标点，然后，过粮食在任意初始含水率为 M_{x1} 时的绝干物质质量组分点，记为 g_1，作该连线的平行线，与 x 轴的交点，就是对应湿基含水率的干燥得率，满足式（1-12）。绘制的干燥得率、干基含水率和湿基含水率换算标尺如图 1-3 所示。

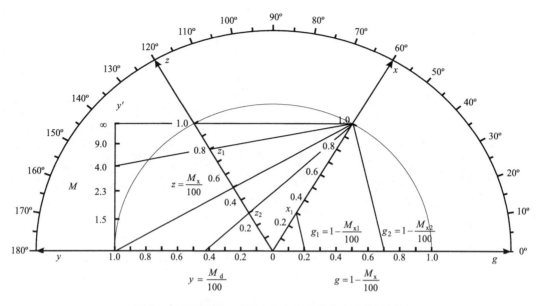

图 1-3　干燥得率、干基含水率和湿基含水率换算标尺

在图 1-3 中，过质量比 $y=1$ 的坐标点，向上作垂直于质量比坐标轴（y 轴）的垂线，并将 y 轴 $[1, \infty)$ 区间内的坐标值标注在该垂直线上，这样，在所建立的坐标系上，过 $x=1$ 的坐标点和 $z=1$ 的坐标点的连线与该垂线的交点，就表示了可迁出物质的质量比为无穷大，也就是 $y=\infty$，该连线是平行于 y 轴的直线，这就清晰地把 $[1, \infty)$ 变化期间内的 y 值全部在该垂直线段上表达了出来，大大提高了数据的读取精度，并能够清晰、方便、快捷地解析出质量成分、质量比和干燥得率。如解析物料由初始湿基含水率 $M_{x1}=80\%$（水分的质量成分），干燥到 $M_{x2}=30\%$ 时，质量比、干燥得率的对应关系，其解析过程为：过 $x=1$ 分别和 $z_1 = \dfrac{M_{x1}}{100} = 0.8$、$z_2 = \dfrac{M_{x2}}{100} = 0.3$ 坐标点作直线，该直线与 y 轴相交点的坐标值就是对应湿基含水率的干基含水率，由图中查出对应湿基含水率 $M_{x1}=80\%$ 的 y 轴坐标值为 4，即表示干基含水率 $M_{d1}=400\%$，对应 $M_{x2}=30\%$ 的 y 轴坐标值为 0.43，即表示的干基含水率 $M_{d2}=43\%$；过 $g_1 = 1 - \dfrac{M_{x1}}{100} = 0.2$ 的坐标点作 $x=1$ 和 $g_2 = 1 - \dfrac{M_{x2}}{100} = 0.8$ 坐标点连线的平行线，与 x 轴的交点处的坐标值，即粮食由湿基含水率 M_{x1} 干燥到 M_{x2} 时的干燥得率，在图 1-3 中，对应湿基含水率由 80% 降到 30% 的干燥得率 $x_1=0.29$，即把湿基含水率为 80% 的粮食干燥到湿基含水率为 30% 时，100 kg 粮食能得到的干燥产品是 29 kg。

1.5　粮食的热物理特性

干燥粮食时必须选择适当的温度、去水速率和时间以保证最佳效果，参数都与粮食的热物理特性密切相关。由于干燥中粮食的传热过程不仅依赖导热、辐射、对流热方式，同时还依赖水分的迁移，研究粮食的热物理特性，不能忽视其物料结构、组分及其在干燥过程中的变化特征和相互依存关系，应以能够表征粮食在稳态、非稳态条件下，不同去水段的物理模型、物性学为基础，但由于干燥过程中物性、介质的状态、含水率实时变动，成分、质构、集群组态、形态、位置等变动导致热质交换、干燥烟及其传递机制发生本质变化，使得同类粮食，在不同的外部条件下试验测出的热物性参数会存在较大差异，建立的输运、传递过程和揭示的粮食热物性变化机制的理论并不完整，没有给出能够客观、真实地表征粮食自身固有的热物性统一的特征函数。目前采用的热物性参数主要有：比热容、热导率（又称导热系数）、对流换热系数、热辐射角系数、导温系数及粮食允许的受热温度等，依此作为确定干燥工艺、设计干燥机和进行热平衡计算的条件。

1.5.1 粮食的比热容

粮食温度变化 1 K 时所需要的热量，称为粮食的热容量，单位是 kJ/K。使 1 kg 粮食升温 1 K 所需的热量，称为粮食的质量热容，单位是 kJ/(kg·K)，用符号 c 表示，通常比热容即指质量热容。

粮食热容量和比热容随其组成成分、含水率、温度等变化。假设具有一定含水率的粮食是绝干物质和水分两种组分的机械混合物，那么，对于这种具有一定含水率的粮食比热容 c，就可近似地按照单位质量的粮食中的绝干物质的热量加上所含水分的热量去计算。基于该假设，建立的粮食比热容计算式（1-13）：

$$c = c_m \frac{M_x}{100} + c_g \left(1 - \frac{M_x}{100}\right) \tag{1-13}$$

式中，c_m、c_g 分别为水和绝干物质的比热容[kJ/(kg·K)]；M_x 是粮食湿基含水率（%）。

据实验测定，粮食绝干物质的比热容 $c_g = 1.46 \sim 1.55$ kJ/(kg·K)。在实际计算时，通常取粮食绝干物质的比热容 $c_g = 1.55$ kJ/(kg·K)。

将 $c_g = 1.55$ kJ/(kg·K) 代入式（1-13）得

$$c = 4.1868 \frac{M_x}{100} + 1.55 \left(1 - \frac{M_x}{100}\right) = 1.55 + 0.264 \frac{M_x}{100} \tag{1-14}$$

式（1-14）是粮食的比热容与其含水率的线性关系计算式，根据实际测定，当粮食含水率超过 8%时，粮食比热容与含水率才接近线性关系。粮食比热容实测数据往往与计算值不等，大约存在±0.05 的偏差。

由于粮食是由水和蛋白质、脂肪、灰分、糖等多组分构成的，各组分的比热容不同，在粮食各组分的质量成分发生变化时，其比热容必然变化。表 1-1 给出了一些粮食比热容和湿基含水率关系的计算式。如果能够得到各组分的质量成分，可用式（1-15）估算粮食的比热容。

$$c = 4.187\omega_m + 1.549\omega_p + 1.675\omega_f + 0.837\omega_a + 1.424\omega_c \tag{1-15}$$

式中，ω 代表质量成分（kg/kg），下标 m、p、f、a、c 分别表示水、蛋白质、脂肪、灰分、糖。

表 1-1　粮食比热容和湿基含水率的关系

物料	湿基含水率 M_x /%	比热容 c /[kJ/(kg · K)]
硬小麦	0～16	$c=1.084+0.0303\dfrac{M_x}{100}$
稻谷	10～17	$c=1.110+0.0448\dfrac{M_x}{100}$
米	10～17	$c=1.197+0.0377\dfrac{M_x}{100}$
燕麦	10～17	$c=1.277+0.0327\dfrac{M_x}{100}$
软小麦	0.6～20	$c=1.398+0.0410\dfrac{M_x}{100}$
玉米	0.9～30	$c=1.465+0.0356\dfrac{M_x}{100}$
水稻	13.4～19.5	$c=0.921+0.0545\dfrac{M_x}{100}$
硬红春小麦		$c=1.097+0.0405\dfrac{M_x}{100}$
大豆		$c=1.638+0.0193\dfrac{M_x}{100}$
高粱		$c=1.397+0.0322\dfrac{M_x}{100}$

比热容表征物料温度升高或降低 1 K 时，从外界吸收或放出的热量，它既是物性量，也是过程量。吸收或放出热量的能量价值因其温度的高低而异，在同样温度变化条件下的 1 K 时吸收或放出热量的数量不同，因此，比热容随温度改变是必然的。一般情况下，比热容随温度升高而增大。同时，物态变化也必然引起粮食比热容改变，如冰的比热容是 2.1kJ/(kg · K)，水的比热容是 4.186 8 kJ/(kg · K)，在粮食内部出现结冰现象时，其比热容变小，且随冰的质量分数的增大而减小。

由于粮食的绝干物质与水分的结合形式、水分运动方式、物态是多种多样的，粮食中的蛋白质、脂肪、灰分、糖等物质在不同的水分范围会发生理化变化，热质作用机制极其复杂，机械混合只是水分的一种存在形式，粮食的孔隙率、固体间架中的液态水与气态质量比，极大地影响导热系数，粮食吸附与解吸的内部过程对比热容的影响不可忽视。面对复杂的干燥系统，影响粮食干燥过程中比热容的因素繁多，为得到较为精确的比热容计算式，尚待在较宽的水分范围内进行系统、全面的试验测定，需要基于物态，针对粮食干燥的不同阶段，对应外部条件，深入研究粮食自身固有热力学特征状态函数，依此，客观、真实地表达粮食完整的热力学特征，形成相应的准则。

1.5.2　粮食的汽化潜热

粮食的汽化潜热可按式（1-16）计算：

$$\gamma_g = \gamma_s [1+a \cdot \exp(-bM_d)] \qquad (1-16)$$

式中，γ_g 是粮食中水分的汽化潜热（J/kg）；γ_s 是纯水分的汽化潜热（J/kg）；M_d 是粮食的干基含水率（%）；a、b 是与粮食相关的系数，不同粮食的系数值如表 1-2 所示。

表 1-2 不同粮食的 a、b 系数值

粮食种类	a	b
稻谷	2.556	20.176
小麦	23.00	40.00
玉米	0.895 3	12.32
大豆	0.216 24	6.233
糙米	0.33	11.4

1.5.3　粮食的导热系数

导热系数 λ 的定义式由傅里叶定律的数学表达式给出，即 $Q = -\lambda A \frac{\partial t}{\partial x}$。$\frac{\partial t}{\partial x}$ 是物体温度沿 x 方向的变化率，负号表示热量传递的方向指向温度降低的方向；Q 是单位时间内通过给定面积 A 的热量（W）；t 是温度（℃）；x 是截面法线方向的坐标轴。傅里叶定律指出了导热现象中单位时间内通过给定导热面的热量，与垂直于该截面方向上的温度变化率和截面面积成正比，热量传递的方向与温度升高的方向相反，用热流密度 q 表示时，则为 $q = -\lambda \frac{\partial t}{\partial x}$，式中 q 是沿 x 方向传递的热流密度（W/m²）。当粮食的温度是三个坐标的函数时，三个坐标方向上的单位矢量与该方向上热流密度分量乘积合成一个热流密度矢量，记为 q，它的一般形式为 $q = -\lambda \mathbf{grad}t = -\lambda \frac{\partial t}{\partial n} \boldsymbol{n}$，式中 $\mathbf{grad}t$ 是空间某点的温度梯度，$\boldsymbol{n}$ 是通过该点的等温线上的法向单位矢量，指向温度升高的方向，由此，得到导热系数 λ 的表达式：

$$\lambda = -\frac{q}{\frac{\partial t}{\partial n} \boldsymbol{n}} \tag{1-17}$$

导热系数的数值等于在单位温度梯度作用下粮食所产生的热流密度。它反映的是在稳定传热条件下，仅针对存在导热传热形式时的导热性能，在同时存在其他形式的传热情况下测得的导热系数通常又被称为表观导热系数、显性导热系数或有效导热系数。对于非均质材料试验测得的导热系数在本质上表征的是材料综合导热性能，也称之为平均导热系数。

不同材料导热系数各不相同；相同材料的导热系数还受其结构、密度、湿度、温度、压力等因素的影响。一般情况下，固体的热导系数比液体大，液体的导热系数比气体大。

在所有固体中，金属的导热性能最好，导热系数很高，在常温（20℃）条件下纯铜高达 399 W/(m·K)。金属的纯度对导热系数影响很大，如含碳为 1%的普通碳钢的导热系数为 45 W/(m·K)，含碳量约 1.5%时为 36.7 W/(m·K)，一般金属材料的导热系数为 2.5～4.2 W/(m·K)，且随温度升高而减小。非金属固体的导热系数随温度升高而增大，一般为 0.71～0.85 W/(m·K)，有些接近甚至低于空气的导热系数。在非金属液体中，纯水的导热

系数最大，除水和甘油外，绝大多数液体的导热系数随温度升高而略有减小。一般液体的导热系数为 0.090～0.7 W/(m·K)，水的导热系数比所有水溶液的导热系数都大。气体的导热系数最小，如空气在 0℃时导热系数为 0.024 5 W/(m·K)，干空气在 20℃时的导热系数为 0.026 7 W/(m·K)，一般混合气体为 0.058～0.58 W/(m·K)。在比较大的温度区间内，大多数材料的 λ 值都允许采用线性近似关系，即 $\lambda = \lambda_0(1+bt)$，式中，$t$ 为温度（℃），b 为常数，λ_0 是该直线段的延长线在纵坐标（λ）上的截距。

粮食的导热系数取决于粮食的化学成分、结构、物态和温度等因素，化学成分中水、脂肪和空气的含量影响最显著。脂肪和空气的导热系数比水小，因此，粮食中脂肪和空气含量越高其导热系数越小。集堆粮食中的空气越少导热性能越好，单粒粮食比集堆粮食的导热系数大 3～5 倍。温度在冰点以上时，粮食的导热系数和水的导热系数都随温度升高而增大，当粮食内部出现结冰现象时，其固体组分随之发生变化，冰的导热系数比水大，导致在冰点以下时导热系数随温度下降而增大。

粮食的导热系数和比热容一样，也可以近似地依据其水分和绝干物质的导热系数计算，建立的粮食导热系数计算式（1-18）：

$$\lambda = \lambda_m \frac{M_x}{100} + \frac{100 - M_x}{100} \lambda_g \tag{1-18}$$

式中，λ_m，λ_g 分别为水和绝干物质的导热系数[W/(m·K)]；M_x 是粮食湿基含水率（%）。

由于不同品种粮食的化学成分和物理结构存在差异，其导热系数也不一样。表 1-3 给出了几种粮食种子的导热系数和湿基含水率关系的计算式。

表 1-3　粮食种子导热系数和湿基含水率的关系

物料	湿基含水率 M_x /%	温度 t /℃	导热系数 λ /[W/(m·K)]
硬红春小麦	1.38～13.75	30～60	$\lambda = 0.129 + 0.00274 M_x$
软冬小麦	0.68～20.30	21～44	$\lambda = 0.117 + 0.00113 M_x$
黄齿种玉米	0.91～30.20	21～53	$\lambda = 0.141 + 0.00112 M_x$
水稻	9.90～19.30	20～45	$\lambda = 0.0865 + 0.00133 M_x$
春小麦	4.40～22.50	−27～20	$\lambda = 0.139 + 0.00120 M_x$
高粱	1.00～22.50	21～38	$\lambda = 0.0976 + 0.00148 M_x$
花生粒			$\lambda = 0.104 + 0.000865 M_x$

如果能够得到粮食各组分的质量分数，可用式（1-19）估算粮食的导热系数。

$$\lambda = 0.58\omega_m + 0.155\omega_p + 0.16\omega_f + 0.135\omega_a + 0.025\omega_c \tag{1-19}$$

式中，λ 是导热系数[W/(m·K)]；ω 是质量分数，下标 m、p、f、a、c 分别表示水分、蛋白质、脂肪、灰分、糖。

1.5.4　粮食的导温系数

导温系数又称热扩散系数，是指粮食受热后单位时间内温度传递的面积范围，表征粮食加热或冷却时内部温度趋向一致的能力，即粮食加热或冷却过程的温度变化速率。导温系数是评价粮食热惯性的重要特征参数，常用 α 表示。α 值越大，粮食被加热或冷却的速度越快，是研究非稳态传热、传质过程必需的一个系数。α 是导出量，随导热系数增大而增大，随粮食的比热容和密度增大而减小，其计算式为

$$\alpha = \frac{\lambda}{c \cdot \rho} \tag{1-20}$$

式中，α 是导温系数（m²/h）；λ 是导热系数[kJ/(m·h·K)]；c 是粮食的比热容[kJ/(kg·K)]；ρ 是粮食的密度（kg/m³）。

单粒粮食的导温系数要比集堆粮食的导温系数大得多。绝大部分粮食的导温系数为 $36\times10^{-5}\sim72\times10^{-5}$ m²/h 且随温度和含水率变化。它们之间的函数关系并不确定。一般情况下导温系数随含水率增加而减小，有的呈线性关系，有的呈非线性关系。

粮堆及籽粒的导温性、导温系数与粮食（粒）含水率的关系较为复杂。有研究显示，粮食干基含水率在 15%～18%，导温系数随含水率增加而增大；含水率进一步增加时，导温系数反而减小。但也有资料显示粮食的导温系数随含水率的增加而持续减小。如小麦导温系数随含水率增加始终是下降的，并且呈非线性关系，其集堆的导温系数 α 与 M_d 的关系可按式（1-21）计算：

$$\alpha = (2.5 + 0.050 M_d) \times 10^{-4} \tag{1-21}$$

式中，α 是导温系数（m²/h）；M_d 是干基含水率（%）。

玉米在湿基含水率为 20%时有个转折点，导温系数先下降而后增加。对水稻测试表明，导温系数和湿基含水率呈线性关系，随含水率增加而减小，并可用式（1-22）表示：

$$\alpha = 0.135 - 0.00249 M_x \tag{1-22}$$

式中，α 是导温系数（m²/h）；M_x 是湿基含水率（%）。

1.5.5　粮食的允许受热温度

关于粮食在干燥过程中的允许受热温度，据研究，与粮食含水率及干燥时间有密切关系。可以认为，粮食含水率大时，允许受热温度宜低，干燥时间宜短。

粮食允许受热温度可按式（1-23）计算：

$$t_y = \frac{2350}{0.37(100 - M_x) + M_x} + 20 - 10\lg\theta \tag{1-23}$$

式中，M_x 是粮食的湿基含水率（%）；θ 是粮食的受热时间（min）；t_y 是粮食允许受热温度（℃）。

例如，湿基含水率为 20%的粮食，若干燥受热时间为 10 min，可计算该粮食的允许受热温度 t_y：

$$t_y = \frac{2350}{0.37(100 - 20) + 20} + 20 - 10\lg 10 = 57.38 \text{ ℃}$$

1.6　粮食的空气动力学特性

粮食干燥一般是粮食与空气对流放热去水的过程，因此，粮食的空气动力学特性是干燥设计时必须考虑的重要条件之一。与干燥密切相关的空气动力学参数主要有粮食的比表面积、孔隙率、孔隙比、沉降速度、悬浮速度、通风阻力等。

1.6.1　粮食的比表面积

比表面积可用单位质量粮食的表面积与其质量的比值表示，即质量比表面积 a_s（m²/kg）；或者用单位容积粮食的表面积与其容积的比值表示，即容积比表面积 a_v（m²/m³），两种表达方式之间存在式（1-24）的关系：

$$a_s = \frac{a_v}{\rho_g}$$

(1-24)

式中，a_s 是单位质量粮食的比表面积（m²/kg）；a_v 是单位容积粮食的比表面积（m²/m³）；ρ_g 是粮食密度（kg/m³）。几种粮食的比表面积见表1-4。

表1-4　几种粮食的比表面积

粮食种类	比表面积			
	m²/m³		ft²/ft³（1ft=0.3048m）	
	平均值	标准值	平均值	标准值
大麦	1483	190	452	58
大豆	1565	66	477	20
燕麦	1096	207	334	63
稻谷	1132	—	345	—
玉米	784	217	239	66
小麦	1181	164	360	50

1.6.2　孔隙率及孔隙比

存在于粮食内部及粮层内籽粒之间的间隙称为孔隙。孔隙所占体积和层内粮食所占总体积之比称为孔隙率，亦即空隙容积分数。孔隙体积与粮食固体物质体积之比称为孔隙比。孔隙率和孔隙比是粮食的重要物理特性参数，是进行粮食干燥、加工、储藏、通风系统设计及研究气流和热流运动时要用到的参数。孔隙率 ε 与孔隙比 ε_g 分别由式（1-25）和式（1-26）计算：

$$\varepsilon = \frac{V_0}{V}$$

(1-25)

$$\varepsilon_g = \frac{V_0}{V_g}$$

(1-26)

式中，V_0 是孔隙体积（m³）；V 是总体积（m³）；V_g 是固体物质体积（m³）。

孔隙率与粮食形状、堆积或充填方式及厚度、粮食尺寸及分布、含杂质的种类及数量、表面性质和含水率等诸多因素有关。但对于特定的干燥系统、如确定的粮食，干燥过程中导致其孔隙率变化的主要因素是含水率，可以把干燥过程中粮食孔隙率的变化简化为其含水率的单值函数，服从式（1-27）：

$$\varepsilon = \varepsilon_0[1-(aM_x^2 + bM_x + c)] \tag{1-27}$$

式中，ε_0 是粮食在初始含水率 M_0 时的孔隙率；M_x 是粮食干燥过程中的湿基含水率；a、b、c 是由试验确定的粮层孔隙率变化的固有特征参数，因粮食的种类、含杂率及其形态等而异。

同湿基含水率和干基含水率一样，孔隙率和孔隙比之间存在式（1-28）、式（1-29）的关系。

$$\varepsilon = \frac{\varepsilon_g}{1+\varepsilon_g} \tag{1-28}$$

$$\varepsilon_g = \frac{\varepsilon}{1-\varepsilon} \tag{1-29}$$

式中，ε 是孔隙率；ε_g 是孔隙比。

如果欲把粮食由 M_{d1} 干燥到 M_{d2}，基于理想气体的状态方程，利用图 1-4 所示的孔隙率测定装置即可快速测量出粮食含水率在 M_{d1} 或者 M_{d2} 时的孔隙率。

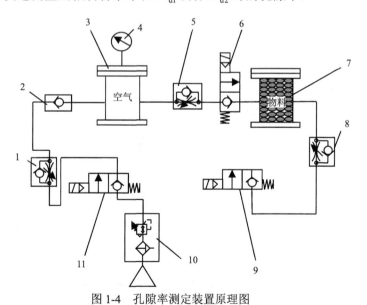

图 1-4　孔隙率测定装置原理图

1.节流调速阀；2.单向阀；3.容器 A；4.压力表；5.节流调速阀；6.电磁阀；7.容器 B；8.节流调速阀；9.电磁阀；10.空气压缩机；11.电磁阀

测量时，容器 B 充填待测物料，开启电磁阀 9，使容器 B 与大气相通。系统开启电磁阀 11 后，自动关闭电磁阀 6，控制压气机对容器 A 充气，压力数据由气压传感器实时传输到处理器。达到设定压力上限后，关闭电磁阀 11，等待容器 A 气压稳定，采集表压并

记为 p_1，然后，系统自动关闭电磁阀 9，开启电磁阀 6，连通容器 A 和容器 B，待压力容器压力平衡后，采集表压并记为 p_2，由理想气体状态方程得到对应其含水率的孔隙率，即 $\varepsilon = \dfrac{p_1 - p_2}{p_2}$。

粮食的总体积 V（m³）由孔隙体积 V_0（m³）和固体物质体积 V_g（m³）两部分构成。设粮食含水率为 M_{d1} 时所占的总体积为 V_1、孔隙率为 ε_1，干燥到 M_{d2} 时所占的总体积为 V_2、孔隙率为 ε_2。粮食在由 M_{d1} 干燥到 M_{d2} 时的体积收缩率为 $1 - \dfrac{V_2}{V_1}$，对应的体积变化率为 $\dfrac{V_2}{V_1}$，在此，称之为容积得率，记作 x_V，于是存在关系式（1-30）。

$$x_V = \frac{1 - \varepsilon_1}{1 - \varepsilon_2} \tag{1-30}$$

与图 1-3 所示的解析干燥得率、干基含水率和湿基含水率方法完全相同，得到图 1-5 所示的容积得率、孔隙率和孔隙比换算标尺。

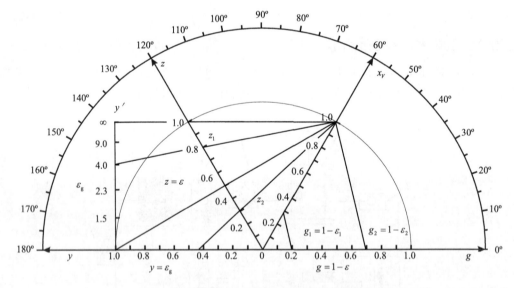

图 1-5　容积得率、孔隙率和孔隙比换算标尺

评价干燥系统主要指标之一是粮食的质量（kg），质量取决于堆积密度（kg/m³）、比重、孔隙率。部分粮食的比重、堆积密度、孔隙率的参考值如表 1-5 所示。

表 1-5　粮食的比重、堆积密度、孔隙率

粮食种类	比重	堆积密度/(kg/m³)	孔隙率/%
小麦	1.22～1.35	687～781	35～45
大麦		480～680	45～55
稻谷		470～550	50～65
大米	1.33～1.36	800～821	43
燕麦		300～550	50～70

续表

粮食种类	比重	堆积密度/(kg/m³)	孔隙率/%
荞麦		460~550	50~60
裸麦		670~750	35~40
玉米	1.11~1.25	675~807	35~55
大豆	1.14~1.23	658~762	38~43
油菜籽	1.11~1.38	607~835	38~40
面粉	1.30	594~605	40~60
花生仁	1.01	600~651	40~48

粮食绝干物质孔隙率和密度都用百分比来表示。可根据粮食的堆积密度和比重来推算：密度=堆积密度/比重×100%，孔隙率=（1-堆积密度/比重）×100%=100-密度。

粮食孔隙率受多种因素的影响。粒大、完整、表面粗糙的孔隙率大；粒小、破碎粒多、表面光滑的孔隙率小。含细小杂质多的粮食，孔隙率相对也小。同一干燥层的不同部位的孔隙率不一定相同，特别是自动分级明显的部位更为突出。静置层底层所受压力大，孔隙率较小，流动层则相反。

1.6.3 粮食的沉降速度和悬浮速度

粮食在静止的空气中自由下落时，最终会达到匀速向下运动的状态，把这一速度称为粮食的沉降速度。如果粮食不是处于静止空气中，而是处于以粮食沉降速度向上运动的气流中，粮食会悬浮在某一水平位置，此时的空气流动速度称为粮食的悬浮速度。沉降速度和悬浮速度在数值上相等，但意义不同，沉降速度是指粮食等速沉降时的速度或粮食下落时所能达到的最大速度，悬浮速度是指上升气流使粮食处于悬浮状态所必需的最小速度。

粮食在静止流体自由下落达到临界速度时，粮食受到的流体阻力、重力和流体浮力将达到平衡，即

$$F_g = F_r + F_b \tag{1-31}$$

式中，F_g 是重力；F_b 是浮力；F_r 是流体对粮食的阻力。

重力 $F_g = mg$；浮力 $F_b = \dfrac{m}{\rho_s}\rho_f g$；流体对粮食的阻力 $F_r = \dfrac{1}{2}CA\rho_f v_t^2$；粮食处于临界速度时，$mg = \dfrac{m}{\rho_s}\rho_f g + \dfrac{1}{2}CA\rho_f v_t^2$。

粮食的沉降（悬浮）速度：

$$v_t = \sqrt{\frac{2mg(\rho_s - \rho_f)}{AC\rho_s\rho_f}} \tag{1-32}$$

式中，v_t 是粮食的沉降（悬浮）速度；m 是粮食的质量；ρ_s 是粮食的密度；ρ_f 是流体的密度；A 是垂直于流体流动方向的颗粒投影面积；C 是阻力系数。

1.6.4 粮层的通风阻力

气流通过粮层时，因受到粮层的阻力而产生压力损失，阻力的大小因粮层的厚度、风速及堆积密度等因素而异。通风阻力的表达式有多种，而任何表达式都有它的使用范围和条件，其计算精度主要取决于模型中的系数和指数，系数和指数都要通过试验测定。下面是几种经验算式。

当粮层厚度较薄时通风阻力可由式（1-33）计算。在粮层厚度为 100 mm 时，试验测定的几种粮层的通风阻力如表 1-6 所示。

$$\Delta p = aZv^n \tag{1-33}$$

式中，Δp 是通风阻力（mmH$_2$O；Z 是粮层厚度（mm）；v 是通过粮层的风速（m/s）；a 和 n 是要由试验测定，且是与粮食的种类、形状大小、含水率、充填状态有关的系数。

表 1-6 粮层厚度 100 mm 时的通风阻力

粮食种类	a	n	通风阻力 Δp/(mmH$_2$O)						
			风速 v/(m/s)	0.1	0.2	0.3	0.4	0.5	0.6
稻谷	1.76	1.41		0.68	1.81	3.22	4.84	6.62	17.6
小麦	1.41	1.43		0.52	1.41	2.53	3.81	5.23	14.1
大麦	1.44	1.43		0.53	1.44	2.58	3.89	5.35	14.4
玉米	0.67	1.55		0.19	0.55	1.04	1.62	2.28	10.7
燕麦	1.64	1.42		0.62	1.66	2.97	4.47	6.14	16.4

当粮层较厚时通风阻力可依据式（1-34）确定模型中的系数和指数，由式（1-34）近似计算。

$$\Delta p = \alpha Z^\beta v^\gamma \rho^\delta \tag{1-34}$$

式中，Δp 是通风阻力（mmH$_2$O）；Z 是粮层厚度（m）；v 是通过粮层的风速（m/s）；ρ 是堆积密度（kg/m^3）；α，β，γ，δ 是与粮食充填状态及籽粒形状大小有关的系数。

当粮层厚度在 1 m 以内时，$\beta = 1$，$\gamma = 1.5$，α 和 δ 是与粮食种类、形状、大小、含水率、充填状态等有关的系数，可由试验测得。

图 1-6、图 1-7 是分别在表 1-7 给出的几种作物种子和表 1-8 给出的几种根茎叶类物料条件下，试验测定出的空气流经床层厚度 1 m 前后的静压损失。由图 1-6、图 1-7 可以看出作物种子及根茎叶类物料层间的通风阻力差异很大。

表 1-7 几种作物种子层通风阻力试验条件

曲线编号	种类	含水率/%	堆积密度/(kg/m^3)	孔隙率/%
1	油菜	7.1	664	38.5
2	裸麦	14.3	803	41.8
3	小麦	14.4	783	38.9
4	大麦	16.8	736	42.5

续表

曲线编号	种类	含水率/%	堆积密度/(kg/m³)	孔隙率/%
5	稻谷	13.2	590	52.5
6	大豆	13.3	758	36.8

表 1-8　几种根茎叶类物料层通风阻力试验条件

曲线编号	种类	形状尺寸	含水率/%	堆积密度/(kg/m³)
1	木薯	块状	82.3	257
2	紫花苜蓿	长 4cm	81.1	222
3	细茎干	长 5cm	71.8	127
4	三叶草	长 4cm	80.9	159
5	弯叶画眉草	长 10cm	51.1	115

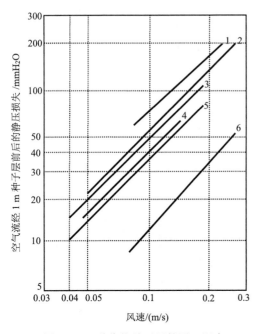

图 1-6　几种作物种子层的通风阻力

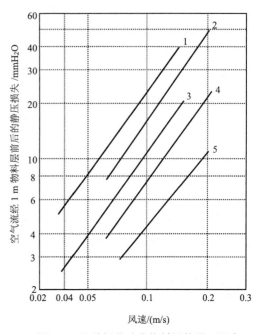

图 1-7　几种根茎叶类物料层的通风阻力

第 2 章　稳态干燥系统的特征参数

干燥系统是物料与介质（空气）组成的自发进行热质交换的热力系统。在没有外界影响的条件下，无论干燥系统的初始状态如何，经过充分长的时间后，系统最终必然到达其宏观性质不随时间变化的状态，这种状态就是干燥系统的平衡态，也是干燥所能进行的极限。在平衡状态下，干燥系统的一切宏观变化均停止，粮食的含水率、介质的相对湿度温度、压力、比体积等所有的宏观物理量都保持一定，这些宏观物理量就是干燥系统的状态参数。对应干燥系统的每一个状态，状态参数都有一定的数值，只要其中的一个状态参数值改变，意味着系统的状态发生了变化，因此，干燥系统的状态变化过程，可以用状态参数来描述。

2.1　干燥系统的基本状态参数

2.1.1　温度

温度是标志物体冷热程度的参数。分子运动理论把温度与气体大量分子平均动能联系起来。在一个系统中，大量分子的热运动，可以用一个平均速度表示其热运动的情况，分子热运动越强烈，分子热运动的平均速度越大，表现为系统的温度就越高。如果忽略分子之间的相互作用，由分子运动理论给出的运动平均动能与温度的关系式：

$$\frac{m\overline{c}^2}{2} = BT \tag{2-1}$$

式中，$\dfrac{m\overline{c}^2}{2}$ 是分子平移运动的平均动能，其中 m 是一个分子的质量，$\overline{c}$ 是分子平移运动均方根速度；B 是比例常数；T 是热力学温度。

式（2-1）说明气体分子的平均动能仅与温度有关，并与其热力学温度成正比，可见温度能反映物质内部大量分子热运动的剧烈程度。要定量地测量温度，必须建立温标。确立温标有三个要素，即测温物质、测温属性和固定的标准点。日常最常用的摄氏温标是瑞典天文学家摄尔西乌斯于 1742 年，用水银作测温物质，以水银受热膨胀为测温属性，固定标准点选取标准大气压（101 325 Pa）下水的冰点 0℃和沸点 100℃，其间分为 100 个分度建立的。

在法定的计量单位中，热力学温标称绝对温标，用符号 T 表示，单位为开尔文，用 K 表示。热力学温标选取纯水的三相点（273.16 K）为固定标准点，每 1 K 是纯水的三相点

热力学温度的 $\dfrac{1}{273.16}$。

摄氏温标，符号用 t 表示，单位为℃。摄氏温标与热力学温标每度的间隔相同，二者之间的关系为

$$t = T - T_0 \tag{2-2}$$

T_0 是纯水冰点热力学温度（273.15 K），它比纯水的三相点热力学温度低 0.01 K。

在工程应用中，还有华氏温标。华氏温标把标准大气压下水的冰点和沸点分别定为 32℉ 和 212℉，其间分为 180 个等分，每个等分代表 1 度，用符号℉表示。华氏温标（℉）与摄氏温标（℃）间的换算关系为

$$℉ = \frac{9}{5}℃ + 32 \quad 或者 \quad ℃ = \frac{5}{9}(℉ - 32) \tag{2-3}$$

式中，℃为摄氏温度单位；℉为华氏温度单位。

2.1.2 压力

若取一个充满气体的容器作为系统，系统中气体分子总是不停地做不规则热运动，这种不规则热运动不但使系统中气体分子之间不断地相互碰撞，同时也使气体分子不断地与容器壁（边界面）碰撞，大量分子碰撞器壁的平均结果，就形成了气体对器壁的压力。通常用垂直作用于边界面单位面积上的力来表示压力的大小，也就是气体的绝对压力，用 p 表示。

$$p = \frac{F}{A} \tag{2-4}$$

式中，F 是整个边界受到的力（N）；A 是边界的总面积（m²）。

空气的压力用压力计测量。由于测压仪表常处于大气压力的作用下，因此，压力计所测得的压力并非介质的绝对压力（或称真实压力）值，而是介质的真实压力与当时当地大气压力的差值，称其为表压，用 p_e 表示，参见图 2-1（a）。

表压与绝对压力存在下列关系。当绝对压力大于大气压力时：

$$p = p_e + p_b \tag{2-5}$$

式中，p_b 是当时当地的大气压力。

当绝对压力小于大气压力时，此时的测压仪表叫真空计。真空计上的读数叫真空度，用 p_{va} 表示，参见图 2-1（b）。

$$p = p_b - p_{va} \tag{2-6}$$

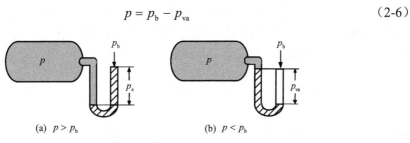

(a) $p > p_b$ (b) $p < p_b$

图 2-1 绝对压力

　　压力作为状态参数时，指的是绝对压力。绝对压力一般不能直接测量，但大气压力可以用气压计测量，于是，就可以由表压力和大气压力获得绝对压力。由于大气压力随时随地都可能变化，即使绝对压力不变，表压力或真空度仍可能变化。在绝对压力较大，而大气压力变化不大的同一地区，工程计算中，可以把大气压力视为常数。

　　我国法定的压力单位是帕斯卡，简称帕，符号为 Pa。

$$1\,Pa = 1N/m^2$$

即 1 Pa 等于每平方米的面积上作用 1 N 的力。

　　由于 Pa 的单位太小，所以工程上常用兆帕作压力单位，符号为 MPa。

　　在工程制单位中，压力单位常采用工程大气压（at）、标准大气压或称物理大气压（atm）、巴（bar）、毫米汞柱（mmHg）和毫米水柱（mmH$_2$O），它们与帕之间的换算关系如表 2-1。

表 2-1　不同压力单位之间的换算关系

常用压力单位	与 SI 制压力单位之间的换算关系
bar	1 bar=100 kPa
atm	1 atm=1.01325×10^5 Pa
at	1 at=9.80665×10^4 Pa
mmHg	1 mmHg=133.3224 Pa
mmH$_2$O	1 mmH$_2$O=9.80665 Pa

2.1.3　比体积及密度

　　单位质量的物质所占的容积称为比体积，用 v 表示。

$$v = \frac{V}{m} \tag{2-7}$$

式中，v 是比体积（m^3/kg）；m 是质量（kg）；V 是容积（m^3）。

　　比体积的倒数是密度，用 ρ 表示。v 和 ρ 不是互为独立的参数，在分析粮食或干燥介质的状态时，可以任选其一作为状态参数。

2.1.4　湿空气的绝对湿度

　　每立方米的湿空气中所含水蒸气的质量，称为绝对湿度，用符号 ρ_v 表示。湿空气中水蒸气具有与湿空气同样的体积，因比，绝对湿度就是湿空气中水蒸气的密度，等于水蒸气的比体积 v_v 的倒数，即

$$\rho_v = \frac{1}{v_v} = \frac{p_v}{R_v T} \tag{2-8}$$

式中，R_v 是水蒸气的气体常数，其值为 461.9 J/(kg·K)。

　　绝对湿度与体积有关，空气的体积随温度而变，因此，它并没有确定的比较基准，也

不能完全说明湿空气距离饱和的程度。在热力计算中一般不用绝对湿度。

2.1.5　湿空气的相对湿度

相对湿度是湿空气中水蒸气分压力与同温度下的饱和蒸气压的比值，也就是绝对湿度和相同温度的饱和空气的绝对湿度的比值，用 φ 表示：

$$\varphi = \frac{\rho_v}{\rho_s} = \frac{p_v}{p_s} \qquad (2\text{-}9)$$

相对湿度表示湿空气距离饱和的程度，φ 值越小，表明湿空气继续容纳水分的能力越强。当 $\varphi = 0$ 时，空气中不含水蒸气，全为干空气；当 $\varphi = 1$ 时，湿空气为饱和空气，丧失继续接纳水分的能力。

相对湿度可通过测量空气的干球温度和湿球温度得到。我们平常用温度计直接测量出的空气温度就是干球温度；把温度计的温包用湿润的纱布套包起来，使温包的周围形成一层包围温包的水膜。此时，如果空气是未饱和的，那么，水膜上的水分就会不断地汽化，而使温包的温度下降，与被测空间的空气形成温差，从而引起周围空气向湿纱布包传热。当温度下降到一定程度时，传入纱布的热量正好等于湿纱布上水分蒸发所需的热量，这时湿纱布内包围着温包的水膜及温包温度则维持不变，这个不变的温度就是湿球温度，用 t_w 表示。空气的相对湿度愈小，湿球温度降低幅度愈大。如果空气是饱和的，则纱布上的水就不能产生蒸发降温现象，这时湿球温度和干球温度相同。因此，干球温度、湿球温度与相对湿度之间存在一定的函数关系。可由下列近似的算式计算得出水蒸气分压力，依此求出空气的相对湿度。

湿球未结冰时：

$$p_v = p_{ws} - 66.66(t - t_w) \qquad (2\text{-}10)$$

湿球出现结冰时：

$$p_v = p_{ws} - 58.66(t - t_w) \qquad (2\text{-}11)$$

式中，p_{ws} 为对应于湿球温度 t_w（℃）时的饱和蒸气压（Pa）；t 为干球温度（℃）。

湿空气的饱和蒸气压与温度之间存在一一对应关系，可由式（2-12）计算。

$$p_s = 133.3224 \times \exp\left(18.7509 - \frac{4075.16}{236.516 + t}\right) \qquad (2\text{-}12)$$

2.1.6　湿空气的含湿量

湿空气中包含的水蒸气的质量 m_v 与其中的干空气的质量 m_a 之比称为含湿量，用 d 表示（kg 水/kg 干空气）。按其定义有

$$d = \frac{m_v}{m_a} = \frac{\rho_v}{\rho_a} = \frac{v_a}{v_v} \qquad (2\text{-}13)$$

按照理想气体状态方程有

$$v_a = \frac{R_a T}{p_a} = \frac{R_m T}{M_a p_a} ; \quad v_v = \frac{R_v T}{p_v} = \frac{R_m T}{M_v p_v}$$

式中，M_v, M_a 及 R_v, R_a 分别为水蒸气的摩尔质量（18.016 g/mol）和干空气的摩尔质量（28.97 g/mol）及相应的气体常数。代入式（2-13）后得

$$d = \frac{M_v}{M_a} \cdot \frac{p_v}{p_a}$$

式中，水蒸气的摩尔质量 M_v=18.016 g/mol；干空气的摩尔质量 M_a=28.97 g/mol。干空气的分压力 $p_a = p - p_v$，于是：

$$d = 0.622 \cdot \frac{p_v}{p - p_v} \tag{2-14}$$

可见，当总压力 p（一般为大气压力 p_b）一定时，含湿量与水蒸气分压力一一对应。按照式（2-9）得到在一定大气压力 p_b 下，湿空气含湿量的计算式：

$$d = 0.622 \cdot \frac{\varphi \cdot p_s}{p_b - \varphi \cdot p_s} \tag{2-15}$$

由于 p_s 与温度一一对应，显然，在 d 和 t 不变，且空气中的水蒸气未结露的情况下，相对湿度 φ 与大气压力 p_b 成正比，即大气压力降低百分之几，相对湿度也跟着降低百分之几。

2.1.7　湿空气的比焓

在静态条件下，湿空气的比焓可以理解为包含 1 kg 干空气的湿空气具有的热含量，即 1 kg 干空气及与其混合的水蒸气的比焓之和，单位是千焦/千克（kJ/kg），即

$$h = h_a + d \cdot h_v \tag{2-16}$$

式中，h_a 是 1 kg 干空气的焓；h_v 是 1 kg 水蒸气的焓。

取 0℃时干空气的比焓值为零，且干空气的比热容在 100℃以下时，通常可视为定值，其平均定压比热容 c_p = 1.005 kJ/(kg·K)。干空气的比焓可以用式（2-17）来计算：

$$h_a = c_p t = 1.005 t \tag{2-17}$$

在水的汽化潜热为标准状态下的数值时，水蒸气的比焓可按式（2-18）计算：

$$h_v = 2501 + 1.86 t \tag{2-18}$$

式中，2501 是 0℃时的水蒸气的汽化潜热（kJ/kg），1.86 是常温下水蒸气的平均定压比热容[kJ/(kg·K)]。

将式（2-17）和式（2-18）代入式（2-16）后，湿空气的比焓可写成：

$$h = 1.005 t + d(2501 + 1.86 t) \tag{2-19}$$

式中的 t 为空气的干球温度（℃）。

2.1.8　湿空气的绝热湿球温度

在测量空气的湿球温度时，被测量的未饱和空气流过湿球表面时，湿纱布上的水分子首先进入紧贴其表面的空气边界层，使这一极薄的空气边界层变成饱和空气边界层。此边界层是由被测量的未饱和空气流过湿球表面时与湿纱布进行热交换和湿交换形成的。如果热交换和湿交换只发生在湿纱布与空气所构成的系统中，即系统是处在绝热情况下的蒸发，那么，所测得的温度就称为湿空气的绝热湿球温度（又称绝热饱和温度）。绝热湿球温度 t_w' 是湿空气的一个状态参数。

水在绝热系统中蒸发时，贴近水面或湿球表面的空气边界层传给水的热量等于水分蒸发消耗的热量。在这一过程中，空气因放出显热而降温，水分源源不断地迁入空气。空气放出显热被水蒸气以汽化潜热的形式又带回了湿空气中。如果不考虑水分在汽化之前自身所具有的比焓，那么，这一空气增湿降温的过程就是等焓过程。

假设空气边界层中原有的比焓及含湿量分别为 h_1 和 d_1，空气边界层达到饱和状态（t_w'）后的比焓及含湿量分别为 h_2 和 d_2，则有绝热湿球温度 t_w' 形成过程的热平衡方程：

$$h_2 - h_1 = c_p t_w'(d_2 - d_1) \tag{2-20}$$

把水的定压比热容 $c_p = 4.1868\,\mathrm{kJ/(kg \cdot K)}$ 代入式（2-20）得

$$t_w' = \frac{1}{4.1868} \cdot \frac{h_2 - h_1}{d_2 - d_1} \tag{2-21}$$

一般绝热湿球温度 t_w' 低于湿球温度 t_w，因湿球除由周围空气获得热量外，还可能从周围温度较高的物体获得辐射热，但在空气与水构成的系统中 t_w' 与 t_w 非常接近，因此，通常认为 t_w' 等于 t_w，这样就可以认为等湿球温度过程就是等焓过程。

2.1.9　粮食的平衡含水率

把粮食长期放置在温度、湿度恒定的特定环境中，粮食的状态最终会到达与环境条件相对应的平衡状态，处在该平衡状态下的粮食含水率称为平衡含水率。在平衡条件下，粮食的温度与环境空气温度相等。从籽粒表面迁移出的水分量等于粮食同时从环境空气中吸收的水分量，其含水率保持不变。

在干燥系统中，粮食的含水率状态，对应的介质条件，存在解吸和吸附的情况。介质条件存在静态、动态等性质不同情况，对应其条件存在相应的平衡含水率。

把粮食长期放置温度、湿度恒定的静态空气中，粮食含水率最终会稳定在一个不随时间变化的状态，由此得到的粮食平衡含水率（%），称之为静平衡含水率。

粮食在解吸和吸附过程中，水分传递的方向不同，对应过程的静平衡含水率也存在差异，解吸时的平衡含水率高于吸附时的平衡含水率。

图 2-2 是在静态条件下，试验测定的糙米和稻谷的静平衡含水率。从图 2-2 可以看出，静平衡含水率的总体趋势是随温度的升高而降低，随相对湿度的增大而升高。

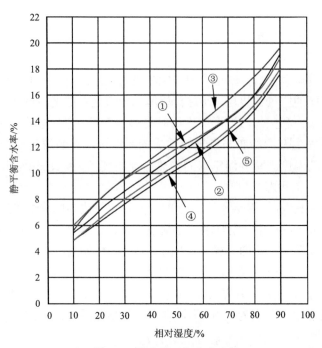

图 2-2　粮食静平衡含水率线

①糙米 20℃（湿→干）；②稻谷 20℃（湿→干）；③稻谷 10℃（湿→干）；
④稻谷 20℃（干→湿）；⑤稻谷 25℃（干→湿）

在实际干燥过程中，干燥介质流动及其粮层内物料组态、质构的变化导致干燥势增大，使得粮食的干燥强度加大，因此，由干燥过程中的试验数据得到的平衡含水率低于粮食的静平衡含水率。一般情况下，由动态干燥过程的试验测试数据得到的粮食平衡含水率要比在静态下测定出的平衡含水率低。动态干燥过程中，伴随干燥过程，籽粒内部存在水分偏差，介质流动、压力变化导致籽粒表面的平衡含水率要低于粮食的静平衡含水率，使得动态过程的测定值要比静态下的测量值低，常常把动态干燥过程测出的平衡含水率称为动平衡含水率。

就粮食的任意解吸（或者任意吸附）过程而言，粮食的平衡含水率从状态 1 变化到状态 2 时，任意平衡含水率（干基）的变化量均等于初状态和终状态含水率的差，粮食的平衡含水率与变化的过程无关，满足状态参数的条件，因此，平衡含水率是粮食干燥系统的状态参数。

2.2　状态参数的特性

干燥系统的状态用状态参数描述，因此，无论是研究干燥系统的物性，还是解析计算干燥过程都离不开状态参数。

状态参数是状态的单值函数，只与状态有关，具有以下数学特征。

2.2.1 积分特性

（1）在任意过程中，当热力系从状态 1 变化到状态 2 时，任意状态参数的变化量均等于初状态和终状态下该状态参数的差值，与变化过程无关。即

$$\int_1^2 \mathrm{d}z = z_2 - z_1$$

（2）热力系经历一封闭的状态变化又回到原始状态，状态参数变化为零。即

$$\oint \mathrm{d}z = 0 \tag{2-22}$$

2.2.2 微分特性

由于状态参数是点函数，它的微分是全微分，设状态参数 z 是另外两个变量 x 和 y 的函数，则

$$\mathrm{d}z = \left(\frac{\partial z}{\partial x}\right)_y \mathrm{d}x + \left(\frac{\partial z}{\partial y}\right)_x \mathrm{d}y \tag{2-23}$$

数学上的充要条件为

$$\frac{\partial^2 z}{\partial x \partial y} = \frac{\partial^2 z}{\partial y \partial x} \tag{2-24}$$

具有上述数学特征的物理量，一定是状态参数。在干燥解析法中的状态参数有温度、压力、比体积或密度、内能、焓、熵、自由能、㶲、粮食的含水率等。其中温度、压力、比体积或密度与粮食的含水率等可以直接或间接地用仪器测量出来，是基本状态参数，焓、熵、自由能、㶲等为导出状态参数。

2.2.3 湿空气中的水蒸气状态变化特征

湿空气是一种特殊的理想混合气体，其中的水蒸气可以是过热状态，也可以是饱和状态，并在一定条件下会发生集态的变化，这些都取决于湿空气的温度和水蒸气分压力。用 p_s 表示湿空气温度为 $t\ ℃$ 时的饱和蒸气压，当 $p_v < p_s$ 时，湿空气中的水蒸气处于过热状态，这种湿空气称为未饱和湿空气，它是干空气和过热水蒸气的混合物（图 2-3 中的 A 点）。

如果在保持湿空气温度不变的情况下，增加其水蒸气含量，使水蒸气分压力增大，此时湿空气的状态沿图 2-3 中 $A \rightarrow B$ 的定温、增湿过程变化。当水蒸气分压力增大到 $p_v = p_s$（状态点 B）时，湿空气中的水蒸气达到饱和状态，这时的湿空气便称为饱和湿空气。饱和湿空气中的水蒸气含量是相应的空气温度和总压力条件下的极限。达到饱和后的湿空气已不具备继续接纳水分的能力。要想继续增湿，可通过降低压力而使 p_v 处于 p_s 以下，或者提高空气温度，使对应的饱和蒸气压 p_s 提高。

在绝热条件下对未饱和的湿空气进一步增湿，使其达到饱和状态，如图 2-3 中 $A \rightarrow w$ 的变化过程（即绝热增湿降温过程）。这样达到的饱和状态称为绝热饱和状态，相应的温度称为绝热饱和温度，用符号 t_w' 表示，图中的 p_w' 为绝热饱和温度 t_w' 时的饱和蒸气压。

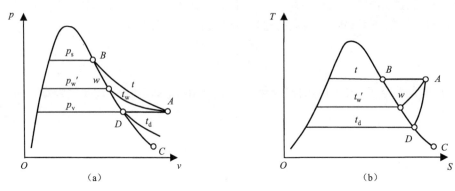

图 2-3　湿空气中水蒸气的状态

未饱和的湿空气也可以通过另一途径达到饱和，即将未饱和的湿空气在总压力和含湿量保持不变（水蒸气分压力不变）的情况下进行冷却，使其温度降到与水蒸气分压力 p_v 相应的饱和温度，如图 2-3 中湿空气 $A \rightarrow D$ 的状态变化过程。D 点的温度就是对应于水蒸气分压力 p_v 的饱和温度，称为露点，用符号 t_d 表示。若湿空气的温度降到露点以下，则湿空气中超过饱和部分的水蒸气就会以液态水的形式凝结出来，湿空气中的水蒸气的状态将沿着饱和蒸汽线变化，如图 2-3 中 $D \rightarrow C$ 的变化过程。此时，温度降低，水蒸气分压力也跟着降低，随着过程的进行，不断地析出液态水。

2.3　湿空气的状态参数图

2.3.1　焓-含湿量图

为便于计算和确定湿空气的状态参数，分析其状态变化过程，常把湿空气状态参数之间的关系制成图线，大多采用焓-含湿量图，即 h-d 图。

湿空气的 h-d 图是以式（2-14）和式（2-19）为基础，在大气压力 p_b 一定的条件下绘制的。取湿空气的比焓（h）为纵坐标，含湿量（d）为横坐标，为了使图线清晰，纵横坐标之间的夹角选取 135°，如图 2-4 所示。

2.3.2　等含湿量线与等焓线

等含湿量线是一群平行于焓轴的直线。由于在大气压力一定时，含湿量与水蒸气分压力一一对应，所以，每一条等含湿量线都对应一个确定的水蒸气分压力值，并且，湿空气沿等含湿量线冷却到相对湿度 φ=100% 时对应的温度值，就是露点 t_d。

等焓线是一群平行于含湿量轴的斜直线。令坐标原点的 h 和 d 为零，h 值在零点以上时为正，在零点以下时为负。

2.3.3　等温线

由式（2-15）知，当 t 一定时，h 和 d 成直线关系，t 值不同，直线的位置和斜率也不一样，t 愈高，等温线的斜率愈大。

2.3.4　等相对湿度线

由式（2-15）知，在总压力不变时，φ 一定，则 d 与 t 间是二次曲线关系，在 h-d 图上是一群上凸的曲线。$\varphi=100\%$ 时的等相对湿度线称为饱和空气线。饱和空气的干球温度 t、湿球温度 t_w 和露点 t_d 三者的值相等。湿空气的状态点都处在饱和空气线的上方，不存在 $\varphi>1$ 的湿空气状态。

h-d 图是在总压力一定条件下绘制的，水蒸气分压力最高不会超过总压力。图 2-4 的 $p=1.01325\times10^5$ Pa，对应的水蒸气的饱和温度为 100℃。当湿空气的温度等于 100℃时，空气的饱和蒸气压等于大气压力（总压力）。由（2-15）式知，此时如果对湿空气继续定压加热，空气中的水蒸气的过热度则随温度的升高而增大，饱和蒸气压升高，使定压下的等相对湿度线向后上方折弯。

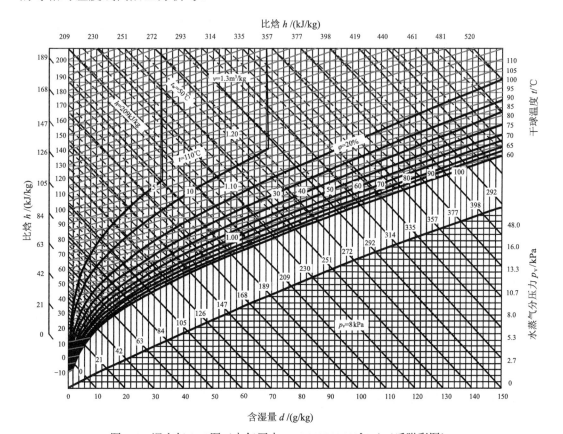

图 2-4　湿空气 h-d 图（大气压力 $p=1.01325\times10^5$ Pa）（后附彩图）

2.4 理想混合气体

湿空气是干空气和水蒸气的混合物，干空气的成分比较稳定，又是由 O_2、N_2、CO_2 及少量其他稀有气体组成的理想混合气体，不仅其质量等于各组成气体的质量之和，而且热力性质也取决于组成气体的性质及其百分数。如果各组成气体都处在理想气体状态，那么，其混合物也具有理想气体的性质，并称为理想混合气体，它与单一的理想气体具有相同的性质，并且，对处于平衡状态的理想混合气体，各种组成气体互不影响地独自充满整个容积。

通常干燥系统的水蒸气大多数情况下都是处于过热状态，水蒸气所占的空气比例较少，分压力较低，且非常接近理想气体。因此，湿空气可以当作理想混合气体来处理，有关理想混合气体混合物的计算式都适用于湿空气，但是，湿空气中含有水蒸气的量，受地理位置、季节、气候等外部条件影响，会有较大变动，在分析干燥过程时应特别注意它的边界划分，湿空气中的水蒸气分压力一定小于其饱和蒸气压。

2.4.1 混合气体的成分

组成混合气体的各组元的分量与混合气体总量的比值，称为混合气体的成分，用百分比表示。根据采用的物量单位分为质量成分、体积成分和摩尔成分。

质量成分是指混合气体中各组成气体的质量与混合气体总质量的比值。即

$$\omega_i = \frac{m_i}{m} \tag{2-25}$$

式中，ω_i 是第 i 组元的质量成分；m_i 是第 i 组元的质量；m 是混合气体的总质量。

$$m = \sum_{i=1}^{n} m_i \tag{2-26}$$

显然，混合气体中各组成气体的质量成分之和等于 1。

$$\sum_{i=1}^{n} \omega_i = 1 \tag{2-27}$$

混合气体中各组成气体的分体积与混合气体总体积的比值称为体积成分。即

$$\gamma_i = \frac{V_i}{V} = \frac{V_i}{\sum_{i=1}^{n} V_i} \tag{2-28}$$

式中，γ_i 是第 i 组元的体积成分；V 是混合气体的总体积；V_i 是在同压力、同温度下各组成气体的分体积。同样有

$$\sum_{i=1}^{n} \gamma_i = 1 \tag{2-29}$$

　　混合气体中各组成气体的摩尔数 n_i 与混合气体总摩尔数 n 的比值称为摩尔成分，用 x_i 表示，即

$$x_i = \frac{n_i}{n} = \frac{n_i}{\sum_{i=1}^{n} n_i} \tag{2-30}$$

　　摩尔成分与体积成分的关系为

$$\gamma_i = \frac{V_i}{V} = \frac{V_{m,i} n_i}{V_m n} \tag{2-31}$$

式中，$V_{m,i}$ 是第 i 组元的摩尔体积；V_m 是混合气体的摩尔体积。

　　根据阿伏伽德罗定律，在同温同压下，任何气体的摩尔体积相等。即 $V_{m,i} = V_m$，由此可见，混合气体的体积成分与摩尔成分在数值上相等，即 $\gamma_i = x_i$。

2.4.2　分压力与分体积

1. 分压力

　　如图 2-5[（a）～（c）]，对于温度为 T，压力为 p，体积为 V，摩尔数为 n 的理想混合气体，服从状态方程 $pV = nR_m T$。

　　由于组成气体分压力 p_i 是指与理想混合气体相同的温度下，各组成气体单独占有理想混合气体的体积 V 时，给予容器壁的压力，所以，$p_i V = n_i R_m T$。于是有

$$\frac{p_i}{p} = \frac{n_i}{n} = x_i \quad \text{或} \quad p_i = x_i \cdot p \tag{2-32}$$

　　可见，理想混合气体各组成气体的分压力，等于总压力与其摩尔成分的乘积。

　　对式（2-32）的两边求和得

$$p = \sum_{i=1}^{n} p_i \tag{2-33}$$

　　式（2-33）表明，理想混合气体的总压力等于各组成气体的分压力之和，这就是道尔顿分压定律。

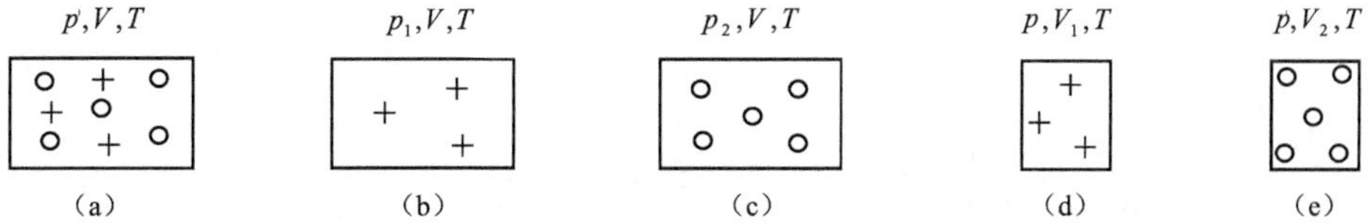

图 2-5　理想混合气体示意图

2. 分体积

　　分体积是指使各组成气体在保持着与混合气体相同压力 p 和相同温度 T 的条件下，把各组成气体单独分离出来后，各组成气体所占有的体积，见图 2-5（a）、（d）、（e）。

对于理想混合气体：$V = \dfrac{nR_{\mathrm{m}}T}{p}$，而对于其中的组成气体，在温度为 T，压力为 p 时 $V_i = \dfrac{n_i R_{\mathrm{m}} T}{p}$，于是有

$$\frac{V_i}{V} = \frac{n_i}{n} = x_i \quad \text{或} \quad V_i = x_i \cdot V \tag{2-34}$$

可见，理想混合气体各组成气体的分体积，等于总体积与其摩尔成分的乘积。

对式（2-34）的两边同时求和得

$$V = \sum_{i=1}^{n} V_i \tag{2-35}$$

理想混合气体的总体积等于各组成气体的分体积之和，这个关系式称为分体积定律。

2.4.3 混合气体的摩尔质量和气体常数

在此，引入折合气体分子量的概念，把混合气体折合成假想的单质理想气体，该假想气体的气体常数称为折合气体常数；混合气体的总质量与混合气体总的摩尔数之比称为混合气体的摩尔质量（折合分子量），用 M 表示，又称为混合气体的折合摩尔质量或平均摩尔质量。

混合气体中第 i 种组元的质量与本组元摩尔数的比为该种组元的摩尔质量，也称为该种组元的分子量，$M_i = \dfrac{m_i}{n_i}$，混合气体的总质量 m 与总摩尔数 n 的比为该混合气体的摩尔质量 M，或称为该混合气体的折合分子量。

$$M = \frac{m}{n} = \frac{\sum_{i=1}^{n} m_i}{n} = \frac{\sum_{i=1}^{n} n_i M_i}{n} = \sum_{i=1}^{n} x_i M_i \tag{2-36}$$

式（2-36）表明：混合气体的摩尔质量（折合分子量）为各组元摩尔质量（分子量）与摩尔成分乘积之和，即各组元分子量按摩尔成分的加权平均。

混合气体的气体常数，$R = \dfrac{R_{\mathrm{m}}}{M}$，其中 R_{m} 为通用气体常数，M 为混合气体的折合摩尔质量。

$$R = \frac{R_{\mathrm{m}}}{\dfrac{m}{n}} = \frac{R_{\mathrm{m}} \cdot \sum_{i=1}^{n} n_i}{m} = \frac{R_{\mathrm{m}} \cdot \sum_{i=1}^{n} \dfrac{m_i}{M_i}}{m} = \sum_{i=1}^{n} \frac{m_i}{m} \cdot \frac{R_{\mathrm{m}}}{M_i} = \sum_{i} \omega_i R_i \tag{2-37}$$

其中 R_i 为第 i 种组元的气体常数。

式（2-37）表明：混合气体的气体常数 R 是各组元气体常数与质量成分乘积之和，也就是各组元气体常数按质量成分的加权平均。

2.5　理想气体的内能、焓和熵

2.5.1　理想气体的内能

内能是指系统内部储存能量的总和，包括分子运动的平动能、分子内的转动能、振动能、电子能、核能及各种粒子之间相互作用的位能等，是系统的状态参数。按照分子运动论，内动能取决于物质的温度，内位能取决于物质的比体积。因此，系统的内能是绝对温度和比体积的函数。即 $u = f(T, v)$，$m \, \text{kg}$ 物质的内能则被表示为 $U = mu$。

对于理想气体，分子之间没有相互作用力，其内能是绝对温度的单值函数。由于内能的绝对值无法测定，而实际计算中又只涉及内能的相对变化量，所以，一般令介质在 0℃ 或者 0 K 时的内能为零，作为计算的基准。

对于理想气体，其内能变化量，可以用定容过程系统的吸热或放热量来计算，因为，定容过程不对外做功，加给系统的热量全部被转化为内能。如果取介质的比热容为定值比热容，理想气体内能的变化量可按式（2-38）计算：

$$\mathrm{d}u = c_v \mathrm{d}T \tag{2-38}$$

理想气体内能的变化只取决于温度，即不论理想气体经历何种过程，只要温度的变化量相同，那么内能的变化量相等。

2.5.2　理想气体的焓

1 kg 流动介质的焓用 h 表示，单位为 kJ/kg，它的定义式是

$$h = u + pv \tag{2-39}$$

$m \, \text{kg}$ 流动介质的焓用 H 表示，单位为 kJ，即

$$H = mh = U + pV \tag{2-40}$$

焓是由内能、压力、比容三个状态参数组成的一个复合状态参数，对应系统的任一状态都有确定的值。焓是系统的状态参数，它是一个导出状态参数，无法测定其绝对值。在实际计算时，由于只涉及焓的相对变化量，可以令某一状态点的焓值为零，作为计算的基准。

按照比焓的定义，理想气体比焓的变化可表示为

$$\mathrm{d}h = \mathrm{d}u + \mathrm{d}(pv) = \mathrm{d}u + p\mathrm{d}v + v\mathrm{d}p \tag{2-41}$$

在可逆过程中 $\delta q = \mathrm{d}u + p\mathrm{d}v$ 代入式（2-41）后得 $\mathrm{d}h = \delta q + v\mathrm{d}p$，于是得到，用比焓来表示的热力学第一定律的解析式：

$$\delta q = \mathrm{d}h - v\mathrm{d}p \tag{2-42}$$

对于闭口系统的定压过程，比焓的变化量等于系统吸收或放出的热量，其变化量可以

根据系统吸收或放出的热量来计算。此时，式（2-42）可改写为 $\delta q_p = \mathrm{d}h$，取系统的比热容为定值比热容时，得比焓的计算式：

$$\mathrm{d}h = c_p \mathrm{d}T \qquad (2\text{-}43)$$

由此可见，理想气体的比焓和内能一样，都是温度的单值函数。不论理想气体经历何种过程，只要温度的变化量相同，那么，比焓的变化量也相同。

理想气体的定值比热容间的关系可由比焓的定义式导出。

对比焓的定义式（2-39）的等式两边同时求微分，得

$$\mathrm{d}h = \mathrm{d}(u + pv) = \mathrm{d}u + R\mathrm{d}T \qquad (2\text{-}44)$$

将式（2-38）和式（2-43）代入式（2-44）得到理想气体定值比热容与其气体常数之间的关系：

$$c_p - c_v = R \qquad (2\text{-}45)$$

2.5.3 理想气体的熵

一切自发过程都不可逆，而且具有等效性，那么，这些不可逆过程必然存在某种内在的联系，可有一个共同判别的准则。为定量描述这一本质特征，1865 年克劳修斯在前人工作的基础上，提出了著名的克劳修斯等式，从而找到了状态参数"熵"这一物理量。

熵是判别实际过程方向及可逆与否的判据。熵的导出有多种方法。下面利用卡诺定理可以证明熵是任何系统的一个状态参数的方法。

已知卡诺循环的热效率与介质的性质无关：

$$\eta_c = 1 - \frac{q_2}{q_1} = 1 - \frac{T_2}{T_1}$$

由此得

$$\frac{q_1}{T_1} = \frac{q_2}{T_2}$$

式中，η_c 是卡诺循环的热效率，q_2 表示 1 kg 物质的循环放热量（取绝对值）。

若改用代数值，由于放热量 q_2 本身为负，改用代数值后与其取绝对值等同的是 $-q_2$，所以，改用代数值后上式被改写为

$$\frac{q_1}{T_1} + \frac{q_2}{T_2} = 0 \quad 或 \quad \sum \frac{q}{T} = 0 \qquad (2\text{-}46)$$

式（2-46）表明，在卡诺循环中 $\frac{q}{T}$ 的代数和为零。利用这一结论可以得到任意可逆循环中的 $\frac{q}{T}$ 的代数和为零。如图 2-6 所示，1—A—2—B—1 为任意可逆循环。若用一组可逆的绝热线把它分割成无数多个微元循环，当这些绝热线 a—f，b—e，c—d···无限地靠近时，可以认为在 a—b，b—c，···，d—e，e—f···等微元循环过程中，系统的温度不变，它们都可以看成是可逆的定温过程，于是微元循环 a—b—e—f—a，b—c—d—e—b···

都可以看作微元卡诺循环，这些微元卡诺循环构成了任意的可逆循环 1—A—2—B—1。

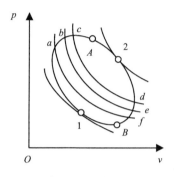

图 2-6 任意可逆循环

每一个微元卡诺循环都应满足式（2-46），对于其中第 n 个微元循环式可以写为 $(\frac{\delta q_1}{T_1} + \frac{\delta q_2}{T_2})_n = 0$，对于整个可逆循环 1—A—2—B—1，应等于所有这些微元循环的总和：

$$\oint \frac{\delta q}{T} = 0 \tag{2-47}$$

$\oint \frac{\delta q}{T}$ 称为克劳修斯等式，对于可逆循环其值为零。式中的 δq 是系统在可逆过程中从环境中吸收的微小热量，由于可逆过程是等温传热，系统和环境的温度相等，所以，T 可看作系统的温度。循环的积分路线是一个封闭的曲线，由于可逆循环 1—A—2—B—1 的选取是任意的，即可逆过程从初态 1 沿 1—A—2，再由终态 2 经另一任意可逆过程 2—B—1 完成一封闭可逆循环。可逆过程 1 和 2 之间的路径是任选的，根据状态参数的特性，式（2-47）中的被积函数必定是某个状态参数的全微分，用 S 来表示该函数并定义为熵。熵的导出与介质的性质无关，说明它是任何物质的状态参数。熵和其他状态参数一样，可以表示为任意两个独立状态参数的函数。将熵的定义式 $dS = \frac{\delta q}{T}$ 代入式（2-44），得到可逆循环的熵表达：

$$\oint dS = 0 \tag{2-48}$$

2.5.4 理想混合气体的状态参数

1. 理想混合气体的内能和焓

理想混合气体，分子之间无内位能，只有内动能。内动能只取决于温度，是温度的单值函数，不因其他气体的存在而改变。因此，理想混合气体的内能（总内能用 U 表示）等于各组元气体的内能之和：

$$U = \sum_{i=1}^{n} U_i \tag{2-49}$$

对于 1 kg 理想混合气体的内能（用 u 表示）为

$$u = \sum_{i=1}^{n} \omega_i u_i \tag{2-50}$$

同理，理想混合气体的焓（用 H 表示）等于各组元气体焓值之和，即

$$H = \sum_{i=1}^{n} H_i \tag{2-51}$$

对于 1 kg 理想混合气体的焓（用 h 表示）为

$$h = \sum_{i=1}^{n} \omega_i h_i = \sum_{i=1}^{n} \omega_i (u_i + R_i T) \tag{2-52}$$

2. 理想混合气体的熵

对于理想混合气体和可逆过程，在多变过程中，热力学第一定律可表述为

$$T\mathrm{d}S = c_v \mathrm{d}T + p\mathrm{d}v \tag{2-53}$$

$\mathrm{d}S = c_v \dfrac{\mathrm{d}T}{T} + R \dfrac{\mathrm{d}v}{v}$，积分得

$$\Delta S = c_v \ln \frac{T_2}{T_1} + R\ln \frac{v_2}{v_1} \tag{2-54}$$

理想混合气体的熵等于各组元气体处在与混合气体相同温度、相同体积，即相同温度、压力为分压力时的熵的总和，用 S 表示。

$$S = \sum_{i=1}^{n} S_i \tag{2-55}$$

对于 1 kg 理想混合气体的熵，用 s 表示。

$$s = \sum_{i=1}^{n} \omega_i s_i \tag{2-56}$$

由于熵的变化与温度和压力有关，式（2-56）中各组元气体的熵 s_i 是温度 T 与组元气体分压力 p_i 的函数，即 $s_i = f(T, p_i)$，若理想混合气体在微元过程中成分保持不变，那么，把式（2-45）代入式（2-53）后，得到各组成气体的熵的变化量计算式（2-57）和 1 kg 理想混合气体的熵变化量计算式（2-58）。

$$\mathrm{d}S_i = m_i \left(c_{p_i} \frac{\mathrm{d}T}{T} - R_i \frac{\mathrm{d}p_i}{p_i} \right) = n_i \left(c_{mp_i} \frac{\mathrm{d}T}{T} - R_m \frac{\mathrm{d}p_i}{p_i} \right) \tag{2-57}$$

1 kg 理想混合气体的熵变化则为

$$\mathrm{d}s = \sum_{i=1}^{n} \omega_i c_{p_i} \frac{\mathrm{d}T}{T} - \sum_{i=1}^{n} \omega_i R_i \frac{\mathrm{d}p_i}{p_i} \tag{2-58}$$

式中，注有角码 i 的参数符号均为第 i 种组元的参数，未注角码参数符号的为理想混合气体的参数。

3. 理想混合气体的定值比热

理想混合气体的定值比热是指单位数量的物质，在温度变化 1 K 时吸收（或放出）的热量。气体的数量单位有质量（kg）、容积（m³）和摩尔（mol），相应的气体定值比热分别为质量热容、容积比热和摩尔比热。

理想混合气体的分子没有相互的作用力，分子自身也不占有体积。可以认为在理想混合气体中，任何一种组元所处的状态不受其他组元存在的影响，其比热、内能、焓和熵可由各组成气体的性质及其在混合气体中的比例来计算。

理想混合气体的定值比热值等于各组元气体温度均升高 1 K 所需的热量之和。根据理想混合气体温度变化 dT 时所需的热量，可推出质量热容计算式：$cmdT = \sum_{i=1}^{n} c_i m_i dT$，于是得理想混合气体的质量热容：

$$c = \sum_{i=1}^{n} \omega_i c_i \qquad (2-59)$$

质量热容表示 1 kg 的物质，温度升高（或降低）1 K 时吸收（或放出）的热量。单位是 J/(kg·K)，用符号 c 表示。

用同样方法可得理想混合气体的容积比热 c'：

$$c' = \sum_{i=1}^{n} \gamma_i c_i' \qquad (2-60)$$

容积比热是表示 1 m³ 的物质温度升高（或降低）1 K 时，吸收（或放出）的热量。单位是 J/(m³·K)，用符号 c' 表示。

由于 1000 mol 理想混合气体的质量为 M kg，所以，将质量热容乘以理想混合气体摩尔质量（折合分子质量）得摩尔比热 c_m。

摩尔比热是表示 1 mol 的介质温度升高（或降低）1 K 时，吸收（或放出）的热量。单位是 J/(mol·K)，用符号 c_m 表示：

$$c_m = M \sum_{i=1}^{n} \omega_i c_i \qquad (2-61)$$

由于 $\omega_i = \dfrac{m_i}{m} = \dfrac{n_i M_i}{nM} = x_i \dfrac{M_i}{M}$，于是摩尔比热 c_m 又可表示为

$$c_m = M \sum_{i=1}^{n} \omega_i c_i = \sum_{i=1}^{n} M_i c_i x_i \text{ 或者 } c_m = \sum_{i=1}^{n} M_i c_i \gamma_i \qquad (2-62)$$

在实际计算中，在温度变化范围不大或不要求十分精确时，把比热看作与温度无关的常数，这种比热称为定值比热。由于比热不仅与物质本身有关，同时还与热力过程的性质有关，不同热力过程的性质不同，其吸热量也不一样。在气体压力不变的条件下获得的比热称为定压比热容，用 c_p 表示；在气体容积不变的条件下获得的比热称为定容热容，用 c_v 表示。根据分子运动论，凡是分子中原子数相同的气体，其定值摩尔比热相同。理想混合气体的定

压摩尔热容（用 c_{mp} 表示）和定容摩尔热容（用 c_{mv} 表示）见表 2-2。

表 2-2　理想混合气体的定值摩尔比热[R_m =8.314 J/(mol · K)]

参数	单原子气体	双原子气体	多原子气体
c_{mv} /[J/(mol · K)]	$\dfrac{3}{2}R_m$	$\dfrac{5}{2}R_m$	$\dfrac{7}{2}R_m$
c_{mp} /[J/(mol · K)]	$\dfrac{5}{2}R_m$	$\dfrac{7}{2}R_m$	$\dfrac{9}{2}R_m$
$k = \dfrac{c_p}{c_v}$	1.667	1.40	1.29

2.6　干燥系统的物质衡算及过程量的计算

2.6.1　干燥室的物质衡算

在干燥任务给定后，根据质量守恒定律，分析物料与介质之间的湿交换规律，通过物质衡算可算出去除的水分量或需要消耗的空气量及能够获得的干燥产品量，依次确定出系统风机大小、动力消耗等。按照干燥室输入和输出的物质量得到质平衡方程式（2-63）。

（1）输入的干燥物 $G_1 = G_g + G_1 \cdot M_{x1}$；

（2）输入的干燥介质 $L_1 = L + L \cdot d_1$；

（3）离开的干燥物 $G_2 = G_g + G_2 \cdot M_{x2}$；

（4）离开的干燥介质 $L_2 = L + L \cdot d_2$。

干燥室的质平衡方程式：

$$G_g + G_1 M_{x1} + L + Ld_1 = G_g + G_2 M_{x2} + L + Ld_2$$

或

$$G_1 M_{x1} - G_2 M_{x2} = L(d_2 - d_1) \qquad (2-63)$$

式中，M_{x1}、M_{x2} 分别是物料进、出干燥室时的湿基含水率（%）；G_g 是单位时间内绝干物质的流量（kg 绝干物质/h）；L 是单位时间内干空气的流量（kg 干空气/h）；d_1、d_2 是分别为空气进、出干燥室时的含湿量（kg 水/kg 干空气）。

2.6.2　水分蒸发量

湿物料和产品中的含水率通常都以湿基含水率 M_x 或干基含水率 M_d 表示，二者之间存在式（1-5）式（1-6）的对应关系，干燥室内的水分蒸发量服从式（2-64），同时，存在（2-64a）、（2-64b）、（2-64c）、（2-64d）等计算式。

$$W = G_g(M_{d1} - M_{d2}) = L(d_2 - d_1) \qquad (2-64)$$

$$W = G_1 - G_2 \tag{2-64a}$$

$$W = G_1 M_{d1} - G_2 M_{d2} \tag{2-64b}$$

$$W = G_2 \frac{M_{d1} - M_{d2}}{1 - M_{d1}} \tag{2-64c}$$

$$W = G_1 \frac{M_{d1} - M_{d2}}{1 - M_{d2}} \tag{2-64d}$$

式中，W 是单位时间内水分的蒸发量（kg 水/h）；M_{d1}，M_{d2} 分别为物料进、出干燥室时的干基含水率（%）。

2.6.3　干燥介质消耗量

干空气消耗量可直接由水分蒸发量计算式导出，可表示为

$$L = \frac{W}{d_2 - d_1} \text{ 或 } l = \frac{L}{W} = \frac{1}{d_2 - d_1} \tag{2-65}$$

式中，L 是干空气消耗量（kg 干空气/h）；l 是单位空气消耗量，蒸发 1 kg 水分所消耗的干空气量（kg 干空气/kg 水）；d_1、d_2 是空气进、出干燥室时的含湿量（kg 水/kg 干空气）。

式（2-65）表明：干空气消耗量仅与空气的最初含湿量和离开干燥室时的含湿量有关。为减少单位空气消耗量，只能增大 d_2 或降低 d_1，但 d_1 受气候条件限制，随设备安装地点及季节而异，应根据当地的较高相对湿度来进行计算。

温度为 t_0、含湿量为 d_0 的湿空气消耗量，即实际空气消耗量由式（2-66）计算：

$$L' = L(1 + d_0) \text{ 或 } L_v' = L(0.773 + 1.244d_0) \frac{273.15 + t_0}{273.15} \times \frac{1.01325 \times 10^5}{B} \tag{2-66}$$

式中，L' 是湿空气的质量流量（kg 湿空气/h）；L_v' 是湿空气的体积流量（m³/h）；L 是干空气消耗量（kg 干空气/h）；d_0 是湿空气的湿度（kg 湿空气/kg 干空气）；t_0 是湿空气的温度（℃）；B 是实际总压力，一般为大气压力（Pa）。

2.6.4　干燥产品量

进入干燥室的湿物料，根据干燥任务要求除去水分而获得产品，由物质衡算可写出：

$$G_2 = G_1 - W \quad \text{或} \quad G_2 = G_1 \frac{1 - M_{x1}}{1 - M_{x2}} \tag{2-67}$$

式中，G_1 是进入干燥器的湿物料量（kg 湿物料/h）；G_2 是干燥产品量（kg/h）；W 是水分蒸发量（kg/h）；M_{x1} 是湿物料的湿基含水率（%）；M_{x2} 是干燥产品的湿基含水率（%）。

2.7 干燥过程的热量衡算

通过热量衡算可确定干燥过程的耗热量及其各项热量的分配,从而计算出加热介质消耗量,以及干燥室出口条件是否符合要求,并及时加以调整。热量衡算为加热器的设计或选用及其干燥室的设计提供重要的依据。按照干燥室输入和输出的热量得到热平衡方程式(2-69)。

如图 2-7 所示,加热器进行热量衡算,可得到加热空气所需热量,即加热器的热负荷式(2-68)。

$$Q = L(h_1 - h_0) \tag{2-68}$$

式中,Q 是加热器提供给空气的热量(kJ/h);L 是干空气消耗量(kg 干空气/h);h_0 是自然空气的比焓(kJ/kg 干空气)。

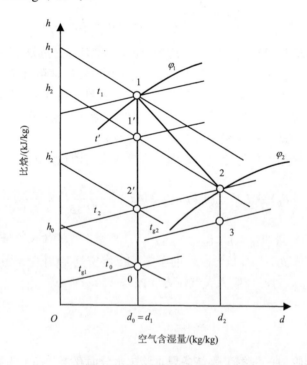

图 2-7　湿空气的状态变化过程

h、t、d、φ 分别为空气的比焓、温度、含湿量、相对湿度,下标 0 表示初态和环境态;
1 和 2 表示干燥器进、出的状态,3 是干粮状态点,t_g 是粮食温度

2.7.1　干燥室的热量衡算

(1)介质输入的热量:$Q_{j1} = L \cdot h_1 = L \cdot h_0 + Q_r$;

（2）物料输入的热量：$Q_{g1} = G_1 \cdot c_1 \cdot t_{g1}$；

（3）介质带出的热量：$Q_{j2} = L \cdot h_2$；

（4）物料带出的热量：$Q_{g2} = G_2 \cdot c_2 \cdot t_{g2}$；

（5）散热损失：$Q_s = KF\Delta t$ 。

热平衡方程：

$$L \cdot h_1 + G_1 \cdot c_1 \cdot \theta_1 = L \cdot h_2 + G_2 \cdot c_2 \cdot \theta_2 + Q_s \qquad (2\text{-}69)$$

式中，Q_{j1}、Q_{j2} 分别是空气进、出干燥室所携带的总焓（kJ/h）；Q_r 是介质从加热器中获得的热量（kJ/h）；L 是干空气消耗量（kg 干空气/h）；h_0 是自然空气的比焓（kJ/kg 干空气）；h_1、h_2、t_{g1}、t_{g2}、c_1、c_2 分别是粮食进、出干燥室时的空气的比焓（kJ/kg 干空气）、粮食的温度（℃）与比热容[kJ/(kg · K)]。$c_1 = 4.1868 \cdot [M_1 + c_g(1 - M_1)]$ [kJ/(kg · K)]，$c_2 = 4.1868 \cdot [M_2 + c_g(1 - M_2)]$ [kJ/(kg · K)]；K 是散热系数[kJ/(m² · h · ℃)]；F 是散热面积（m²）；Δt 是干燥机壁内外的温差（℃）；c_g 是绝干粮食的比热容[kJ/(kg · K)]。

2.7.2　干燥室的热量消耗

如图 2-7 所示，环境介质从状态点 0 等湿加热到状态点 1 后，进入干燥室，自发地与粮食进行热质交换，在状态点 2 离开干燥室。在此过程中，介质增湿降温，粮食从状态点 0 变化到状态点 2，被排出干燥室，干燥介质的热量消耗如下。

（1）1kg 自然空气在加热器中获得的热能：$q = h_1 - h_0$；

（2）水分蒸发消耗的汽化潜热：$q_v = h_2 - h_2'$；

（3）排气的热损：$q_p = h_2' - h_0$；

（4）介质经过干燥室时热损：$q_x = h_1 - h_2$，此部分热损，主要包含粮食和所蒸发出水分升温吸热、散热、空气惯性流动热损等；

（5）干燥效率：$\eta_q = \dfrac{h_2 - h_2'}{h_1 - h_0}$ 。

第3章 干燥过程的理论表达

3.1 干燥理论研究概述

干燥理论涉及热质传递、水分同物料结合形式、干燥品质形成机制，以及不可逆热力学、机械及流体力学和流变学等诸多学科。干燥现象是人类最早接触的自然现象之一，干燥学科也是最古老的技术科学，早期的干燥研究主要是凭借经验摸索，探寻较优的干燥工艺方案，改进技术设备，一项简单的操作技术也能够持续几千年。

随着社会、经济发展和人民生活质量的不断提高，优质、高效、低耗、安全、环保的干燥技术受到了重视，尤其是 20 世纪 90 年代可持续发展理念的形成，理论科学、方法科学的发展突飞猛进，热力学中烟的概念作为具有普遍性的科学方法，在诸多领域受到了普遍关注和广泛应用。为满足当今社会的发展需求，复杂的深床干燥解析成了干燥理论研究领域必须突破的重大技术科学问题。现在，人们对物料干燥问题的研究方法已由原来的实践探索转变为把干燥理论和干燥技术有机结合起来，通过一系列的数学方程解析干燥过程，实现干燥工艺优化设计。但由于干燥物料的种类繁多，干燥产物要求也各不相同，针对不同干燥物料建立相应的干燥模型也成了人们研究的主要内容之一。干燥模型是对物料在干燥过程中表现出的各种性质的一种数学表现形式，主要包括干燥速率、升温速率、质构变化规律、品质形成规律等。由于对干燥产品的要求不同，出现了各种各样侧重点不同的干燥模型。按干燥系统的特征来区分，有稳态模型和非稳态模型。按要揭示的问题区分，有机制模型和过程模型。基于唯象理论和体积平均理论的物料热质传递模型，研究的是物料干燥过程中的微观机制，以揭示物料内部水分移动规律，建立反映其干燥特性的理论模型；基于不可逆热力学建立的干燥模型，是按照唯象学，从宏观角度描述干燥过程，预测干燥速率，确定干燥时间，指导干燥工艺系统优化和装备设计，以及制定工艺操作制度和系统的评价标准。

在 20 世纪 20～30 年代，人们把多组分气体扩散的菲克定律应用于干燥过程，在假定扩散系数为常数的条件下，建立了扩散模型。在许多场合，扩散模型的解析结果与实际测定的物料失重曲线、蒸发特性曲线比较吻合。1937 年 Ceaglskec 和 Hougen 的实验结果及 Hougen 等的分析显示，常系数扩散模型解析结果与实际不符，认为他们给出的毛细管压力势与含湿量间的关系，能够正确表达干燥过程，由此得出了物料水分迁移是毛细管作用结果的推论，但这一推论没有考虑温度这个起主导作用的因素对干燥过程热质传递的影响，所以，此模型的应用有很大的局限性。1968 年 Luikov 基于宏观的质量、能量守恒定律和不可逆过程热力学原理，推导了一组关于含湿量、温度和气相压力的方程，但方程中的系数没有明确的表达，应用时常常要假设为常数。

Krischer 认为在干燥过程中，内部质量传递包括由毛细管压力势控制的液体流动和由扩散控制的水蒸气流动，基于把液体浓度梯度引起的毛细管流动和水蒸气分压梯度引起的水蒸气扩散运动分别加以考虑，建立了一种干燥理论模型。该模型应用吸湿等温线来确定物料内部水蒸气压力分布，即认为内部水蒸气分压力是温度及含湿量的函数，构建了由温度差、浓度差和压力差三种驱动力协同作用的干燥方程组，该模型常被称为 Krischer 模型。同样，该干燥模型也需要假定方程的系数为常数才能对这组方程进行求解。除此之外，同时期内还有 Philip 和 DeVries 在独立地进行这方面的研究，将含湿量的迁移分为液体的毛细流动与水蒸气的扩散渗透，导出一组关于含湿量、温度的控制方程，其做法类似于 Krischer 的方法，导出的干燥偏微分数学方程比较复杂，物理意义并不明确。

强化干燥过程，可以通过增强过程的驱动力和增加动力学系数的方法来实现。粮食对其干燥温度要求比较严格，在提高温度、增强驱动力受到限制的情况下，依赖工艺方式和装置结构设计来增大动力学系数，是实现粮食优质、高效节能干燥的主要技术途径。要真实地表达动力学系数在动态干燥过程中的响应规律，还必须深入考证干燥现象的理论表达，探索反映干燥本质主流特征的解析方法，进而确立基本参数之间的相互制约关系。

在粮食和介质间存在温度、水分及其他组分浓度差等不平衡势时，必然发生能量及物质的宏观运动，最后使干燥系统到达平衡态，伴随过程发生热质传递和动量传递，服从传递的基本原理。

3.2 动量、热量、质量传递基本定律

传递可以通过分子的微观运动来实现，也可以由群体的宏观运动来表征。分子运动引起的动量传递，可由牛顿黏性定律描述；分子运动引起的热量传递可由傅里叶定律描述；分子运动引起的质量传递称为扩散，可以由菲克定律描述。

牛顿黏性定律、傅里叶定律、菲克定律描述的都是由分子运动引起的传递现象，不仅表达三个定律的数学模型相类似，而且模型中的物理量之间还存在一些定量关系。

3.2.1 牛顿黏性定律

1687 年牛顿基于最简单的剪切实验，确定了切向应力和剪切变形之间的关系。在两块大平板之间充满静置的流体，下板静止，上板以恒速向右运动。由于流体的黏性，使黏附在上板下表面的流体随平板一起运动，获得运动的动量并将其动量向相邻的下游流体层传递，形成了两平行板间的速度分布，动量传递在两流体层之间产生剪切应力。当速度不大时，两板之间流体的流态为层流，此时的剪切应力和剪切速率成正比，服从式（3-1）。

$$\tau = -\eta\dot{\gamma} \tag{3-1}$$

式中，τ 是剪切应力（N/m²）；η 是动力黏度或黏性系数[kg/(m·s)]；$\dot{\gamma}$ 为速度梯度，或称

剪切速率，式中的负号表示动量通量的方向与速度梯度的方向相反。

动力黏度一般简称为黏度，是取决于流体压力、温度和组成的状态参数，是归属流体的一种物理属性，与速度梯度无关。实际气体和液体的黏度一般随压力的升高而增加，理想气体的黏度与压力无关。气体的黏度随温度升高而增加；液体的黏度随温度升高而降低。

当剪切应力和剪切速率之间存在线性关系时流体为牛顿流体，否则为非牛顿流体。

3.2.2　傅里叶定律

在导热现象中，单位时间内通过单位截面积所传递的热量，正比于该截面法线方向上的温度变化率，即

$$\frac{Q}{A} \sim \frac{\partial t}{\partial x} \tag{3-2}$$

式中，Q 为单位时间内通过给定面积 A 的热量（W）；t 为温度（℃）；x 为截面法线方向的坐标轴。引入导热系数 $\lambda[\text{W/(m·K)}]$，得表达式（3-3）：

$$Q = -\lambda A \frac{\partial t}{\partial x} \tag{3-3}$$

式中负号表示热量传递指向温度降低的方向。傅里叶定律指出了导热现象中单位时间内通过给定导热面的热量，与该截面法线方向上的温度变化率和截面面积成正比，热量传递的方向与温度升高的方向相反。

傅里叶定律用热流密度 q 表示时有下列形式：

$$q = -\lambda \frac{\partial t}{\partial x} \tag{3-4}$$

式中，$\frac{\partial t}{\partial x}$ 是物体温度沿 x 方向的变化率；q 是沿 x 方向传递的热流密度（W/m²）。当物体的温度是三个坐标的函数时，三个坐标方向上的单位矢量与该方向上热流密度分量乘积合成一个热流密度矢量，记为 q。傅里叶定律的一般形式的数学表达式是对热流密度写出的，其形式为

$$q = -\lambda \mathbf{grad}t = -\lambda \frac{\partial t}{\partial n} \mathbf{n} \tag{3-5}$$

式中，$\mathbf{grad}t$ 是空间某点的温度梯度；$\mathbf{n}$ 是通过该点的等温线上的法向单位矢量，指向温度升高的方向；q 为该处的热流密度矢量。

3.2.3　菲克定律

在混合物中，当各组元间存在浓度梯度时，会发生分子质量扩散，分子质量扩散传递与分子动量扩散传递一样，都是分子无规则运动的结果。1855 年生理学家菲克提出：在单位时间内通过垂直于扩散方向的单位截面积的扩散物质流量（称为扩散通量，用 J 表示）与该截面法线方向的浓度梯度成正比。这就是菲克第一定律，它的数学表达式为

$$J = -D \frac{\mathrm{d}M}{\mathrm{d}x} \qquad (3\text{-}6)$$

式中，D 为扩散系数（$\mathrm{m^2/s}$）；M 为扩散物质（组元）的体积浓度（原子数/$\mathrm{m^3}$ 或 $\mathrm{kg/m^3}$）；$\frac{\mathrm{d}M}{\mathrm{d}x}$ 为浓度梯度，负号表示扩散方向为浓度梯度的反方向，即组元由高浓度区向低浓度区扩散。扩散通量 J 的单位是 $\mathrm{kg/(m^2 \cdot s)}$。

扩散系数 D 是描述扩散速度的重要物理量，它相当于浓度梯度为 1 时的扩散通量，D 值越大则扩散越快。

3.3　薄层干燥特性及其理论模型

单粒粮食及薄层干燥特性表征的是粮食在温度、湿度恒定的稳态条件下的失水行为，是建立理论模型，确定粮食干燥物性特征参数的基础。

干燥特性是粮食解吸、吸附行为及物性特征变化的集中表现，反映了粮食干燥的性质可以通过干燥系统的状态参数或热力学特征函数来表达，主要包括粮食干燥速率、温度、含水率、自由能、自由含水比等。粮食内部水分和热的迁移机制可以用干燥特性来表征，干燥特性可以用粮食的热力学特征来描述，通过调控干燥过程的热力学特征参数能够实现不同的干燥目的。基于此，迄今建立的所有粮食干燥模型，不论是平衡模型还是非平衡模型，都以热质传递方程为基础。平衡模型是基于唯象学和体积、含水率平均理论的热质传递模型，其目的在于掌握粮食内部水分移动规律，研究干燥过程的微观机制，建立反映干燥特性的理论模型，包括干燥速率方程、升温速率方程、结构变化模型、质量与品质变化模型等；非平衡模型是基于不可逆热力学建立的干燥模型，其目的在于揭示非稳态过程，侧重从宏观角度描述干燥过程，预测干燥速率，确定干燥时间，指导工艺设计及干燥产品设计，把干燥模型解析结果应用于生产实际，实现过程优化和调控。

3.3.1　薄层干燥特性曲线

粮食干燥系统的状态常用含水率、干燥速率、温度、湿度、压力、比容、焓、熵、㶲等状态参数来描述，通过试验考证干燥中状态参数的变化规律，建立含水率、干燥速率、温度、湿度、压力等基本状态参数间的关系，绘制的基本状态参数间的关系及其随时间、位置变化的曲线，称为粮食的干燥特性曲线。

在恒定的干燥条件下，即热风的温度、相对湿度、流速及与粮食接触方式在整个干燥过程中保持恒定，绘制出干燥过程中各个时间点上的粮食含水率及粮食温度随时间变化的曲线，分别称为粮食的干燥曲线和温度曲线。从干燥曲线可以判定粮食干燥至某一含水率所需的干燥时间，根据温度曲线则可看出粮食在干燥过程中其温度随时间变化的情况。

图 3-1 是干燥中粮食的含水率（%）和温度（℃）随时间（h）变化的曲线，表征的是粮食升温、去水，含水率降低的干燥过程。在一般情况下，充分湿的粮食，在温度、湿度恒定的环境中，其干燥过程可以区分为预热、恒速、降速三个干燥段。在预热干燥段，粮

食的温度迎着热风的湿球温度而上升，干燥介质提供的热量主要用于提高粮食的温度，只有一小部分热量用于水分蒸发。伴随预热干燥段粮食温度的升高，粮食表面的水蒸气分压力增大，干燥速率加大。当粮食温度上升到干燥介质的湿球温度时，在理论上，粮食将保持该温度状态，粮食在单位时间内的失水量不再变化，即单位蒸发面上的蒸发速率一定，干燥进入恒速干燥段，直至粮食表面的水膜被打破。在恒速干燥段，从粮食内部扩散到表面的水分量大于或等于表面蒸发的水分量，粮食表面被水膜所覆盖，从表面蒸发水分与从自由液面蒸发一样，干燥属于外部控制，蒸发速率取决于干燥介质条件，因此，提高干燥介质温度、流速，降低介质湿度，增大粮食有效蒸发面积，均可提高干燥速率。在粮食表面的水膜被打破后，干燥便进入降速干燥段，粮食表面的水蒸气分压力开始下降，从而使干燥速率降低，粮食的干燥温度升高。

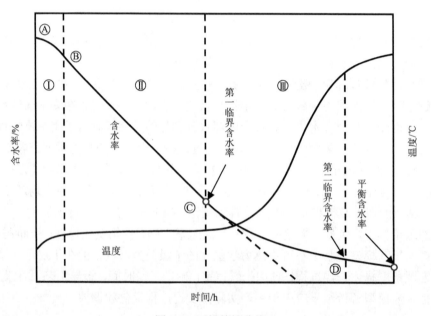

图 3-1　干燥特性曲线

　　恒速干燥段与降速干燥段的交点称第一临界点，并把第一临界点的粮食含水率称为第一临界含水率。第一临界点出现的时间点不仅与粮食的最大吸湿含水率有关，也与粮食的形状、大小、相对位置、干燥介质状态、流量及流动形式有关。当粮食内部水分向表面的扩散速度较快（如较薄或者较小的籽粒），而介质接纳和带走水分的能力较小时（如在温度低、相对湿度大、流速小的情况下），会使第一临界含水率减小，反之，则会使第一临界点提前出现。

　　粮食干燥第一临界点出现后，水分蒸发开始受到粮食的限制作用而进入降速干燥段，在表面完全到达平衡含水率状态之前，其降速干燥过程，是表面蒸发与内部扩散同时作用的结果，表面蒸发去水速率取决于蒸发面积的大小，内部水分蒸发取决于粮食自身的水分扩散，在粮食表面的含水率完全达到平衡含水率后，表面蒸发终结，蒸发面开始后退，出现了干燥过程的第二临界点，如图 3-2 所示。第二临界点的出现，标志粮食干燥完全依赖内部扩散，干燥过程完全受粮食内部控制。在粮食各处的含水率都达到平衡含水率后，干燥速率降为零，粮食的温度则会升至干燥介质的温度。粮食的物理性质不同，内部水分扩散的速率也不一样，因而降速干燥特性曲线的形状及第二临界点出现的位置也会存在差异。

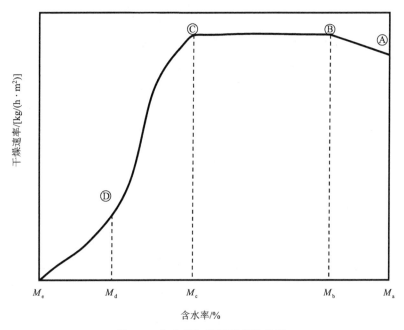

图 3-2　含水率与干燥速率的关系

Ⓐ↔Ⓑ升温干燥段，Ⓑ↔Ⓒ恒速干燥段，Ⓒ↔Ⓓ第Ⅰ降速干燥段，
Ⓓ↔M_e第Ⅱ降速干燥段，Ⓒ第一临界点，Ⓓ第二临界点
注：此处干燥速率指每平方米干燥面积每小时蒸发的水量[kg/(h·m²)]，后文的干燥速率
指每千克绝干物质每小时蒸发的水量（%/h）

3.3.2　薄层干燥模型

薄层干燥模型是基于粮食的干燥特征参数和扩散理论建立的薄层干燥方程，是表达干燥过程的理论模型，是基于热平衡和湿平衡的假设条件建立的，在干燥过程中，水分蒸发面与干燥介质（籽粒周围的空气）之间既保持温度平衡，也保持压力平衡，归属平衡模型。在解析实际薄层干燥时，可理解为风量食物比极大，一直大到干燥过程中热风的温度和湿度几乎不发生变化的程度。

1. 恒速干燥模型

恒速干燥段粮食的温度等于介质的湿球温度，粮食与介质间发生的热传递服从对流换热方程。它既具有流体分子间微观导热作用，又具有流体宏观位移的热对流作用，因此，对流换热过程必然受到导热规律和流体流动规律的双重支配，其基本计算公式为

$$Q = hF(t - t_w) \text{ 或 } q = h(t - t_w) \tag{3-7}$$

式中，F 是粮食有效蒸发面积（m²）；t 是空气的干球温度（℃）；t_w 是粮食温度，等于空

气的湿球温度（℃）；$h = \dfrac{q}{\Delta t}$ [W/(m² · ℃)]是对流换热系数，表示对流换热的强度，在数值上等于流体和粮食有效蒸发面之间的温度差为1℃时，每单位时间单位有效蒸发面的对流换热量。对流换热系数的大小与对流换热过程中的许多因素有关，式（3-7）只能看作对流换热系数的一个定义式，它并没有揭示各种因素与对流换热系数之间的内在关系。因此，计算对流换热量就变成如何根据各种具体情况确定对流换热系数的问题。

在恒速干燥段，粮食与介质交换的热量全部用于水分蒸发，存在 $Q = \gamma W_s$ 的热平衡关系。粮食的失水量取决于粮食的有效蒸发面积，可由式（3-8）计算：

$$W_s = F\frac{h}{\gamma}(t - t_{ws}) \cdot \theta \tag{3-8}$$

式中，γ 是温度为 t_{ws} 时，水的汽化潜热系数（J/kg）；W_s 为粮食的失水量（kg）；θ 是干燥时间（s）。

2. 降速干燥模型

水分以存在于干燥系统的各种势差（压力、温度、浓度、毛细管压力势等）为载体发生传递。Luikov 从宏观的质量、能量守恒定律和不可逆热力学原理，建立了干基含水率、温度和气相压力方程组：式（3-9）～式（3-11），但方程组中的系数没有确切的表达式。

$$\frac{\partial M_d}{\partial \theta} = \nabla^2 K_{11} M_d + \nabla^2 K_{12} T + \nabla^2 K_{13} p \tag{3-9}$$

$$\frac{\partial T}{\partial \theta} = \nabla^2 K_{21} M_d + \nabla^2 K_{22} T + \nabla^2 K_{23} p \tag{3-10}$$

$$\frac{\partial P}{\partial \theta} = \nabla^2 K_{31} M_d + \nabla^2 K_{32} T + \nabla^2 K_{33} p \tag{3-11}$$

式中，K 是唯象系数，其值与干基含水率、温度和气相压力有关；∇^2 是拉普拉斯算子，$\nabla^2 = \dfrac{\partial^2}{\partial x^2} + \dfrac{\partial^2}{\partial y^2} + \dfrac{\partial^2}{\partial z^2}$。

对于单一颗粒或者薄层，在恒温、恒湿及风速一定（气相压力一定）的条件下的干燥过程，Luikov 方程组被简化为 $\dfrac{\partial M_d}{\partial \theta} = \nabla^2 K_{11} M_d$，当粮食内部水分运动服从液态或者气态扩散时，唯象系数 K_{11} 就是水分扩散系数，一般用符号 D 表示，单位为 m²/s。扩散系数是扩散通量与导致扩散的浓度梯度的比例系数，其值相当于在水分浓度梯度为 1 时，单位时间内通过单位面积的水分量，由此得到的粮食干燥方程为式（3-12）。

$$\frac{\partial M_d}{\partial \theta} = \nabla^2 D M_d \tag{3-12}$$

当扩散系数 D 为常数时，式（3-12）沿 r 坐标的一维水分迁移基础方程被表达为式（3-13）：

$$\frac{\partial M_d}{\partial \theta} = D\left(\frac{\partial^2 M_d}{\partial r^2} + \frac{c}{r}\frac{\partial M_d}{\partial r}\right) \tag{3-13}$$

式中，M_d 是时间 θ 和位置坐标 r 的函数；c 是形状系数，对于球体 $c=2$，无限长的圆柱体 $c=1$，无限大平板 $c=0$。在 $(\theta>0,\ -\infty<r<+\infty)$ 区间，式（3-13）的分析解为式（3-14）：

$$\varphi=\frac{M_d-M_e}{M_0-M_e}=\sum_{n=1}^{\infty}B_n\exp(-\mu_n^2 Fo) \tag{3-14}$$

3. 球模型

水分扩散的球模型，如图 3-3 所示。自由含水比计算式（3-13）取值区间为（$\theta>0$，$0<r<R$）。设干燥的初期条件 $M_d(r,0)=M_0$，边界物理条件：$M_d(R,\tau)=M_d(r,\infty)=M_e$，$\dfrac{\partial M_d(0,\theta)}{\partial r}=0$，$M_d(0,\theta)\neq\infty$，$B_n=\dfrac{6}{\mu_n^2}=\dfrac{6}{n^2\pi^2}$，$\mu_n=n\pi$，$Fo=\dfrac{D\theta}{R^2}$ 是傅里叶数，代入式（3-13），求解得到沿半径 r 方向一维水分迁移表达式（3-15），称式（3-15）为球模型。

$$\varphi=\frac{M_d-M_e}{M_0-M_e}=\frac{6}{\pi^2}\sum_{n=1}^{\infty}\frac{1}{n^2}\exp\left(-n^2\pi^2\frac{D\theta}{R^2}\right) \tag{3-15}$$

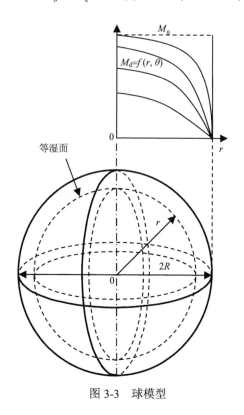

图 3-3　球模型

4. 无限大平板模型

水分扩散的无限大平板模型见图 3-4。式（3-13）取值区间为（$\theta>0$，$0<x<\infty$），x 是水分迁移方向的坐标值（m）。设干燥的初期条件 $M_d(x,0)=M_0$，边界的物理条件：$M_d(x,\infty)=M_e$，

$\dfrac{\partial M_d(-\infty,\theta)}{\partial x}=\dfrac{\partial M_d(+\infty,\theta)}{\partial x}=0$ ，式（3-14）中的 $B_n=\dfrac{2}{\mu_n^2}=\dfrac{8}{(2n-1)^2\pi^2}$ ， $\mu_n=\dfrac{(2n-1)\pi}{2}$ ，

$Fo=\dfrac{D\theta}{\delta^2}$ ， δ 是无限大平板的厚度（m）。从 $Fo=\dfrac{D\theta}{\delta^2}=\dfrac{\theta}{\delta^2/D}$ 可以看出，分子是非稳态导湿过程开始到 θ 时刻的时间，分母也具有时间的量纲，并可理解为粮食含水率（干基含水率 M_d ，单位为%）变化波及到 δ^2 面积所需要的时间，所以， Fo 是两个时间之比，是非稳态导湿过程的时间无量纲。把 B_n ， μ_n ， Fo 代入式（3-13），求解得到沿无限大平面垂直方向（水分梯度坐标轴）的一维水分迁移表达式（3-16），称式（3-16）为无限大平板模型。

$$\varphi=\frac{M_d-M_e}{M_0-M_e}=\frac{8}{\pi^2}\sum_{n=1}^{\infty}\frac{1}{(2n-1)^2}\exp\left(-\frac{(2n-1)^2\pi^2}{4}\frac{D\theta}{\delta^2}\right) \tag{3-16}$$

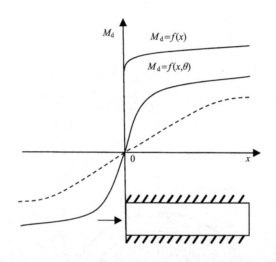

图 3-4　无限大平板模型

5. 无限长圆柱模型

对于如图 3-5 所示水分扩散的无限长圆柱体模型：式（3-13）取值区间为（ $\theta>0$ ， $0<r<R$ ）。设干燥的初期条件 $M_d(r,0)=M_0$ ，边界物理条件： $M_d(R,\theta)=M_d(r,\infty)=M_e$ ， $\dfrac{\partial M_d(0,\theta)}{\partial r}=0$ ， $M_d(0,\theta)\neq\infty$ ，式（3-14）中的 $B_n=\dfrac{4}{\mu_n^2}$ ，与球模型和无限大大平板模型相似，区别仅在于 μ_n 值，对于无限长圆柱体 $\mu_n=k_nR$ ， k_nR 是贝塞尔（Bessel）函数的根。把 B_n ， μ_n ， $Fo=\dfrac{D\theta}{R^2}$ 代入式（3-13），求解得到沿无限长圆柱体沿其径向一维水分迁移的数学表达式（3-17），称式（3-17）为无限长圆柱模型。

$$\phi=\frac{M-M_e}{M_0-M_e}=\sum_{n=1}^{\infty}\frac{4}{k_n^2R^2}\exp(-k_n^2D\theta) \tag{3-17}$$

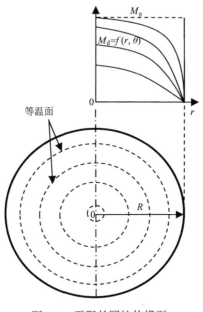

图 3-5　无限长圆柱体模型

6. 指数模型

指数模型是研究人员考察粮食在外部的热风干燥条件恒定时,基于粮食的干燥速率与其水分绝干物质质量比(即干基含水率和平衡含水率之差成比例)建立的一种表征单粒粮食或者薄层干燥的数学模型。

$$-\frac{\mathrm{d}M_d}{\mathrm{d}\theta} = k(M_d - M_e) \qquad (3\text{-}18)$$

式中,M_d 是干基含水率(%);θ 是干燥时间(h);k 是干燥常数(h^{-1});M_e 是平衡含水率(%)。

在干燥介质温度、湿度及风速恒定的条件下,对式(3-18)求积分 $\int_{M_0}^{M_d}\frac{\mathrm{d}M_d}{M_d-M_e}=\int_0^{\theta}-k\mathrm{d}\theta$ 得到式(3-19),称为指数模型。

$$\frac{M_d - M_e}{M_0 - M_e} = \mathrm{e}^{-k\theta} \qquad (3\text{-}19)$$

指数模型表达的是粮食的降速干燥过程,模型的表现形式与均质均相颗粒(粒内温度均匀分布)的传热方程相同,在传热方程中没有定义材料的导温系数(热扩散系数),默认了材料的导温系数为无穷大,即传热的速率完全取决于流体和粒体表面的状态。在粮食干燥中,干基含水率表达的是粮食含水率的平均值,同样默认了粮食表面的水分扩散系数为无穷大,因此,指数模型只是粮食干燥过程的数学表现形式,作为干燥理论模型并不具有太大的物理意义,也并不能真正反映粮食干燥的机制。因此,粮食在不同的降速干燥段,指数模型中干燥常数和平衡含水率也不一样。在粮食干燥第一临界点出现以后,粮食表面的水膜被打破，干燥进入第Ⅰ降速干燥段，此时的表面蒸发与内部扩散同时进行，表面蒸发近似于恒速蒸发，其蒸发速率取决于表面水分所占据的有效蒸发面积，可以假设表面水分所占据的有效蒸发面积与总蒸发面积之比和粮食的干基含水率成正比，这样，粮食的二段降速干燥过程都可以用指数模型来表达。基于指数模型解析的粮食干燥特性曲线如图3-6所示。

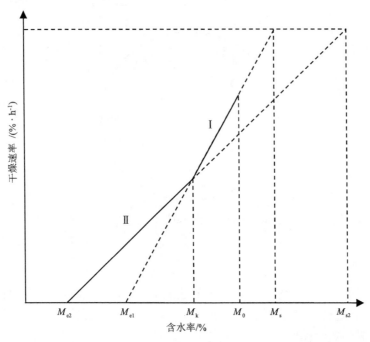

图3-6 二段降速干燥特性曲线

Ⅰ、Ⅱ分别表示第Ⅰ和第Ⅱ降速干燥段；M_c是最大吸湿含水率/%；M_{e2}是拟合第Ⅱ降速干燥段的最大含水率/%；M_0是初始含水率/%；M_k是临界含水率/%；M_{e1}是拟合第Ⅰ降速干燥段的平衡含水率/%；M_{e2}是拟合第Ⅱ降速干燥段的平衡含水率/%

指数模型式（3-19）表达的对数曲线为直线，利用这一关系，可以非常方便地由试验确定出粮食的干燥常数。基于式（3-18），依据图3-6中的干燥曲线，分段进行线性回归，即可得到二段降速干燥过程，粮食所处的不同干燥段的干燥常数及相应的平衡含水率，得到表征粮食二段降速干燥过程的数学表达式（3-20）和式（3-21）。

在第Ⅰ降速干燥段：

$$\frac{M_d - M_{e1}}{M_0 - M_{e1}} = e^{-k_1\theta} \tag{3-20}$$

在第Ⅱ降速干燥段（$\theta > \theta_k$）：

$$\frac{M_d - M_{e2}}{M_k - M_{e2}} = e^{-k_2(\theta - \theta_k)} \tag{3-21}$$

式中，$\theta_k = \frac{1}{k_1}\ln(\frac{M_k - M_{e1}}{M_0 - M_{e1}})$，是沿第Ⅰ降速干燥段从$M_0$干燥至$M_k$所需的干燥时间（h）；

M_k 是粮食第二临界含水率（干基）（%）；k_1、k_2、M_{e1}、M_{e2} 分别为第Ⅰ、第Ⅱ降速干燥段的干燥常数（h^{-1}）和平衡含水率（%）；M_0 是粮食干燥时的初始含水率（%）。

指数模型中的平衡含水率 M_e 和干燥常数 k 是与干燥条件有关的粮食特征常数。由于在粮食温度较低时，干燥初期有明显的粮食升温，预热干燥段，为了补偿粮食升温过程对干燥过程的影响，建立了式（3-22）所示的半经验模型，称为 Henderson 模型。考虑到干燥过程中热风状态与湿粮食物性特征、过程扰动等相互联系，用一个干燥常数 k 描述动态干燥过程存在的缺陷，在试验研究的基础上建立了式（3-23）所示的半经验模型，称为 Page 模型。

$$\text{Henderson 模型：} \quad \frac{M_d - M_e}{M_0 - M_e} = A\mathrm{e}^{-k\theta} \tag{3-22}$$

$$\text{Page 模型：} \quad \frac{M_d - M_e}{M_0 - M_e} = \mathrm{e}^{-k\theta^n} \tag{3-23}$$

指数模型及上述的半经验模型是粮食干燥最常用的模型形式。对于不同的粮食及在不同的条件下干燥时，模型中的系数和指数值不同，在 Henderson 模型中，指前因子 A 受初始含水率，实际干燥区间的划分影响较大，在干燥常数确定后，可由物料进入降速干燥段的初态点确定。表 3-1、表 3-2 分别对应指数模型的干燥常数、Page 模型的干燥常数和指数计算式。

表 3-1　指数模型中的干燥常数计算式

种类	干燥常数（k）	备注
稻谷	$1.3 \times 10^4 \exp\left(\dfrac{-3500}{T}\right)$	T 是绝对温度/K
小麦	$2000 \exp\left(\dfrac{-5094}{T}\right)$	Bruce 方程，T 是绝对温度/K
大麦	$139.3\exp\left(\dfrac{-4426}{T}\right)$	O'Callaghan 方程 T 是绝对温度/K
核桃	$\exp\left[-0.681 + 0.011M_0 + 0.952\ln(M_0) + 0.000152(1.8t+32)^2\right]$	M_0 是初始含水率/%，t 是热风温度/℃

表 3-2　Page 模型中的干燥常数和指数计算式

种类	干燥常数（k）	指数（n）	备注
稻谷	$0.1579 + 0.1746 \times 10^{-4}T + 0.01413RH$	$0.6545 + 0.2425 \times 10^{-3}T + 0.07867RH$	Page 方程，RH 是相对湿度（小数），T 是绝对温度/K
玉米	$2.216 \times 10^{-2} + 1.113 \times 10^{-4}T + 3.435 \times 10^{-6}T^2$	$0.5409 + 1.498 \times 10^{-3}T + 2.561 \times 106\ T^2$	Liu Huizheng 方程
小麦	$9.456 \times 10^{-3}\exp(0.029175T)$	$0.766 + 0.1153v$	Yu Weiwei 方程，v 是流速/(m/s)
向日葵	$5.16 \times 10^{-5}T^{1.8387}$	$1.0009 - 0.0049T$	Syarief 算式，T 是绝对温度/K
花生	$\exp(-4.735 + 0.023T + 0.287v)$	$n=0.615$	v 是流速/(m/s)
油菜籽	$0.00203T + 0.00917TM_0 - 20.1207v - 0.000837$	$n=0.5\sim0.7$	Patil 方程
白大豆	$0.0466 - 0.0104RH$	$0.4002 + 0.00728T \times RH$	Hutchinson 式

3.3.3 粮食薄层干燥的影响因素

薄层干燥的主要影响因素可从干燥介质、材料质构、工艺方式和操作参数几个方面进行分析说明。

1. 干燥介质因素

干燥介质的温度、湿度、流速是影响干燥过程的主要因素。增大干燥介质的流速，可以明显强化高湿粮食的干燥过程，但并非成正比地强化。在流速增大到一定值以后，粮食的薄层干燥特性不再受流速的影响。在粮食的含水率较高，风量相对较小时，流速对干燥过程的影响较大，干燥速率随流速的增大而加快。当干燥进入降速段以后，流速对干燥过程影响则不明显。由于随流速的增大，粮层的风阻会以 4～8 倍的幅度递增，风量迅速减小而使干燥速率降低。一般设计热风穿过粮食干燥层时的风速在 1.5 m/s 以下，且变化范围较小，所以在实际干燥计算时一般忽略风速的影响，用干燥介质的温度和湿度两个参数来确定其所处的状态。干燥受温度和湿度的影响较大，提高干燥温度，降低介质的相对湿度可增大干燥速率，如图 3-7 所示。增大干燥动力参数，能够强化干燥过程，但同时也会导致图 3-2 中的第一临界点提前出现，温度过高还会导致粮食表面形成干结而阻碍内部水分扩散，导致籽粒内部水蒸气分压力升高，进而出现籽粒胀裂、弹性丧失、组分劣变等品质问题。合理地控制介质的相对湿度，能够有效地提高干燥速率、保障干燥品质，当粮食表面的蒸发能力，远大于内部水分向外表的扩散时，适当提高介质的相对湿度（如合理地调控风量或利用废气循环），既可以增大介质的比热，强化传热过程，也能有效地改善干燥品质。

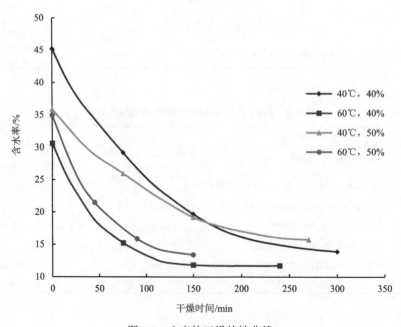

图 3-7 小麦的干燥特性曲线

2. 粮食因素

材料的组织结构不同，其干燥特性也不一样，如图 3-8 所示。在收获时，同一株水稻禾，不同部位的含水率并不相同，不同位置的籽粒、穗茎、茎杆、茎节及叶子的含水率存在很大差异，表明质构明显影响内部水分扩散，但呈现的总体趋势是初始含水率越高，相应的干燥速率越大。另外，粮食解吸与吸附过程是两类性质不同的物理过程，初次干燥与吸附后干燥，即使含水率相同，籽粒内部的水分分布也存在差异，因此，干燥过程关联其干燥特性。

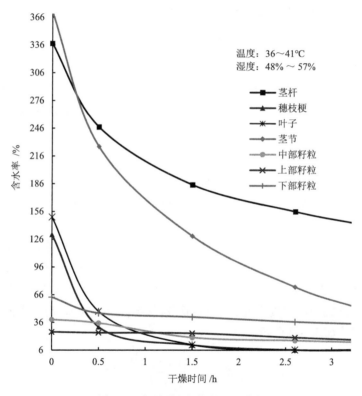

图 3-8　水稻不同部位的干燥特性

3. 工艺方式

工艺方式有连续干燥、缓苏干燥、顺流干燥、逆流干燥、横流干燥、静置层干燥等多种。在不同的工艺方式下，干燥介质与粮食的接触状况，相对位置也不一样，直接影响干燥过程的热质交换。水蒸气从粮食中迁出后，在介质中自发向上浮升，热流的方向与温度梯度的方向相反，因此，在同样的粮食和介质条件下，逆流干燥能量利用效果要优于顺流干燥。同时，由于在干燥过程中，籽粒会因干燥，而在其内部形成温度偏差和水分偏差，此时停止通风，由粮食自身进行温度和湿度调节（即缓苏）实现粒体内外温度、水分均匀一致。缓苏后干燥速率较连续干燥时会明显提升，缓苏干燥效率要高于连续干燥。

3.4 平衡含水率模型

粮食之所以能够干燥，是因为粮食和介质之间存在不平衡势而发生相互作用，这种作用体现在独立形式的能量交换，由于干燥最终趋向的是热平衡和质平衡，其过程是热、力作用的结果。热平衡的标志是温度平衡，实现质平衡的条件是水蒸气分压力差消失，由状态公理可知，表征粮食干燥平衡状态的独立参数是 2 个，因此，平衡含水率是热风干燥系统任意 2 个独立状态参数的函数，其数学表达式为

$$M_e = f(p_v, T) \tag{3-24}$$

平衡含水率是粮食干燥所能进行的极限，直接影响干燥速率及干燥过程的计算精度。针对不同种类的粮食，不同国家的研究机构和学者，给出了多种平衡含水率计算式，称其为平衡含水率模型。其中计算精度较高的模型是 Strohman 给出的计算式（3-25）。

$$\ln\left(\frac{p_v}{p_s}\right) = ae^{bM_e} \ln p_s + ce^{dM_e} \tag{3-25}$$

式中，M_e 是平衡含水率（%）；p_v 是平衡时的水蒸气分压力（mmHg）；p_s 是饱和蒸气压（mmHg）；a、b、c、d 是由试验确定出的物料特征常数。对于稻谷，$a=0.68$，$b=-0.114$，$c=-7.63$，$d=-0.144$。

实际上每一种模型都有它的适用范围和条件，在前人大量的平衡含水率模型研究中并没有揭示清楚。在实际应用时，常常会因模型选择不当或模型中的系数和指数取值不当导致计算精度不高。为此，需要对前人的模型进行修正，1991 年美国农业与生物工程师学会公布了能够比较准确预测粮食平衡含水率的标准计算式（3-26），对于不同粮食，模型中系数和指数的取值如表 3-3 所示。

$$M_e = \left[\frac{-\ln(1-\phi)}{A(t_a + B)}\right]^{\frac{1}{n}} \tag{3-26}$$

式中，t_a 是粮食的温度（℃），在平衡状态时的粮食温度等于热风温度；φ 是空气的相对湿度（%）；A、B、n 是由试验测定的系数。

基于模型计算出的几种粮食的平衡含水率变化曲线如图 3-9～图 3-14 所示。各图中的图（a）是在不同的空气相对湿度条件下，粮食的平衡含水率随空气温度变化曲线；图（b）是在 10～80℃每间隔 10℃的温度条件下，绘制的平衡含水率随空气相对湿度变化曲线。

表 3-3　不同粮食平衡含水率模型中的系数值

粮食	系数值		
	A	B	n
稻谷	1.9187×10^{-5}	51.161	2.445 1
小麦	1.23×10^{-5}	64.346	2.558

粮食	系数值		
	A	B	n
玉米	8.654×10^{-5}	49.81	1.863 4
高粱	0.8532×10^{-5}	113.725	2.475 7
大豆	50.86×10^{-5}	43.016	1.362 8
大麦	2.29×10^{-5}	195.267	2.012 3

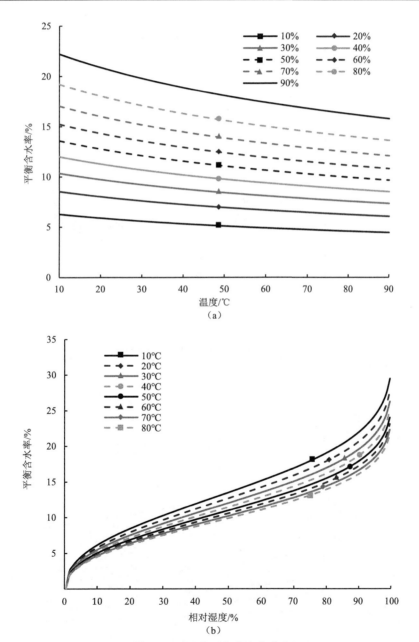

图 3-9　稻谷的平衡含水率曲线

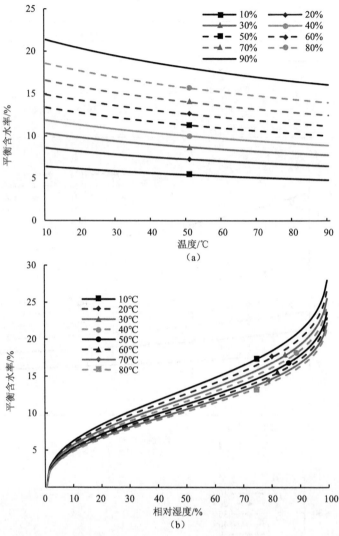

（a）

（b）

图 3-10　小麦的平衡含水率曲线

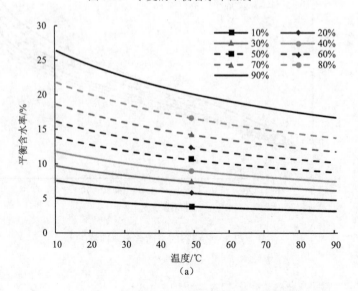

（a）

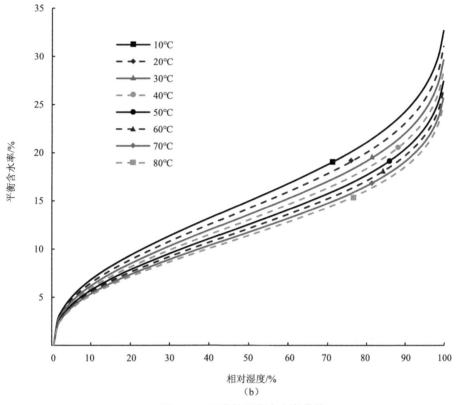

图 3-11　玉米的平衡含水率曲线

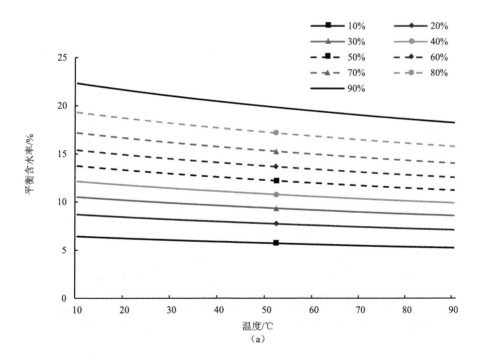

（a）

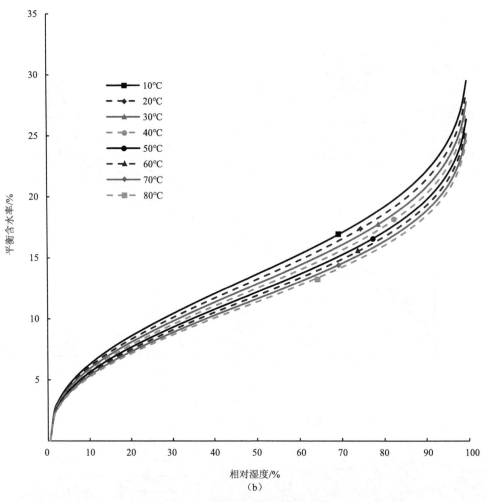

图 3-12　高粱的平衡含水率曲线

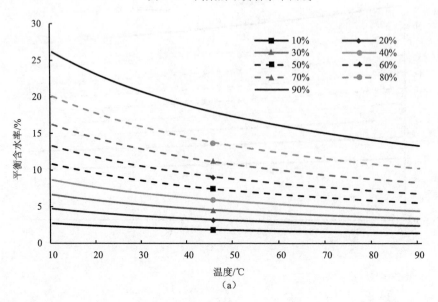

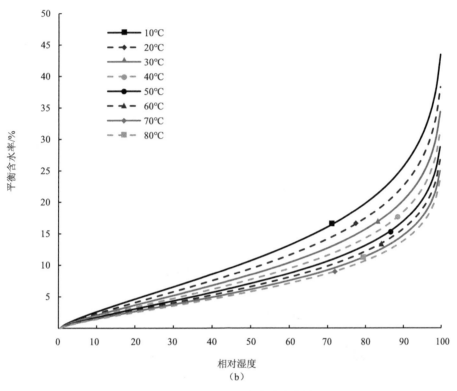

图 3-13　大豆的平衡含水率曲线

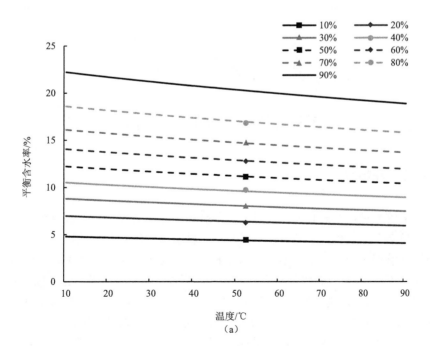

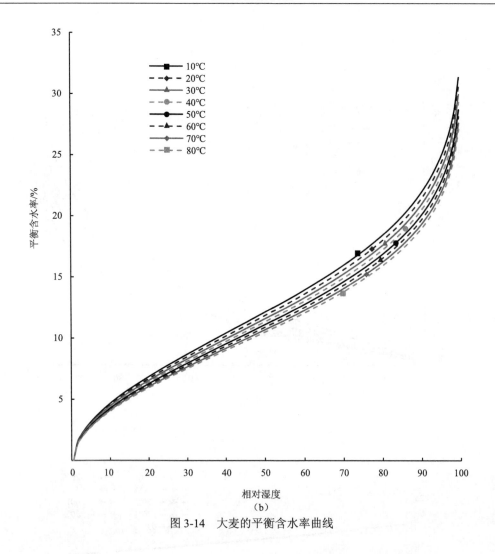

图 3-14　大麦的平衡含水率曲线

3.5　深床干燥特性及模型

3.5.1　深床干燥特性

    深床与单粒粮食、薄层干燥的区别在于介质在干燥层内经历的是连续变化过程，粮食经历的是非稳态干燥过程。空气穿越粮层时，在温度降低的同时接纳水分。通入干燥层内的风量与粮食量相比相对较小，整体的去水量与风量谷物比相关，在粮食初期温度较低、含水率较高、干燥层深度较大等情况下，存在较长的外部通风条件限定干燥的区间。

    图 3-15～图 3-22 是在初始含水率 M_0=50%，送风量 0.007m³/s，热风干球温度 50℃，相对湿度 40%，单位床层面积的通风量 1081 kg/(m²·h)的计算条件下，理论解析出的高湿小麦不同深床（静置层）下的干燥特性曲线。

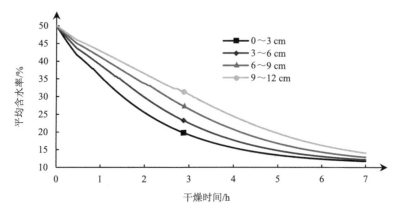

图 3-15　不同床深位置上小麦的平均含水率变化

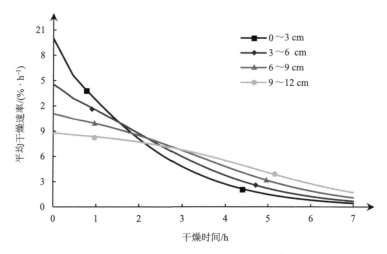

图 3-16　不同床深位置上小麦的平均干燥速率变化

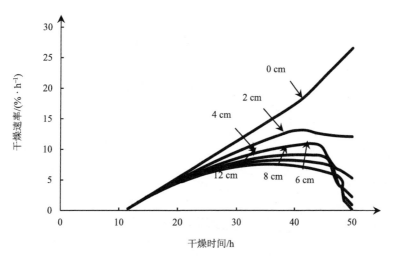

图 3-17　不同床深位置上小麦的干燥速率随含水率的变化

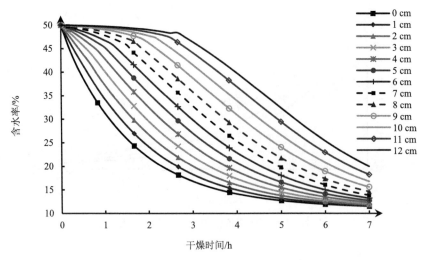

图 3-18　不同床深位置上小麦的含水率变化

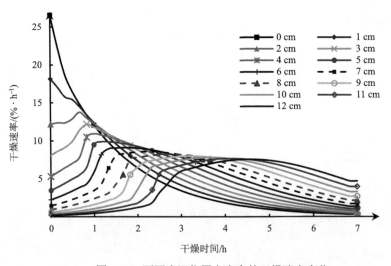

图 3-19　不同床深位置上小麦的干燥速率变化

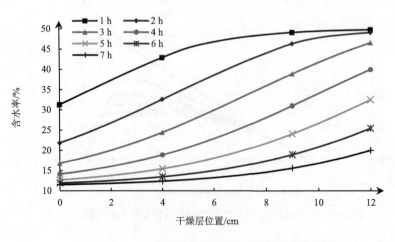

图 3-20　不同时刻干燥层内小麦的含水率分布

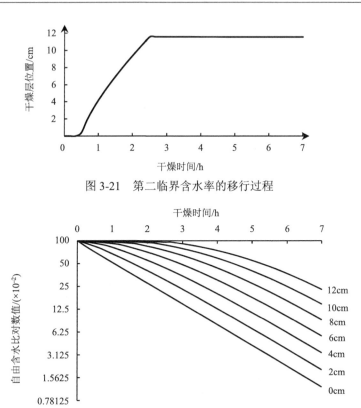

图 3-21　第二临界含水率的移行过程

图 3-22　不同床深位置上小麦的自由含水比对数值随时间的变化

自 20 世纪 80 年代起，计算机模拟技术在预测深床干燥过程方面有了较多的研究，利用计算机也可以近似地模拟出深床干燥过程。研究人员把深床设想为薄层叠加，基于顺次通入薄层温度、湿度不同的热风参数和风量谷物比，按照粮食的薄层干燥特性及气流状态的变化特征，计算出相应的薄层干燥速率，确定出粮食层的平均含水率。假设粮食的初始含水率为 M_0，向总厚度为 Z 的干燥层通入温度为 T_0、相对湿度为 H_0 的热风时，热风首先与最底的薄层 ΔZ_1 相遇，依照送风参数即可计算出热风流经 ΔZ_1 层后的粮食平均干燥速率，然后按照干燥时间 $\Delta\theta$ 内的送风量，计算出水分蒸发量，进而得到热风的温度变化 ΔT。由于干燥过程中热风的湿球温度不变，在设定的送风条件不变时，湿球温度是确定的常数，这样，依据不同的干球温度，就可以把握其干燥速率特性，预测出任意干球温度时的干燥速率。

3.5.2　深床干燥热平衡与质平衡

1．热平衡

基于干燥系统热平衡，可以分析输入干燥系统热量的有效利用程度与热损之间的关系，评价单位耗热量，计算热效率，指出提高干燥效率的途径。通过热量衡算可确定干燥过程的耗热量及其各项热量的分配，从而计算出加热介质消耗量，以及干燥室出口条件是否符合要求，并及时加以调整。热量衡算为加热器的设计或选用及干燥室的设计提供重要的依据。

深床干燥系统的热能发生与利用过程如图 3-23 所示。

假设通入深床干燥系统的绝干介质质量为 G_g，其中，单位质量的干空气，从供热系统获得能量，带入干燥室的热量 $q = h_1 - h_0$，此部分热量主要消耗在：①介质经过干燥室时的热损 $q_x = h_1 - h_2$，包括粮食升温吸热热损 q_g、机壁散热热损 q_s、水分蒸发带入的显热和蒸发出的水分升温过热热损 q_t 和热空气沿机壁惯性流动热损 q_w 等；②水分汽化潜热 q_v；③排气热损 q_p。得到热平衡方式式（3-27）。

$$q = q_x + q_v + q_f \tag{3-27}$$

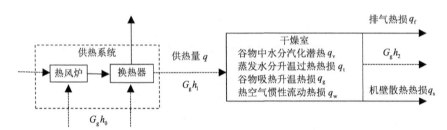

图 3-23　干燥系统的热能发生与利用过程

就干燥室内的粮食与干燥介质间的热交换而言，在深床干燥层内存在热平衡方程式（3-28），即干燥介质在相际传递给粮食的热量等于粮食蓄积的热量与蒸发出的水分的汽化潜热。

$$\rho_b \beta \alpha (1-\varepsilon) a_A \left(-\frac{dT_a}{d\theta} \right) Sdz = \rho_b \left(\frac{\partial h_g}{\partial \theta} \right) Sdz + \gamma_g \rho_b S \left(-\frac{\partial M}{\partial \theta} \right) dz \tag{3-28}$$

在不考虑散热损失和机壁吸热损失的情况下，干燥介质焓的变化量等于粮食升温蓄积的热量减去水分蒸发之前所拥有的焓，存在热平衡方程式（3-29）。

$$G_0 S \frac{\partial h}{\partial z} dz = \rho_b \left(\frac{\partial h_g}{\partial \theta} \right) Sdz - c_{gs} \rho_b S \left(-\frac{\partial M_d}{\partial \theta} \right) dz \tag{3-29}$$

式（3-28）、式（3-29）中，ρ_b 为绝干粮食堆积密度（kg/m³）；β 为有效蒸发面积（换热面积）系数；a_A 为单一籽粒的比表面积（m²/m³）；ε 为堆积粮食的孔隙率（%）；α 是换热系数[W/(m²·K)]；T_a 是热风温度（K）；S 是谷床截面积（m²）；M_d 是粮食的干基含水率（%）；θ 为干燥时间（h）；h 为空气的比焓（J/kg）；h_g 为空气流过干燥层后的层内粮食的比焓（J/kg），即包含 1 kg 绝干物质的湿粮所具有的焓；z 为粮层厚度坐标（m）；γ_g 是粮食中水分的汽化潜热（J/kg）；c_{gs} 是粮食中水分的比热[J/(kg·K)]；G_0 为单位时间内通过单位干燥床层面积的干空气的质量流量[kg/(h·m²)]。

2. 质平衡

在干燥过程中粮食的失水量、相际交换的水分量及干燥介质的增湿量三者相等。存在质平衡方程式（3-30）：

$$\rho_b S(-\frac{\partial M_d}{\partial \theta})dz = \mu\gamma a(d_w - d_0)f(\phi)Sdz = G_0 S\frac{\partial d}{\partial z}dz \qquad (3\text{-}30)$$

式中，M_d 为干基含水率（%）；$\mu\gamma a(d_w - d_0)$ 为最大干燥速率（%/h）；μ 为传质系数 [kg/(h·m²)]；d 为空气含湿量（kg/kg）；d_w 为湿球温度下空气的饱和含湿量（kg/kg）；$f(\phi)$ 为干燥速率特征函数；G_0 为单位时间内通过单位干燥床层面积的干空气的质量流量 [kg/(h·m²)]；$\phi = \dfrac{M_d - M_e}{M_0 - M_e}$ 为自由含水比（粮食含有的平衡含水率以上的水分，对应干燥条件能够自发地从粮食中迁出、蒸发，是干燥所能去除的水分，称为自由水）；M_0 为初始含水率（%）；M_e 为平衡含水率（%）。

在干燥任务给定后，分析粮食与介质之间的湿交换规律，通过物质衡算可算出需去除的水分量、需要消耗的空气量及能够获得的干燥产品量，依此确定干燥系统通风参数及动力参数等。

3.5.3　干燥系统状态公理

干燥系统的每一个状态参数，都从某一个角度描述了干燥系统某一个方面的宏观性质，但是这些状态参数并不全都是独立的，而是相互影响的。如干燥空气，当温度 T 改变时，压力 p、内能 U、相对湿度 φ、粮食的平衡含水率 M_e 也跟着改变。在这些状态参数中，可选定一定数量的状态参数作为独立变量，它们唯一完全地确定了系统的状态，而其余的状态参数均为因变量。作为选定的独立变量的函数，称为干燥特征函数。在干燥过程中，干燥系统（粮食或者干燥室）与外界存在多种不平衡势，如温差、湿度差、非均相组分间的各种势差，而发生相互作用，导致水分运动、汽化、迁移，这种作用都体现在某种形式的能量交换，使得干燥系统的状态发生变化，这种变化必然沿系统不平衡势减小的方向进行直至消失，其过程是自发过程，最终使粮食的含水率到达与介质状态所对应的平衡含水率状态，从而得到一个确定的描述干燥系统平衡性质的状态参数——粮食的平衡含水率。温度不平衡势导致热量交换，使系统状态变化，温度不平衡势完全消失，系统则达到了热平衡，得到描述热平衡的状态参数 T，如果把干燥介质看作理想气体，在稳态干燥条件下，粮食的平衡含水率就可简化为是温度和介质相对湿度的函数。温度和介质相对湿度不平衡势（水蒸气的分压力差）的存在，都要导致干燥系统状态变化，二者的不平衡势完全消失时，干燥就到达了终态点，从而得到描述干燥平衡的状态参数 M_e。

由于各种能量交换可以独立地进行，所以，决定干燥系统状态的独立变量的数目应等于干燥系统与外界独立交换能量的各种方式之和，有几种独立的能量交换方式，就有几个独立的状态参数，干燥特征函数中的自变量个数也就有几个。如果把水分迁移看作一种能量迁移，那么，干燥系统与外界的相互作用，使水分蒸发表现为干燥介质的一种膨胀功形式和热量交换的传热形式，则该系统的独立状态参数也就只有两个。如果给系统加入了其他的独立能量方式，如微波、热辐射热、声波、振动等其他独立的能量方式，能够独立地导致系统状态变化，则加入几个，其状态函数中的自变量个数也要相应地增加几个，这是建立干燥模型的基础。

第4章 干燥动力解析法

4.1 干燥动力学

干燥动力学是基于工程热力学的研究方法考查干燥系统的物理变化的动力学，其目的在于判断干燥遵循的机制，得到去水的动力学参数。研究问题的方法是在可控的条件下，测量粮食的物理性质、干燥特性，分析物性、热质传递、结构参数，揭示其变化规律，探索其内在联系。建立干燥速率、时间和条件参数（温度、湿度、风量、环境介质、物性特征、工艺特征、运动方式等）之间的关系，为干燥工艺装备设计，实现优质、高效、低耗、安全的干燥目标奠定技术基础，其动力学关系如图4-1所示。

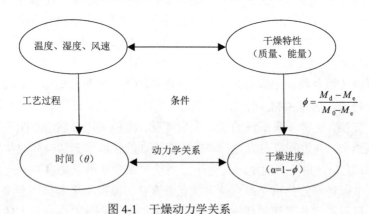

图 4-1 干燥动力学关系

4.2 湿粮基础方程

在此把湿粮看作由绝干物质和自由水分两种组分组成，所谓自由水分是指干燥过程所能去除的水分，绝干物质是指物料到达平衡含水率状态时的湿粮。

一般把干燥过程中粮食的自由水分的质量分数，称为自由含水比，用符号 ϕ 表示。

$$\phi = \frac{M_d - M_e}{M_0 - M_e} \tag{4-1}$$

式中，M_d 是粮食的干基含水率（%）；M_0 是粮食的初始含水率（%）；M_e 是粮食的平衡含水率（%）。

把干燥过程中蒸发的自由水与粮食初期含有的总自由水之比，称为蒸发分数，用符号 α 表示，$\alpha = 1 - \phi$。于是，干燥速率可用式（4-2）和（4-3）两种不同形式的方程来表示：

微分形式：$\dfrac{\mathrm{d}\alpha}{\mathrm{d}\theta} = kf(\alpha)$ 　　　　　　　　　　　（4-2）

积分形式：$G(\alpha) = k\theta$ 　　　　　　　　　　　　（4-3）

式中，θ 是干燥时间（h）；k 是干燥常数（h^{-1}）；$f(\alpha)$ 是干燥特征函数的微分形式；$G(\alpha)$ 是干燥特征函数的积分形式。$f(\alpha)$ 和 $G(\alpha)$ 之间遵循 $f(\alpha) = \dfrac{1}{G'(\alpha)} = \dfrac{1}{\mathrm{d}[G(\alpha)]/\mathrm{d}\alpha}$ 的关系。

干燥常数是粮食的干燥特征参数，在降速干燥段 k 与粮食的温度 T（绝对温度）之间的关系可用著名的阿伦尼乌斯（Arrhenius）方程表示：

$$k = A\exp(-E/R_{\mathrm{m}}T)$$ 　　　　　　　　　（4-4）

式中，A 是表观指前因子；E 是表观活化能；R_{m} 是通用气体常数，$R_{\mathrm{m}} = 8.314\ \mathrm{J/(mol \cdot K)}$。

方程（4-2）～（4-4）是在等温条件下得出的，对于非等温过程，粮食温度及其温度变化率可分别用式（4-5）、式（4-6）来表达。

$$T = T_0 + \beta\theta$$ 　　　　　　　　　　　（4-5）

$$\mathrm{d}T / \mathrm{d}\theta = \beta$$ 　　　　　　　　　　　（4-6）

式中，T_0 是粮食的初始温度，即差示扫描量热法（differential scanning calorimetry，DSC）曲线偏离基线的始点温度（K）；β 是粮食升温速率（$\mathrm{K \cdot h}^{-1}$）。由此得到粮食在等温与非等温条件下的两个常用动力学方程式（4-7）和式（4-8）：

$$\mathrm{d}\alpha / \mathrm{d}\theta = A\exp(-E / R_{\mathrm{m}}T)f(\alpha)$$ 　　（等温过程）　　（4-7）

$$\frac{\mathrm{d}\alpha}{\mathrm{d}T} = \frac{A}{\beta}f(\alpha)\exp(-E / R_{\mathrm{m}}T)$$ 　　（非等温过程）　　（4-8）

动力学分析的目的在于揭示方程中的 E、A 和 $f(\alpha)$ 三个动力学因子，干燥过程中的 DSC 曲线如图 4-2 所示。

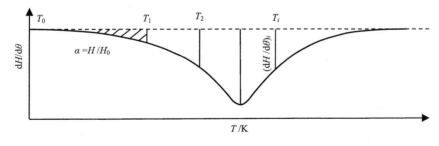

图 4-2　粮食干燥 DSC 曲线

在 DSC 分析中，α 值等于 H / H_0；H 为湿粮在 θ 时刻消耗的汽化潜热，相当于 DSC 曲线下的部分面积；H_0 为干燥初始时刻粮食内含的自由水分蒸发所需要的汽化潜热总量，相当于 DSC 曲线下的总面积。

4.3　干燥动力学因子解析法

4.3.1　微分法

变换方程 $\dfrac{\mathrm{d}\alpha}{\mathrm{d}T} = \dfrac{A}{\beta} f(\alpha)\exp(-E/R_\mathrm{m}T)$ 得

$$\frac{\beta}{f(\alpha)}\frac{\mathrm{d}\alpha}{\mathrm{d}T} = A\exp(-E/R_mT) \tag{4-9}$$

对式（4-9）两边取自然对数：

$$\ln\left[\frac{\beta}{f(\alpha)}\frac{\mathrm{d}\alpha}{\mathrm{d}T}\right] = \ln A - \frac{E}{R_\mathrm{m}T} \tag{4-10}$$

基于方程（4-10）和粮食的干燥特性曲线，针对不同的干燥特征函数及对应不同温度 T 时的干燥质量分数，进行回归，即可解出相应的表观活化能 E、表观指前因子 A 和特征函数 $f(\alpha)$。

4.3.2　Kissinger法

基于 Kissinger 法，假设干燥特征函数为 $f(\alpha) = (1-\alpha)^n$，相应的动力学方程表示为

$$\frac{\mathrm{d}\alpha}{\mathrm{d}\theta} = A\mathrm{e}^{-E/R_\mathrm{m}T}(1-\alpha)^n \tag{4-11}$$

该方程描绘了一条相应的干燥过程分析曲线，对方程（4-11）两边微分，得

$$\begin{aligned}\frac{\mathrm{d}}{\mathrm{d}\theta}\left(\frac{\mathrm{d}\alpha}{\mathrm{d}\theta}\right) &= \left[A(1-\alpha)^n\frac{\mathrm{d}\mathrm{e}^{-E/R_\mathrm{m}T}}{\mathrm{d}\theta} + A\mathrm{e}^{-E/R_\mathrm{m}T}\frac{\mathrm{d}(1-\alpha)^n}{\mathrm{d}\theta}\right]\\ &= A(1-\alpha)^n\mathrm{e}^{-E/R_\mathrm{m}T}\frac{(-E)}{R_\mathrm{m}T^2}(-1)\frac{\mathrm{d}T}{\mathrm{d}\theta} - A\mathrm{e}^{-E/R_\mathrm{m}T}n(1-\alpha)^{n-1}\frac{\mathrm{d}\alpha}{\mathrm{d}\theta}\\ &= \frac{\mathrm{d}\alpha}{\mathrm{d}\theta}\frac{E}{R_\mathrm{m}T^2}\frac{\mathrm{d}T}{\mathrm{d}\theta} - A\mathrm{e}^{-E/R_\mathrm{m}T}n(1-\alpha)^{n-1}\frac{\mathrm{d}\alpha}{\mathrm{d}\theta}\\ &= \frac{\mathrm{d}\alpha}{\mathrm{d}\theta}\left[\frac{E\frac{\mathrm{d}T}{\mathrm{d}\theta}}{R_\mathrm{m}T^2} - An(1-\alpha)^{n-1}\mathrm{e}^{-E/R_\mathrm{m}T}\right]\end{aligned} \tag{4-12}$$

在干燥过程分析曲线的峰顶处，其一阶导数为零，即边界条件为粮食干燥速率的最大点，$\dfrac{\mathrm{d}}{\mathrm{d}\theta}\left(\dfrac{\mathrm{d}\alpha}{\mathrm{d}\theta}\right)=0$，设此时的粮食温度为 T_p，并将该边界条件代入（4-12）式得式（4-13）。

$$\frac{E}{R_{\mathrm{m}}T_{\mathrm{p}}^{2}}\frac{\mathrm{d}T}{\mathrm{d}\theta} = An(1-\alpha_{\mathrm{p}})^{n-1}\mathrm{e}^{-E/R_{\mathrm{m}}T} \tag{4-13}$$

式中，$n(1-\alpha_{\mathrm{p}})^{n-1}$ 项与粮食的升温速率 β 无关，其值近似等于 1。于是式（4-13）可近似地变换为式（4-14）

$$\frac{E\beta}{R_{\mathrm{m}}T_{\mathrm{p}}^{2}} = A\mathrm{e}^{-E/R_{\mathrm{m}}T_{\mathrm{p}}} \tag{4-14}$$

基于式（4-14）对试验测定的温度及其随干燥时间的变化率，进行非线性回归，即可得到相应的表观活化能和表观指前因子。

4.3.3　两点法

Kissinger 法是在有假定条件下得到的简化方程。如果不作任何假设，只是利用数学的方法可以得到两点法。

由式（4-2）、式（4-4）知

$$\frac{\mathrm{d}\alpha}{\mathrm{d}\theta} = A\mathrm{e}^{-\frac{E}{R_{\mathrm{m}}T}}f(\alpha) \tag{4-15}$$

式（4-15）两边对 T 微分，得

$$\frac{\mathrm{d}\left(\dfrac{\mathrm{d}\alpha}{\mathrm{d}\theta}\right)}{\mathrm{d}T} = Af(\alpha)^{-E/R_{\mathrm{m}}T}\left[\frac{A}{\beta}f'(\alpha)\mathrm{e}^{-E/R_{\mathrm{m}}T} + \frac{E}{R_{\mathrm{m}}T^{2}}\right] \tag{4-16}$$

当 $T=T_{\mathrm{p}}$ 时，干燥速率最大，$\alpha=\alpha_{\mathrm{p}}$，$\left.\dfrac{\mathrm{d}\left(\dfrac{\mathrm{d}\alpha}{\mathrm{d}\theta}\right)}{\mathrm{d}T}\right|_{T=T_{\mathrm{p}},\,\alpha=\alpha_{\mathrm{p}}}=0$，于是，得到式（4-17）：

$$\frac{A}{\beta}f'(\alpha_{\mathrm{p}})\mathrm{e}^{-E/R_{\mathrm{m}}T_{\mathrm{p}}} + \frac{E}{R_{\mathrm{m}}T_{\mathrm{p}}^{2}} = 0 \tag{4-17}$$

由式（4-16）两边对 T 微分，得

$$\frac{\mathrm{d}^{2}\left(\dfrac{\mathrm{d}\alpha}{\mathrm{d}\theta}\right)}{\mathrm{d}T^{2}} = Af(\alpha)\mathrm{e}^{-E/R_{\mathrm{m}}T}\left[\frac{A^{2}}{\beta^{2}}f'^{2}(\alpha)\mathrm{e}^{-\frac{2E}{R_{\mathrm{m}}T}} + \frac{3AE}{\beta RT^{2}}f'(\alpha)\mathrm{e}^{-E/R_{\mathrm{m}}T} + \frac{A^{2}}{\beta^{2}}f''(\alpha)f(\alpha)\mathrm{e}^{-\frac{2E}{R_{\mathrm{m}}T}} + \frac{E^{2}-2ER_{\mathrm{m}}T}{R_{\mathrm{m}}^{2}T^{4}}\right] \tag{4-18}$$

在 DSC 曲线的 $\left.\dfrac{\mathrm{d}^{2}\left(\dfrac{\mathrm{d}\alpha}{\mathrm{d}\theta}\right)}{\mathrm{d}T^{2}}\right|_{T=T_{i},\,\alpha=\alpha_{i}}=0$ 代入方程（4-18），得

$$\frac{A^{2}}{\beta^{2}}f'^{2}(\alpha_{i})\mathrm{e}^{-\frac{2E}{R_{\mathrm{m}}T_{i}}} + \frac{3AE}{\beta R_{\mathrm{m}}T_{i}^{2}}f'(\alpha)\mathrm{e}^{-E/R_{\mathrm{m}}T_{i}} + \frac{A^{2}}{\beta^{2}}f''(\alpha_{i})f(\alpha)\mathrm{e}^{-\frac{2E}{RT_{i}}} + \frac{E^{2}-2ER_{\mathrm{m}}T_{i}}{R_{\mathrm{m}}^{2}T_{i}^{4}} = 0 \tag{4-19}$$

联立方程（4-18）和（4-19），即可求出非等温干燥过程的动力学参数 E 和 A 的值。

4.4　水分结合能解析法

　　粮食干燥是为了去除其中多余的水分，提高其加工适性和耐储藏性，而水分在粮食中的结合形式直接关系干燥能耗、品质和效率，正确解析水分与绝干物质的结合能是实现合理干燥工艺设计的关键。关于粮食干燥动力学特性、品质形成机制、不同工艺条件下的干燥特性有大量的研究，而关于水分与物料的结合能及其迁移势解析理论的内容十分稀缺。基于传统的工艺及操作方法，前人提出了很多改进能量利用措施和方法并付诸实施，但由于缺乏粮食内部能质转换与传递的解析、缺少过程能量消耗本质评价理论支撑，基于经验提出的一些改进技术和方法在节能及干燥效率方面很难说有实质性的进展，也很难对其技术手段的有效性做出科学的评价。近年，基于㶲分析法展开的粮食干燥系统能效评价理论研究，明确了粮食的干基含水率是干燥系统的状态函数，确立了粮食干燥系统起算㶲的基准点，提出了㶲基准函数，为评价干燥系统的用能情况奠定了一些基础。由于粮食干燥的不可逆热力过程伴随质量的迁移，定量评价干燥㶲的转换与传递，还必须从理论深入研究表征质量迁移特征的解析法。本节在现有研究的基础上，把水分迁移的现象看作一定数量的能量迁移，基于不可逆热力学分析方法，考察粮食中的水分迁移势及其特征函数，说明粮食干燥动力，给出解析模型和定量评价的解析方法，为进一步研究粮食干燥㶲传递、质㶲驱动机制、过程动力与过程阻力之间的关系和高效节能干燥工艺及装备设计补充一些理论基础。

4.4.1　粮食干燥系统的环境态

　　干燥是一个输入能量、介质和湿粮，排出废气、得到干粮的开口系统，如图4-3所示。系统的外界是由粮食和空气构成的无穷大的物质源和能量源。基于粮食的物理成分，可以把其表述为由绝干物质、液态水、气态水构成的多组分物系，或者表述为由平衡状态的含湿粮食和自由水（干燥过程所能去除的水分）构成的物系。热风可以被认为是由干空气和水蒸气构成的理想混合气体。粮食在干燥室内与介质接触自发交换水分，是一个多组分多相系转换与传递的不可逆热力过程，系统中必然存在表征粮食干燥过程的状态函数。基于状态函数考察粮食干燥中各种能够使水分状态发生变化的势场与其干燥行为的关系，就可把干燥归结为㶲及㶲传递的过程。过程发生的主要特征就是以势场为载体的质㶲转换与传递，其中热㶲以系统中的温差为载体随能流发生转换与传递；流动㶲以气流压差为载体随干燥介质发生转换与传递；湿㶲以干燥介质中的水蒸气分压力与物料上的水蒸气分压力差为载体，在物料内部及气流和物料之间发生转换与传递。系统到达的终态点是粮食达到的平衡含水率状态，此点就是干燥㶲的起算点，此点的状态相当于热力学中定义㶲时所说的环境态，亦即粮食干燥系统的环境态。

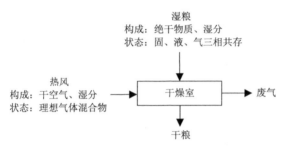

图 4-3　粮食干燥系统

4.4.2　湿粮的物质结构特征

　　水分在粮食中的结合形式，在干燥技术领域被普遍接受的说法是化学结合水、物理化学结合水和机械结合水。化学结合水具有严格的数量关系，没有严格数量关系的物理化学结合水被区分为：①吸附结合水，它是"胶囊"外表和内表面上的力场所束缚的液体；②渗透压保持水（膨胀水和结构水），被封闭在细胞内，它既是复合胶囊通过渗透吸附的水，又是固定的结构水，由于其结合能很小，可以归属为游离水。机械结合水是保持不定量的水，存在与物料的大毛细管和微毛细管中。无论水分以何种形式存在于物料中，就干燥工程而言，所关心的是能从湿物料中去除多少水分，消耗多少能量。基于平衡特征，按照空气相对湿度及物料含湿量的大小，可将水分与物料的结合形式分别定义为结合水分和非结合水分或者平衡水分和自由水分，如图 4-4 所示。

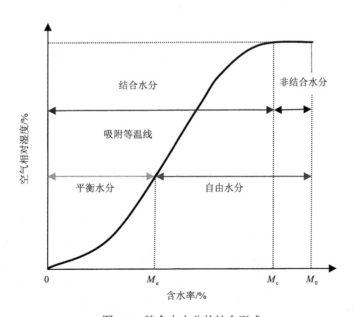

图 4-4　粮食中水分的结合形式

M_0 是初始含水率/%；　M_e 是平衡含水率/%；　M_c 是最大吸湿含水率/%

　　对应于吸附等温线上任意点的粮食含水率即为平衡含水率 M_e（%），超过此含湿量的水分，称为自由水分，即在干燥过程中能够从物料中去除的水分。

结合水分是空气相对湿度为 100%时物料的平衡含水率，称为最大吸湿含水率 M_c（%），超过此含湿量的水分称为非结合水分，此部分水分相当于完全的自由液体。

4.4.3　干燥过程动力

介质在干燥室内与粮食接触，释放显热，同时接纳水分，实现的干燥过程是客观的自发行为，可以在任何温度条件下进行，而粮食中的水分能否蒸发，介质中的水蒸气能否发生集态的变化，都取决于各自的温度和水蒸气分压力。在热风介质中，水蒸气所占的份额较小，水蒸气分压力很低且在正常情况下是处于过热状态，比较接近理想气体，可以把干燥介质当作理想混合气体来处理。于是，水分从粮食中汽化迁入介质的驱动力 Δp（Pa），就可由式（4-20）计算，水分迁出时所受到的阻力 p_{gz}，等于水汽化时的饱和蒸气压与籽粒表面的水蒸气分压力之差，可由式（4-21）计算。

饱和蒸气压与饱和温度一一对应，是温度的单值函数，只取决于水分蒸发时的温度，p_{sg} 由式（4-22）计算，水蒸气分压力 p_v 由式（4-23）计算。

$$\Delta p = p_{sg} - p_{gz} - p_v \tag{4-20}$$

$$p_{gz} = p_{sg} - p_{gv} \tag{4-21}$$

$$p_{sg} = 133.3224 \times \exp\left(18.7509 - \frac{4075.16}{236.516 + t_g}\right) \tag{4-22}$$

$$p_v = 133.3224 \times \exp\left(18.7509 - \frac{4075.16}{236.516 + t_w}\right) - 66.66(t - t_w) \tag{4-23}$$

式中，t_g 为粮食温度（℃）；p_{sg} 为对应 t_g 时的饱和蒸气压（Pa）；p_v 为干燥介质中的水蒸气分压力（Pa）；p_{gv} 为粮食表面水蒸气分压力（Pa）；p_{gz} 是水分由汽化点到达粮食表面时的压降（Pa）；t、t_w 分别为介质干球温度和湿球温度（℃）。

4.4.4　粮食水分结合能解析模型

水分汽化、蒸发、迁移是热功转换与传递的过程，消耗的是系统的热能，基于能量守恒和㶲平衡，存在干燥热㶲与对外界输出的有用功之间的定量关系。由于蒸汽在物料中向外扩散的流动速度很低，动能和势能的变化都可以忽略不计。影响干燥的主要因素是水同物料结合，降低了水表面上方的水蒸气分压力，相应地减少了水分的自由能。基于热力学关系，在粮食温度恒定的条件下，从粮食中每去除 1 kg 水蒸气所消耗的能量，在数值上应等于气体所能完成的技术功 w_{gz}(kJ/kg)。

$$w_{gz} = -\int_{p_{sg}}^{p_{gv}} v\mathrm{d}p = R_v T_v \ln \frac{p_{gv}}{p_{sg}} \tag{4-24}$$

式中，w_{gz} 是技术功（kJ/kg）；v 是籽粒的比容（m^3/kg）；p_{gv} 是籽粒上表面水蒸气分压力（Pa）；p_{sg} 是对应粮食温度下的饱和蒸气压（Pa）；T_v 是水蒸气的热力学温度（K）；R_v 是水蒸气的气体常数，其值为 0.461 9 kJ/(kg·K)。

　　水分与物料的结合形式和所处的位置，对其迁出物料时消耗的动力有很大影响，随着物料含水率的降低，水分的迁出深度加大和被去除的吸附结合水所占比例增加，迁出过程所消耗的功必然增大。当干燥系统处于热力学平衡状态时，系统中的干燥㶲为零，基于吉布斯-亥姆霍兹自由能，即把物质的热量与质量迁移的现象看作一定数量的能量迁移，把具有普遍意义的迁移势 Π 用一个特征函数 ψ 对综合坐标的偏导数表示。

$$\Pi = (\frac{\partial \psi}{\partial K})_{i,j} \tag{4-25}$$

式中的下标 i 和 j 表示物料与周围介质各部位之间的相关条件，在干燥系统这个特征函数就是状态函数。基于状态函数可以清晰地表示体系完整的热力学特性，即任何物质的质量迁移势都等于任一特征函数对该物质的量的偏导数。对于传热过程，温度 T 是迁移势，熵、内能、焓、热量㶲等状态函数都是综合坐标，都可以作为表示传热势的特征函数，而在干燥过程中，水蒸气分压力差是水分质量迁移的直接动力，还必须进一步考查其质量迁移的特征函数。

　　基于吉布斯-亥姆霍兹自由能及自由焓，针对包含一定数量绝干物质，容积为 V 的含湿单一籽粒，得到干燥过程中的热力学第一和第二定律的数学表达式（4-26）式（4-27）、质量迁移势表达式（4-28）和质量迁移特征函数的表达式（4-29）。

$$T\text{d}S = \text{d}U + p\text{d}V - \sum_{i=1}^{n}\mu_i\text{d}m_i \tag{4-26}$$

$$T\text{d}S = \text{d}H - V\text{d}p - \sum_{i=1}^{n}\mu_i\text{d}m_i \tag{4-27}$$

$$\mu_i = (\frac{\partial F}{\partial m_i})_{v,T,m_i} \tag{4-28}$$

$$\text{d}\psi = \sum_{i=1}^{n}\mu_i\text{d}m_i \tag{4-29}$$

式中，μ_i 是 i 组元的质量迁移势；$\text{d}m_i$ 是粮食内第 i 组元的质量微元；U 是粮食的内能（kJ）；T 是热力学温度（K）；S 是熵（kJ/K）；p 是压力（Pa）；V 是粮食的体积（m^3）；H 是粮食的焓（kJ）；F 是粮食中可迁移组分的自由能（kJ）；$T\text{d}S$ 是籽粒从干燥介质中获得的干燥㶲微元。

　　在体积 $V=$ 常数、温度 $T=$ 常数时：$\text{d}F=\text{d}U-T\text{d}S$；在压力 $p=$ 常数、温度 $T=$ 常数时：$\text{d}F=\text{d}H-T\text{d}S$。可见，在干燥系统处于平衡状态时，体系的干燥㶲等于零，即 $\text{d}\Pi_i = 0$ 和 $\text{d}K_i = 0$，此时的 $\text{d}\psi = 0$，$\psi =$ 常数，引起系统自由能改变的质量迁移势 μ_i（化学势）就是体系中物质的量增加一个单位时，该物质内能 U 或者焓 H 的增量。

　　水分在粮食内部迁移，沿特征函数减小的方向进行，即迁移过程中 $\text{d}\psi < 0$，$\sum_{i=1}^{n}\mu_i\text{d}m_i < 0$。

水蒸气在湿空气中的迁移势 μ_v 取决于它的热力学温度和水蒸气分压力：$\mu_v = f(p_v, T)$。同样，在含有自由水分的粮食内部，以蒸汽形式移动的迁移势 μ_{gv} 可以假设为籽粒表面的水蒸气分压力 p_{gv} 和粮食的热力学温度 T_g 的函数，即 $\mu_{gv} = f(p_{gv}, T_g)$。蒸发单位数量的水分所消耗的能量在数量上等于（4-24）式表示的功，于是，蒸发每千克水分消耗的功可由式（4-30）算出。在 V 和 T 均等于常数时，式（4-30）表述的 μ_{gv} 在数值上等同于水同物料的结合能。

$$\mu_{gv} = -w_{gz} = \int_{p_{sg}}^{p_{gv}} v\,\mathrm{d}p = -R_v T_v \ln \frac{p_{gv}}{p_{sg}} \tag{4-30}$$

同理，每千克物质的量从粮食的外表面迁移到空气中去的水分迁移势为

$$\mu_v = f(p_v, T) = \int_{p_{gv}}^{p_v} v\,\mathrm{d}p = -R_v T_v \ln \frac{p_v}{p_{gv}} \tag{4-31}$$

式中，p_{gv} 是籽粒上表面水蒸气分压力。

在非平衡条件下，籽粒上表面水蒸气分压力，不一定等于干燥介质中的水蒸气分压力，此时水分从粮食中蒸发迁移至干燥介质中的流动总迁移势：

$$\mu = f(p, T) = \int_{p_{gv}}^{p_v} v\,\mathrm{d}p = -R_v T_v \ln \frac{p_v}{p_{gs}} \tag{4-32}$$

粮食干燥的质量迁移可以看作单一组元的水分迁移，那么，把式（4-30）代入式（4-27），得到可逆干燥过程中的热力学第二定律表达式（4-33）。

$$T\mathrm{d}s = \mathrm{d}h - v\mathrm{d}p + R_v T_v \ln \frac{p_{gv}}{p_{sg}} dm_i \tag{4-33}$$

积分式（4-33），得到从物料中蒸发每千克水分所需消耗的热能 q（kJ/kg）的计算式

$$q = \frac{p_{gv} - p_v}{|p_{gv} - p_v|} h - R_v T \ln \frac{p_v}{p_{gv}} - R_v T_v \ln \frac{p_{gv}}{p_{sg}}$$

$$= \frac{p_{gv} - p_v}{|p_{gv} - p_v|} \gamma(T_g) - R_v T \ln \frac{p_v}{p_{gv}} - R_v T_v \ln \frac{p_{gv}}{p_{sg}} \tag{4-34}$$

式中，h 是水蒸气的比焓（kJ/kg），$h = \gamma(T)$，在等温条件下，h 的变化量等于 1 kg 水在其热力学温度 T 时的汽化潜热；$\dfrac{p_{gv} - p_v}{|p_{gv} - p_v|}$ 表示水分迁移的方向；$-R_v T_v \ln \dfrac{p_v}{p_{gv}}$ 是 1 kg 水分蒸发对环境所做的流动功；T 是干燥空气的热力学温度；$-R_v T_v \ln \dfrac{p_{gv}}{p_{sg}}$ 是从物料中蒸发 1 kg 水分的自由能减少量。

上述诸式是在等容等温相关条件下得出的，在平衡状态时，μ_{gv} 等同于 1 kg 水同物料的结合能。在平衡状态时粮食内部的水分迁移势与空气中的水蒸气分压力相等，驱动水分

迁移的㶲等于零,对应粮食的含湿量就一定存在一个使其处于平衡状态而且是确定的外界湿空气条件。在粮食的最大含水率和平衡含水率范围内,利用状态函数 $M_e = f(t_g, \varphi)$,就可以计算出粮食在不同含水率状态时的内部水分迁移势。

由于水从液态汽化时的蒸气压等于其汽化温度下的饱和蒸气压,所以,对应粮食内部水分蒸发温度的饱和蒸气压与粮食在平衡状态时的自由能势(化学势)之差,就是水分在粮食内部迁移的动力势。这个势差乘以蒸发面到粮食内表面的体积就是蒸发过程在粮食内部消耗的功。这个功在数量上等于粮食水分蒸发的自由能减小的量 w_{gz},即系统减少的内能中可以转化为对外做功的部分,也就是粮食在可逆热力学过程中,系统能够对外输出的最大的"有用能量"——干燥㶲。

粮食干燥的过程动力是温度和粮食含湿量(干基含水率 M_d)的函数,处于吸湿状态范围内的籽粒内部,以蒸汽形式移动的水分迁移势也可以被认为是粮食含湿量 M_d 和粮食的热力学温度 T_g 的函数,即水分迁移势又可表述为 $\mu_{gv} = f(M_d, T_g)$。

在平衡状态时 $p_v = p_{gv}$,$p_s = p_{gs}$,$t_g = t$,干燥传质的推动力是水蒸气分压力差: $\Delta p = p_{gs} - p_v$。对于各种粮食,通过试验,相应地都得到了其平衡含水率的表达式,基于图 4-4 所示的吸附等温线,就可以确定出干燥的过程动力及质量迁移势的具体值,进而得到粮食干燥过程最低能量消耗的理论值。

基于 1991 年美国农业与生物工程师学会确定的预测粮食平衡含水率 M_e 的标准计算式(4-35),得到与粮食温度及干基含水率相对应的干燥介质中的水蒸气分压力 p_v 的计算式(4-36)和介质的相对湿度 φ 的计算式(4-37),基于式(4-30)得到粮食干燥时籽粒上表面的水蒸气分压力 p_{gv} 表达式(4-38)。

$$M_e = \left[\frac{-\ln(1-\varphi)}{A(t_a + B)} \right]^{\frac{1}{n}} \tag{4-35}$$

$$p_v = p_s \{ 1 - \exp[-M_e^n A(t_a + B)] \} \tag{4-36}$$

$$\varphi = 1 - \exp\{ -M_e^n [A(t_a + B)] \} \tag{4-37}$$

$$p_{gv} = p_{gs} \{ 1 - \exp[-M^n A(t_g + B)] \} \tag{4-38}$$

式中,p_s 为温度 t_a 时的饱和水蒸气分压力(Pa);p_v 为水蒸气分压力(Pa);φ 为空气相对湿度(%);M_e 为粮食平衡含水率(%);A、B、n 为系数。

粮食中的水分蒸发到干燥介质中的总推动力 $\Delta p = p_s - p_v$,蒸发 1 kg 水所消耗的总热量 $q = \dfrac{p_{gv} - p_v}{|p_{gv} - p_v|} h - R_v T \ln \varphi$,其中消耗在粮食内部的单位热量 $q_g = \dfrac{p_{gv} - p_v}{|p_{gv} - p_v|} h - R_v T_v \ln \dfrac{p_{gv}}{p_{sg}}$,蒸发 1 kg 水分对环境所做的功 $w_0 = q - q_g$。在物料与干燥介质之间存在干燥㶲时,水分从物料中蒸发进入环境后,1 kg 水蒸气在对环境所做功 w_0 的同时,在可逆过程从环境中获得与 w_0 相同数量的㶲,在不可逆过程为 w_0 再加上该过程中的㶲损。就粮食干燥而言,此项㶲转换与传递仅仅发生在介质中,与粮食自身干燥能量消耗无关。

4.4.5 粮食上表面的水蒸气分压力

在粮食内部干燥传质的推动力是水蒸气分压力差,这一压差的变化将直接影响干燥的速率和过程的能量消耗。图 4-5 是基于式(4-38)绘制的玉米籽粒上表面水蒸气分压力与干基含水率的关系,玉米平衡含水率模型中的参数 $A=8.654\times10^{-5}$, $B=49.81$, $n=1.8634$。由图 4-5 知,粮食的温度和干基含水率越高,其表面的水蒸气分压力越高,尤其是在 5%~15% 的含湿范围内呈现明显的递增,此后呈现降速小幅递增,这一现象与粮食实际干燥过程相一致。

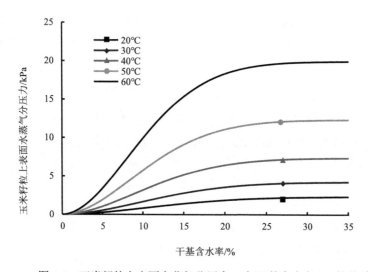

图 4-5　玉米籽粒上表面水蒸气分压力 p_v 与干基含水率 M_d 的关系

图 4-5 中的每条曲线表征了粮食在相应温度条件下干燥时水分出入的界限,当粮食的干基含水率状态处于曲线的右侧时,表明粮食中含有与介质条件对应的自由水,被介质干燥;反之,粮食则被吸湿,它对指导合理的干燥工艺设计及干燥过程控制具有很高的理论价值和重要的现实意义。

4.4.6 水分与粮食的结合能

存在于粮食内部的水分,因其存在的形式不同所受到的物料牵制作用并不一样,但不论水分以何种方式存在于物料之中,共同的特征是与物料结合后,都会使粮食上表面水蒸气分压力降低而减少了水分的自由能,自由能的减少量,在数量上相当于从物料中脱去 1kg 水的结合能,所以,就干燥本身而言,可以把粮食中水分的自由能作为水分与粮食结合的唯一形式,自由能的减少量等同于水同物料的结合能。

基于图 4-4 所示的吸附等温线,按照式(4-30)绘制出的玉米中水分在不同温度条件下的结合能与其干基含水率的关系如图 4-6 所示,结合能与其温度的关系如图 4-7 所示,结合能随温度、干基含水率的变化如图 4-8 所示。

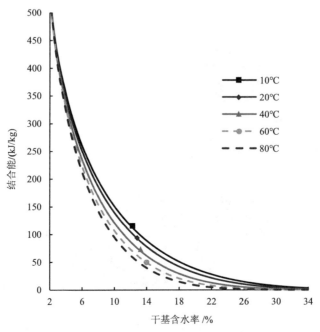

图 4-6 玉米中水分结合能与干基含水率的关系

从图 4-6 所示的曲线可以看出，水分与粮食的结合能随干基含水率和粮食温度的升高而降低。在粮食干基含水率超过 30%后，温度对其结合能的影响非常小。在粮食的低水分域，结合能随粮食的干基含水率的增大而显著减少。表明在同样的降水区间内，粮食在升温干燥过程中消耗于水分蒸发的那部分能量要比同样条件下的降温干燥过程少，这一规律很好地拟合出了粮食的实际干燥过程，在理论上定量评价了干燥过程水分蒸发能量消耗。因此可以断定，在低水分域采用相对较高的温度干燥比较经济，而在高水分域时提高粮食温度并不能有效地改善粮食水分蒸发的能量消耗。

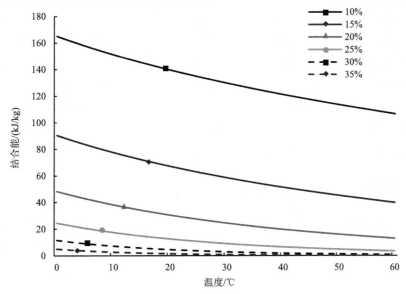

图 4-7 玉米中水分结合能与温度的关系

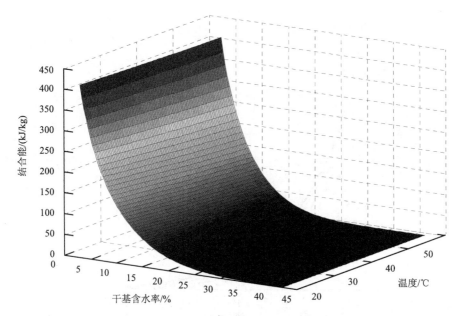

图 4-8　玉米中水分结合能随温度及干基含水率的变化（后附彩图）

　　导致粮食干燥超标耗能问题的根本原因在于对干燥系统能质传递规律、过程动力与过程阻力的关系认识不够深入，干燥能量的匹配性差，存在工艺设计缺陷。揭示粮食中水分的结合能对指导干燥系统设计，实现优质、高效节能具有重要的理论和现实意义。

4.5　非稳态干燥过程籽粒内部温度分布解析法

　　干燥消耗的是系统的热能，温度是水分汽化的动力学特征参数，基于传统的薄层干燥模型，针对粮食在特定条件下的干燥特性，建立了一些干燥特征参数计算式。从简单的干燥曲线获得干燥特征参数并不困难，但要获得表征籽粒内部温度及压力分布难度较大，受检测技术的限制，很难通过试验测定出精确的结果，比较有效而又实际的方法是通过模型解析揭示其变化规律。为此，本节介绍一种基于导热基础方程和干燥指数模型，通过拉普拉斯变换（以下简称拉氏变换），联立求解导热方程和干燥热平衡方程，获得非稳态干燥过程中籽粒内部温度分布和水蒸气分压力分布的解析式，为揭示干燥品质形成机制，指导干燥工艺设计提供解析方法和理论参考。

4.5.1　干燥模型及其特征参数解析

　　对于单一籽粒的干燥特性服从图 3-7 所示的二段降速干燥特性曲线，其二段降速干燥过程可以用式（3-20）和式（3-21）来表达。在第 I 降速干燥段 $\dfrac{M_d - M_{e1}}{M_0 - M_{e1}} = e^{-k_1\theta}$，在第 II

降速干燥段（$\theta > \theta_k$），$\dfrac{M_d - M_{e2}}{M_k - M_{e2}} = e^{-k_2(\theta - \theta_k)}$，式中 $\theta_k = \dfrac{1}{k_1}\ln\left(\dfrac{M_k - M_{e1}}{M_0 - M_{e1}}\right)$，是沿第 I 降速段从 M_0 干燥至 M_k 所需的干燥时间（h）；M_k 是第 I 降速干燥段和第 II 降速干燥段交汇点的含水量（%）；k_1、k_2、M_{e1}、M_{e2} 分别为第 I、第 II 降速干燥段的干燥常数（h^{-1}）和平衡含水率（%）；M_0 是粮食干燥时的初始含水率（%）。基于式（3-18）、式（3-19）得到干燥过程中的热平衡方程式（4-39）。

$$\lambda\frac{\partial T(r,\theta)}{\partial r} + h[T_a - T(R,\theta)] - \gamma Ge^{-k\theta} = 0 \tag{4-39}$$

式中，R 是籽粒的当量球半径（m）；r 是半径变量（m）；λ 是导热系数[W/(m·K)]；h 是放热系数[W/(m^2·K)]；γ 是水的汽化潜热系数（J/kg），T_a 是热风热力学温度（K）；$Ge^{-k\theta}$ 是籽粒在单位时间单位外表面积（有效蒸发面积）上的去水量[kg/(s·m^2)]。基于式（4-39），得到对应第 I 和第 II 降速干燥段的热平衡方程。

第 I 降速干燥段：

$$\lambda\frac{\partial T(r,\theta)}{\partial r} + h[T_a - T(R,\theta)] - \gamma Ge^{-k_1\theta} = 0 \tag{4-40}$$

第 II 降速干燥段：

$$\lambda\frac{\partial T(r,\theta)}{\partial r} + h[T_a - T(R,\theta)] - \gamma Ge^{-k_2(\theta - \theta_k)} = 0 \tag{4-41}$$

由式（3-18）和式（3-19）得 $G = k(M_0 - M_e)\dfrac{W_g}{S}$。式中，$W_g$ 是单一籽粒的绝干物质的质量（kg）；S 是单一籽粒的有效外表面积（m^2）；M_0 是粮食的初始含水率，即含有的水分的质量（kg）与其绝干物质的质量（kg）之比（%）；M_e 是粮食的平衡含水率（%）；$M_0 - M_e$ 是单位数量的粮食内含的总的水分量（kg）；k 是干燥常数（s^{-1}）。

基于图 3-7 所示的二段降速干燥特性曲线，得到在第 I 降速干燥段的自由含水比（干燥过程中粮食内含的自由水分的质量分数）表达式（4-42）和第 II 降速干燥段的自由含水比的表达式（4-43）：

$$\text{在第 I 降速干燥段：} \quad e^{-k_1\theta} = \frac{M_d - M_{e1}}{M_0 - M_{e1}} \tag{4-42}$$

$$\text{在第 II 降速干燥段：} \quad e^{-k_2(\theta - \theta_k)} = \frac{M_d - M_{e2}}{M_k - M_{e2}} \tag{4-43}$$

对应粮食的不同干燥段，基于试验测取的粮食含水率、干燥时间，计算出粮食的干燥速率，按照扩散模型（3-18），即 $-\dfrac{dM_d}{d\theta} = k(M_d - M_e)$ 模型，由干燥速率对含水率进行线性回归，得到的回归系数值就是干燥常数，在图 3-7 中，回归直线与含水率轴的交点上的坐标值就是对应其干燥段的平衡含水率。

粮食的干燥常数 k 和干燥终态点的平衡含水率 M_e 是与干燥条件有关的特征参数（平衡含水率模型，参阅第 3 章），干燥常数因试验条件、操作制度、试验数据的计算取值不同而存在差异。指数模型作为粮食干燥特性的数学表达式，表现的是理想化的过程，在解

88

析粮食的实际干燥过程时，针对粮食的不同干燥阶段，模型中的参数（平衡含水率）或者系数（指前因子）、指数（如干燥常数、Page 模型中的指数 n）的取值都存在差异，就目前关于这些物性特征参数研究而言，还很难形成一个客观、统一的表达式。比较可行的做法是针对特定的干燥系统，按照各地实际的试验数据进行分段计算，基于实际过程，分段揭示粮食干燥的热质传递机制，解析干燥过程。试验测定的几种粮食二段降速干燥指数模型中的干燥常数参考计算式如表 4-1 所示。

表 4-1　几种粮食二段降速干燥指数模型中的干燥常数参考计算式

种类	干燥常数计算式		备注
	第 I 降速干燥段 k_1/h^{-1}	第 II 降速干燥段 k_2/h^{-1}	
稻谷	$k_1 = 0.0339t - 0.346$	$k_2 = 0.0153t - 0.215$	t 是热风温度/℃
小麦	$k_1 = 9.05 \times 10^5 \exp(\frac{-4.16 \times 10^3}{T})$	$k_2 = 5.5 \times 10^{-2}$	T 是热风的绝对温度 试验测试范围 $303K \leqslant T \leqslant 333K$
大麦	$k_1 = 1.72 \times 10^5 \exp(\frac{-4.16 \times 10^3}{T})$	$k_2 = 5.5 \times 10^{-2}$	
大豆	$k_1 = 1.21 \times 10^2 \exp(\frac{-2.10 \times 10^3}{T})$	$k_2 = 4.0 \times 10^{-2}$	

4.5.2　籽粒导热基础方程

把籽粒简化为球体，球的直径采用籽粒的当量球径。对于球体干燥热质扩散，如图 4-9 所示：自由含水比计算式（3-19）取值区间为（$\theta > 0$, $0 < r < R$）。设干燥的初期条件 $M_d(r,0) = M_0$，$T(r,0) = T_0$，边界物理条件 $M_d(R,\tau) = M(r,\infty) = M_e$，$\frac{\partial M(0,\theta)}{\partial r} = 0$，$M_d(0,\theta) \neq \infty$，$T(r,\infty) = T_a$，$\frac{\partial T(0,\theta)}{\partial r} = 0$。

假设粮食的初始温度为 T_0（K）；干燥空气的温度为 T_a（K），且保持通风条件不变，用 $T(r,\theta)$ 表示籽粒内部的温度，那么，沿半径方向的非稳态导热方程式为

$$\frac{\partial T(r,\theta)}{\partial \theta} = \alpha \left[\frac{\partial^2 T(r,\theta)}{\partial r^2} + \frac{2}{r} \frac{\partial T(r,\theta)}{\partial r} \right] \tag{4-44}$$

将 $\theta \geqslant 0$, $0 \leqslant r \leqslant R$, $T(r,0) = T_0$, $T(r,\infty) = T_a$, $\frac{\partial T(0,\theta)}{\partial r} = 0$ 条件带入式（4-44）后得

$$\frac{\partial [rT(r,\theta)]}{\partial \theta} = \alpha \frac{\partial^2 [rT(r,\theta)]}{\partial r^2} \tag{4-45}$$

式中，α 是导温系数，即热扩散系数，$\alpha = \frac{\lambda}{\rho \cdot c}$（m²/s）；$R$ 是籽粒的当量球半径（m）；r 是半径变量（m）；θ 是干燥时间（h）。

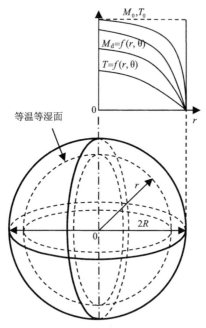

图 4-9 干燥热质扩散的球模型

在基础方程式（4-45）和式（4-39）中，籽粒内部温度是球半径变量和干燥时间的函数且 $T(r,\theta)$ 在 $\theta \geqslant 0$ 的区间内有定义，基于拉氏变换联立求解式（4-45）和式（4-39）则可得到籽粒内部温度分布解析式，进而依据温度分布得到水蒸气分压力分布。

4.5.3 拉氏变换及常微分方程的解

给 $T(r,\theta)$ 乘以指数 $e^{-s\theta}$，把 s 看作与 θ 无关的复数，并用 $T(r,s)$ 表示 $T(r,\theta)$ 拉氏变换后的象函数，按照 $T(r,s) = \int_0^{+\infty} e^{-s\theta} T(r,\theta) d\theta$ 对式（4-45）和式（4-39）积分。

对式（4-45）求积分得常微分方程 $s[rT(r,s) - rT_0] = \alpha \dfrac{\partial^2[rT(r,s)]}{\partial r^2}$，其解为 $rT(r,s) = C_1 e^{(s/\alpha)^{1/2} r} + C_2 e^{-(s/\alpha)^{1/2} r} + T_0 \dfrac{r}{s}$。由于温度 $T(r,s)$ 是有界函数，$\lim\limits_{r \to 0} rT(r,s) = 0$，于是得

$$T(r,s) - \frac{T_0}{s} = C \frac{\sinh[(s/\alpha)^{1/2} r]}{r} \tag{4-46}$$

式中，C 是积分常数，用式（4-46）中的温度对半径 r 求微分，得温度梯度象函数。

$$-\frac{\partial T(r,s)}{\partial r} = \frac{C}{r}\left(\frac{s}{\alpha}\right)^{1/2} \cosh\left[\left(\frac{s}{\alpha}\right)^{1/2} r\right] - \frac{C}{r^2}\sinh\left[\left(\frac{s}{\alpha}\right)^{1/2} r\right] \tag{4-47}$$

在干燥过程中，当量球半径为 R 的籽粒外表面的温度梯度象函数为

$$-\frac{\partial T(R,s)}{\partial r} = \frac{C}{R}\left(\frac{s}{\alpha}\right)^{1/2} \cosh\left[\left(\frac{s}{\alpha}\right)^{1/2} R\right] - \frac{C}{R^2}\sinh\left[\left(\frac{s}{\alpha}\right)^{1/2} R\right] \tag{4-48}$$

对式（4-39）进行拉氏变换，得到的干燥热平衡方程籽粒表面温度梯度象函数为

$$\frac{\partial T(R,s)}{\partial r}+\frac{h}{\lambda}\left[\frac{T_a}{s}-T(R,s)\right]-\frac{\gamma G}{\lambda(k+s)}=0 \tag{4-49}$$

联立式（4-48）、式（4-49），并把籽粒表面的温度 $T(R,s)=C\frac{\sinh[(s/\alpha)^{1/2}R]}{R}+\frac{T_0}{s}$ 代入后，得到如下关系式：

$$-\frac{C}{R^2}\sinh\left[\left(\frac{s}{\alpha}\right)^{1/2}R\right]+\frac{C}{R}\left(\frac{s}{\alpha}\right)^{1/2}\cosh\left[\left(\frac{s}{\alpha}\right)^{1/2}R\right]=\frac{h}{\lambda}\left[\frac{T_a}{s}-T(R,s)\right]-\frac{\gamma G}{\lambda(k+s)}$$

把粒体表面温度的象函数 $T(R,s)=C\frac{\sinh[(s/\alpha)^{1/2}R]}{R}+\frac{T_0}{s}$ 代入后得到的关系式：

$$Cs\left\{\left(\frac{Rh}{\lambda}-1\right)\sinh\left[\left(\frac{s}{\alpha}\right)^{1/2}R\right]+R\left(\frac{s}{\alpha}\right)^{1/2}\cosh\left[\left(\frac{s}{\alpha}\right)^{1/2}R\right]\right\}=\frac{R^2h}{\lambda}(T_a-T_0)-\frac{sR^2\gamma G}{\lambda(k+s)}$$

$$C=\frac{\frac{R^2h}{\lambda}\left[(T_a-T_0)-\frac{s\gamma G}{h(k+s)}\right]}{s\left\{\left(\frac{Rh}{\lambda}-1\right)\sinh\left[\left(\frac{s}{\alpha}\right)^{1/2}R\right]+R\left(\frac{s}{\alpha}\right)^{1/2}\cosh\left[\left(\frac{s}{\alpha}\right)^{1/2}R\right]\right\}}$$

式中，$\frac{Rh}{\lambda}$ 是毕渥数，一般用符号 Bi 表示，代入上式后得到积分常数表达式：

$$C=\frac{BiR\left[(T_a-T_0)-\frac{s\gamma G}{h(k+s)}\right]}{s\left\{(Bi-1)\sinh\left[\left(\frac{s}{\alpha}\right)^{1/2}R\right]+R\left(\frac{s}{\alpha}\right)^{1/2}\cosh\left[\left(\frac{s}{\alpha}\right)^{1/2}R\right]\right\}} \tag{4-50}$$

把式（4-50）代入式（4-46）后得温度象函数式（4-51）：

$$T(r,s)-\frac{T_0}{s}=\frac{BiR\left[(T_a-T_0)-\frac{\gamma Gs}{h(k+s)}\right]\sinh[(s/\alpha)^{1/2}r]}{sr\{(Bi-1)\sinh[(s/\alpha)^{1/2}R]+R(s/\alpha)^{1/2}\cosh[(s/\alpha)^{1/2}R]\}} \tag{4-51}$$

很明显式（4-50）在 $s=0$ 和 $s=-k$ 处各有一个单极点，同时存在满足等式右侧分母等于 0 的无穷多个单极点。令

$$\phi(s)=BiR\left[(T_a-T_0)-\frac{\gamma Gs}{h(k+s)}\right]\sinh[(s/\alpha)^{1/2}r] \tag{4-52}$$

$$\psi(s)=sr\{(Bi-1)\sinh[(s/\alpha)^{1/2}R]+R(s/\alpha)^{1/2}\cosh[(s/\alpha)^{1/2}R]\} \tag{4-53}$$

在 $\left|\left(\frac{s}{\alpha}\right)^{\frac{1}{2}}r\right|<\infty$ 的区间内，把 $\varphi(s)$ 和 $\psi(s)$ 分别按级数展开，其中 $\sinh\left[\left(\frac{s}{\alpha}\right)^{1/2}r\right]=\sum_{n=0}^{\infty}\frac{\left[\left(\frac{s}{\alpha}\right)^{\frac{1}{2}}r\right]^{2n+1}}{(2n+1)!}$；$\cosh\left[\left(\frac{s}{\alpha}\right)^{1/2}r\right]=\sum_{n=0}^{\infty}\frac{\left[\left(\frac{s}{\alpha}\right)^{\frac{1}{2}}r\right]^{2n}}{(2n)!}$，分别代入式（4-52）和式（4-53）得

$$\frac{\varphi(s)}{\psi(s)} = \frac{BiR\left[(T_0 - T_a) - \dfrac{\gamma Gs}{h(k+s)}\right]\displaystyle\sum_{n=0}^{\infty} r^{2n+1}\dfrac{(s/\alpha)^n}{(2n+1)!}}{\displaystyle\sum_{n=0}^{\infty} R^{2n}\left(\dfrac{s}{\alpha}\right)^n\left[\dfrac{Bi-1}{(2n+1)!} + \dfrac{1}{2n!}\right]} \tag{4-54}$$

式（4-54）是不可约分的多项式，而且 $\varphi(s)$ 的次幂低于 $\psi(s)$，这样，就可通过求留数的方法的得到拉氏逆变换。

4.5.4　拉氏逆变换

$$L^{-1}T(r,s) = \sum_{n=1}^{\infty}\frac{\varphi(s_n)}{\psi'(s_n)}e^{s_n\theta} \tag{4-55}$$

式中，$\psi'(s_n) = \dfrac{\mathrm{d}\psi(s)}{\mathrm{d}s}\bigg|_{s=s_n}$。$s=0$ 单极点上的留数：$\lim\limits_{s\to 0}\dfrac{\varphi(s)}{\psi'(s)}e^{s\theta} = T_a - T_0$；$s=-k$ 单极点上的

留数：$\lim\limits_{s\to -k}\dfrac{\phi(s)}{\psi'(s)}e^{s\theta} = -(T_a - T_0)\dfrac{BiRE\sin[(k/\alpha)^{1/2}r]e^{-FokR^2/\alpha}}{r[R(k/\alpha)^{1/2}\cos(kR^2/\alpha)^{1/2} + (Bi-1)\sin(kR^2/\alpha)^{1/2}]}$，式中

$Fo = \dfrac{\alpha\theta}{R^2}$ 是傅里叶数；$E = \dfrac{\gamma G}{h(T_a - T_0)}$ 是常数。

除上述的 2 个单极点外，还有满足 $\psi(s)=0$ 的无限多个极点。给等式 $(Bi-1)(-i)$ $\sin[i(s_n/\alpha)^{1/2}R] + R(s_n/\alpha)^{1/2}\cos[i(s_n/\alpha)^{1/2}R] = 0$，两边同乘以虚数 i 并令 $\mu_n = i(s_n/\alpha)^{1/2}R$，得到 $(Bi-1)\sin\mu_n + \mu_n\cos\mu_n = 0$ 关系式，即

$$\tan\mu_n = \frac{\mu_n}{1-Bi} \tag{4-56}$$

把 $\mu_n = i(s_n/\alpha)^{1/2}R$，$s_n = -\dfrac{\alpha\mu_n^2}{R^2}$，代入式（4-52）得到式（4-57），代入式（4-53）后求导得到式（4-58）。

$$\phi(s_n) = BiR(T_a - T_0)\left(1 + \frac{E\alpha\mu_n^2/R^2}{k - \alpha\mu_n^2/R^2}\right)(-i)\sin\left(\frac{\mu_n r}{R}\right) \tag{4-57}$$

$$\psi'(s_n) = \frac{\mu_n}{2i}(Bi\cos\mu_n - \mu_n\sin\mu_n) \tag{4-58}$$

$s_n = -\dfrac{\alpha\mu_n^2}{R^2}$ 无穷多个极点上的留数：

$$\sum_{n=1}^{\infty}\frac{\phi(s_n)}{\psi(s_n)}e^{s_n\theta} = \sum_{n=1}^{\infty}\frac{BiR(T_a - T_0)\left(1 + \dfrac{E\alpha\mu_n^2/R^2}{k - \alpha\mu_n^2/R^2}\right)\sin(\mu_n r/R)}{r\mu_n(Bi\cos\mu_n - \mu_n\sin\mu_n)/2}e^{s_n\theta} \tag{4-59}$$

$$= -\sum_{n=1}^{\infty}A_n R(T_a - T_0)\left(1 + \frac{E}{kR^2/\alpha\mu_n^2 - 1}\right)\sin(\mu_n r/R)\frac{e^{-\mu_n^2 Fo}}{r\mu_n}$$

式中，$A_n = (-1)^{n+1}\dfrac{2Bi[\mu_n^2 + (B_i - 1)^2]^{\frac{1}{2}}}{\mu_n^2 + Bi^2 - Bi}$。

累加以上各极点的留数即可得到籽粒内部温度解析式：

$$\frac{T(r,\theta)-T_0}{T_a-T_0}=1-\sum_{n=1}^{\infty}A_nR\left[1+\frac{E}{kR^2/\alpha\mu_n^2-1}\right]\frac{\sin(\mu_n r/R)}{r\mu_n}\mathrm{e}^{-\mu_n^2 Fo}$$
$$-\frac{BiRE\sin[(k/\alpha)^{1/2}r]\mathrm{e}^{-FoR^2 k/\alpha}}{r[R(k/\alpha)^{1/2}\cos R(k/\alpha)^{1/2}+(Bi-1)\sin R(k/\alpha)^{1/2}]}$$

（4-60）

基于式（4-60）求积分 $\overline{T}(\theta)=\dfrac{3}{R^3}\displaystyle\int_0^R r^2 T(r,\theta)\mathrm{d}r$ 得到籽粒内的均温度解析式：

$$\frac{\overline{T}(\theta)-T_0}{T_a-T_0}=1-\sum_{n=1}^{\infty}B_n\mathrm{e}^{-\mu_n^2 Fo}\left(1+\frac{E}{kR^2/\alpha\mu_n^2-1}\right)$$
$$-\frac{3BiE\alpha[\tan R(k/\alpha)^{1/2}-R(k/\alpha)^{1/2}]\mathrm{e}^{-FoR^2 k/\alpha}}{kR^2[R(k/\alpha)^{1/2}+(Bih-1)\tan R(k/\alpha)^{1/2}]}$$

（4-61）

式中，$B_n=\dfrac{3A_n}{\mu_n}(\sin\mu_n-\mu_n\cos\mu_n)=\dfrac{6Bi^2}{\mu_n^2(\mu_n^2+Bi^2-Bi)}$；$E=\dfrac{\gamma\,G}{h(T_a-T_0)}$；$G=k(M_0-M_e)\dfrac{W_g}{S}$；$Bi=\dfrac{Rh}{\lambda}$。

4.5.5　图解计算方法

1. 籽粒内部温度分布图解

单一籽粒是构成粮食的实际干燥粮层的基本单元，粮食堆积在一起的有效导热面积比单一籽粒的外表面积小很多，一般仅为籽粒外表面积的 1/5～1/4，粮食的堆积层实际的导热面粮堆的导热系数是指 1 m 厚的粮层，上下相差 1℃时，在单位时间内通过 1 m^2 的粮堆表面积的热量。用符号 λ 表示，单位是 W/(m·k)。粮堆的 λ 值约为 0.117～0.234 W/(m·k)，其中空气的导热系数仅为 0.0234 W/(m·k)。小麦的含水率在 20%时导热系数 λ 为 0.232 W/(m·k)，含水率在 10%时的导热系数 λ 为 0.107 W/(m·k)。导热系数受粮食含水率的影响较大。

依据式（4-60）和式（4-61）解析籽粒内部温度分布，解析式中的 k、M_0、M_e 数取值方法为：在沿第 I 降速干燥段，即干燥时间 $\theta\in[0,\theta_k]$ 的区间，分别取表 4-1 中的 k_1、M_0、M_{e1} 参数值，干燥时间变量为 θ，籽粒半径变量 r 取值范围为[0, R]；在沿第 II 降速干燥段，即干燥时间 $\theta\in[\theta_k,\infty]$ 的区间，分别取表 4-1 中的 k_2、M_k、M_{e2}，干燥时间变量为 $\theta-\theta_k$，籽粒半径变量 r 取值范围为[0, R]。

M_k 是第 I 降速干燥段和第 II 降速干燥段交汇点的含水率。在第 I 降速干燥段的干燥速率服从 $-\dfrac{\mathrm{d}M_d}{\mathrm{d}\theta}=k_1(M_k-M_{e1})$；第 II 降速干燥段的干燥速率服从 $-\dfrac{\mathrm{d}M_d}{\mathrm{d}\theta}=k_2(M_k-M_{e2})$；在交汇点上二者相等，于是得到式（4-62）：

$$M_k=\frac{k_1 M_{e1}-k_2 M_{e2}}{k_1-k_2}$$

（4-62）

基于指数模型，在第 I 降速干燥段，粮食的自由含水比服从：$\dfrac{M_d - M_{e1}}{M_0 - M_{e1}} = e^{-k_1\theta}$；在第 II 降速干燥段 $(\theta > \theta_k)$ 服从：$\dfrac{M_d - M_{e2}}{M_k - M_{e2}} = e^{-k_2(\theta - \theta_k)}$。于是得到式（4-63）：

$$\theta_k = \frac{1}{k_1} \ln\left(\frac{M_k - M_{e1}}{M_0 - M_{e1}} \right) \qquad (4\text{-}63)$$

θ_k 是粮食沿第 I 降速干燥段从 M_0 干燥至 M_k 所需的干燥时间（h）；M_k 是粮食第 I 和第 II 降速干燥段交汇点的含水率，称为临界含水率（干基）（%）；k_1、k_2、M_{e1}、M_{e2} 分别为第 I、第 II 降速干燥段的干燥常数（h^{-1}）和平衡含水率（%），均是由试验确定的常数；M_0 是粮食干燥时的初始含水率（%）。

粮食中的水分能否蒸发到外界，取决于粮食的温度和其内部的水蒸气分压力及各部分的组织结构和理化特征。在干燥过程中，籽粒内部水分汽化形成的水蒸气分压力是造成爆腰的主要原因。由于水分汽化形成的蒸气压等同于饱和水蒸气分压力，而饱和水蒸气分压力是温度的单值函数，只取决于水分蒸发温度，其值可由 $p_{gs} = 133.3224 \times \exp\left(18.7509 - \dfrac{4075.16}{236.516 + t_g} \right)$ 求得，单位为 Pa。所以在已知干燥温度、介质湿度的条件下，基于结合能计算式（4-30），按照平衡原理，由式（4-38）可以计算出粮食在相应含水率状态时籽粒温度——对应的籽粒内水蒸气分压力 p_{gs}，由此，解析出粮食中水分的结合能随干燥温度、含水率的变化及随干燥进程的变化情况。

以小麦为例，模型中的取值为：小麦的平均导温系数 0.116 μm^2/s，平均导热系数 0.125 W/(m·k)，放热系数 226.8 J/(m^2·s·K)，有效蒸发面积系数 0.23；小麦平衡含水率模型中的参数 A=1.23×10^{-5}，B=64.346，n=2.558，A_n 取交错级数项前 100 项；小麦的初期温度 10℃，送风温度 50℃，相对湿度 40%，干燥常数平均值 0.12 h^{-1}，单粒质量（kg），当量球径取 0.006 m。绘制出的干燥过程小麦籽粒内部温度及其分布如图 4-10 所示，小麦籽粒内部温度沿半径方向的分布如图 4-11 所示，粮食温度随干燥进程的变化及径向分布如图 4-12 所示。

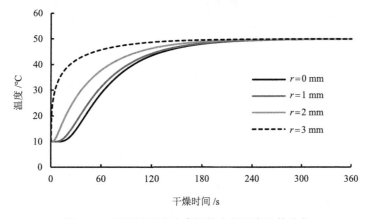

图 4-10　干燥过程中小麦籽粒内部温度及其分布

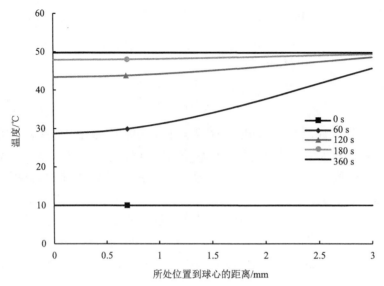

图 4-11　小麦籽粒内部温度沿半径方向的分布

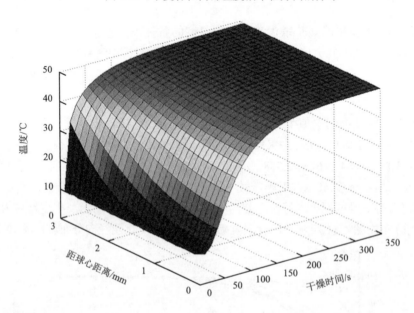

图 4-12　粮食温度随干燥进程的变化及径向分布（后附彩图）

2. 籽粒内水蒸气分压力分布图解

水分在籽粒内部由液态变为气态，其蒸发时所能产生的最大水蒸气分压力应等于所处位置温度下的饱和水蒸气分压力，在已知籽粒内部温度分布的条件下，基于式 $p_{gs} = \exp\left(18.7509 - \dfrac{4075.16}{236.516 + t_g}\right)$，单位为 mmHg，即可计算出籽粒内部的饱和水蒸气分压力分布。

基于指数模型粮食在第 Ⅰ 降速干燥段和第 Ⅱ 降速干燥段内的含水率计算式可分别用

式（4-64）和式（4-65）来表达。

$$M_1(\theta) = (M_0 - M_{e1})e^{-k_1\theta} + M_{e1} \qquad (4\text{-}64)$$

$$M_2(\theta) = (M_k - M_{e2})\ e^{-k_2(\theta-\theta_k)} + M_{e2} \qquad (4\text{-}65)$$

把式（4-64）代入式（4-38）得式（4-66）：

$$p_{gv} = p_{gs}(1 - \exp\{-[(M_0 - M_e)e^{-k\theta} + M_e]^n A(t_g + B)\}) \qquad (4\text{-}66)$$

式中，M_e 是粮食对应送风条件的平衡含水率（%）；对于小麦，模型中的特征参数 $A=1.23 \times 10^{-5}$、$B=64.346$、$n=2.558$；p_{gs} 是取决于粮食温度的饱和水蒸气分压力（mmHg）；p_{gv} 是蒸发面上方的水蒸气分压力（mmHg）。

把相应的干燥过程参数计算式及物性特征参数代入式（4-60）、式（4-63）即可解析出粮食在干燥过程中籽粒内部蒸发面上方的水蒸气分压力分布及随干燥进程的变化规律。

计算出的干燥过程中小麦籽粒内部饱和水蒸气分压力及其分布如图 4-13 所示；不同含水率状态下小麦籽粒内部蒸发面上方水蒸气分压力及其分布如图 4-14 所示；籽粒内部饱和水蒸气分压力与蒸发面上方的水蒸气分压力之差及其分布如图 4-15 所示；籽粒内部饱和水蒸气分压力及蒸发面上方的水蒸气分压力沿径向的分布如图 4-16 和图 4-17 所示；籽粒内部饱和水蒸气分压力随干燥进程的变化及径向分布如图 4-18 所示；籽粒内部蒸发面上方水蒸气分压力随干燥进程的变化及径向分布如图 4-19 所示；籽粒内部饱和水蒸气分压力和蒸发面上方的水蒸气分压力之差随干燥进程的变化及径向分布如图 4-20 所示。

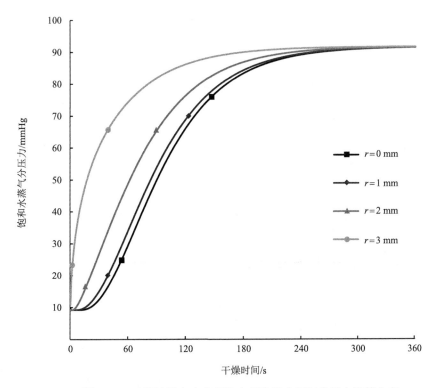

图 4-13　干燥过程中小麦籽粒内部饱和水蒸气分压力及其分布

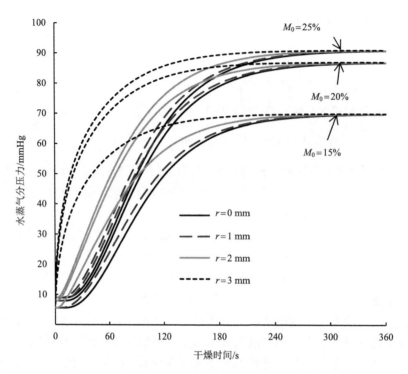

图 4-14 不同含水率状态下小麦籽粒内部蒸发面上方水蒸气分压力及其分布

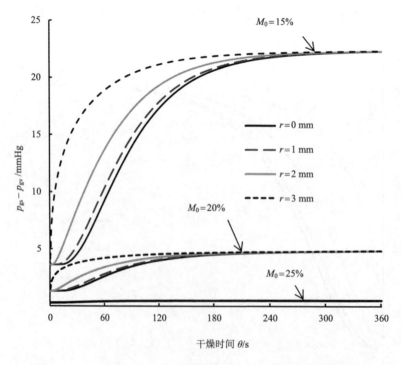

图 4-15 籽粒内部饱和水蒸气分压力与蒸发面上方水蒸气分压力之差（$p_{gs} - p_{gv}$）及其分布

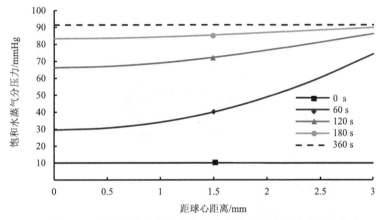

图 4-16　干燥过程小麦籽粒内部饱和水蒸气分压力沿径向分布

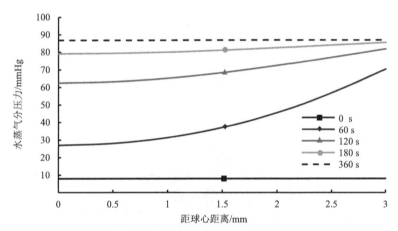

图 4-17　干燥过程小麦籽粒内部蒸发面上方水蒸气分压力沿径向分布

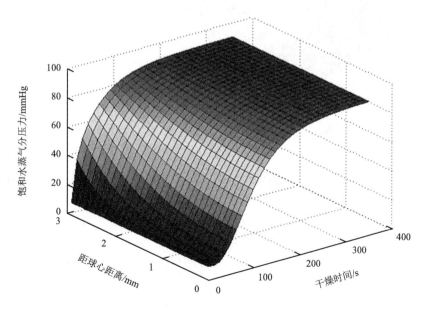

图 4-18　籽粒内部饱和水蒸气分压力随干燥进程的变化及径向分布（后附彩图）

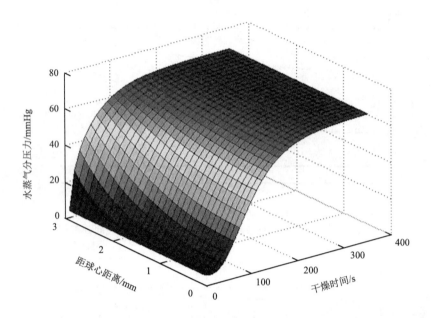

图 4-19　籽粒内部蒸发面上方水蒸气分压力随干燥进程的变化及径向分布（后附彩图）

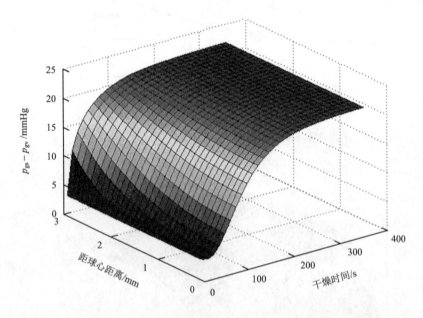

图 4-20　籽粒内部饱和水蒸气分压力及蒸发面上方的水蒸气分压力之差（$p_{gs} - p_{gv}$）随干燥进程的
变化及径向分布（后附彩图）

下篇
深床干燥解析法

　　粮食含水率在线解析是实现干燥过程动态跟踪和调控，提高干燥品质，降低能耗的重要技术手段之一。为了获得干燥过程中粮食的实时含水率，人们尝试应用了微波法、红外法、中子法、电容和电阻法等多种在线检测技术手段，但都未能有效地解决湿热、高粉尘及流动状态和处理工艺上的差异对检测精度及可靠性的影响问题。单纯依靠物理检测手段，很难通过实时在线测定出可靠的过程参数，比较有效且又实际的方法是通过模型解析揭示其变化规律。本篇基于深床干燥基础方程的分析解，以 4 种基本的干燥方式为对象，分析具体的过程特性和物理机制，讨论具体的过程特性、过程参数和无量纲的内在联系及其物理意义，给出针对特定干燥系统解析理论的应用及解析方法。

第 5 章　深床干燥基础方程及其求解方法

5.1　深床干燥理论研究概述

实际的深床干燥系统，既存在诸如大气条件、流动状态、机器工况变动、层内热风流线迂曲度变化、进粮水分不一等诸多不确定因素，也存在诸如深床干燥有效蒸发面积系数、传质系数、有代表性的排气温度、湿度测点等诸多难以通过物理检测手段得到精确测量的参数，加上动态变化的高温、高湿、高粉尘系统特征，完全依赖物理检测无法实现对干燥过程的精准调控，致使干燥过程调控至今一直局限在开环控制，难以摆脱经验操作。为了提高干燥品质、节能降耗，众多研究人员就干燥工艺技术装备进行了大量的试验研究，获得了很多有价值的试验数据，给出了各种粮食干燥物性特征参数、干燥特性计算公式，有了较为精确的平衡含水率计算模型，为解析深床干燥过程、设计工艺装备系统奠定了基础。但没有形成能够正确把握实际干燥过程的可靠的解析理论及方法，建立的稳态和非稳态干燥过程模型都有其适用的范围和条件，且很多研究并没有将其针对的系统解释清楚，试图获得的深床干燥过程分析解中的诸系数、参数无法真实地确定下来，难以有效地指导干燥设计和评价干燥效能。

van Meel 曾基于自由液面蒸发、介质湿球温度下的饱和含湿量，利用已知的相际传质系数，引入干燥特征函数，建立并求解物料蒸发、相际水分交换、介质增湿三者之间质平衡方程。1959 年桐荣良三基于 van Meel 的方法，解析粉体的一段降速干燥过程，1980年本桥国司基于 van Meel 的方法，解析稻谷的二段降速干燥过程。由于 van Meel 求解基础方程时，基于的是自由液面蒸发的饱和含湿量，质量守恒定律要求扩散流的积累和流失（随时间的变化率）必须保持一致，同时在干燥中，还必须与粮食蒸发分数保持平衡。显然，在不能精确掌握模型中的诸多特征参数的情况下，如比表面积、有效蒸发面积系数、干燥过程中的传质系数及与系统热损关联等众多参数，难以得到较为切合实际的计算结果，导致提出的解析方法至今也未能得到实际应用。

就解析深床干燥现象、评价干燥系统的效能而言，解析其干燥过程并不一定要预先知道反映物料失水、相际蒸发等的物理机制，可以通过系统中能够正确测量出的过程量、边界条件、初态和终态参数，正确地解析出干燥过程，揭示参数在实际干燥过程中的变化规律，也就是对过程发生的机制不做假设，只对干燥现象做高度可靠的解析，给出基础方程的分析解及其解析方法。

5.2　深床干燥过程特征

深床与单粒粮食、薄层干燥的区别在于介质在干燥层内是连续变化的，不能假设为恒定状态，干燥系统呈现以下显著的过程特征：①热风的状态是干燥时间、干燥层位置的函数；②干燥效果（品质、能耗、效率）同时受粮食和介质的流动特征、物性特征、干燥系统几何结构特征及干燥操作方式（连续、间歇、干燥缓苏比、风量谷物比）及工艺过程参数的影响；③层内介质的流动状态受外部通风方式（鼓风、引风等）和干燥系统几何结构、容积大小的影响；④相际之间的热质交换效果受深床通风工艺方式（放热系数等影响因素、物料与介质含湿量变化的物理机制、水分自由能、耗能结构）的影响；⑤在同样的物料和送风条件下，不同几何结构的深床干燥系统，干燥效率、干燥效果不一样；⑥粮食的外表面积随干燥进程而减小，导致实际干燥层厚度、孔隙率变小，引起流态和实际干燥时间变化；⑦实际的粮食干燥操作系统还存在大惯性（热惯性）、非线性等多种不确定扰动因素（进粮水分改变，送风条件变化、机器排粮工况不稳、环境介质波动等）；⑧干燥过程参数、状态参数、工艺特征参数及物性特征参数相互影响。经历的是在大惯性、非线性、多种不确定扰动因素并存的条件下，粮食与介质自发进行热质交换的过程，期间发生的机制复杂，粮食自身的形态、组态及干燥机内混杂着大量粉尘的介质条件实时变动，很难通过物理检测手段获得精确状态参数变化及其分布，实时调控干燥过程，致使干燥控制一直徘徊在依赖检测出机粮水分，凭借经验手动监控及开环调控的水平，不能对应进粮水分改变、后段供热及送风条件变化、机器排粮工况不稳、环境介质波动而给出机粮造成很大水分差异的现实情况。如何得到粮食实时的在线水分值并实施有效、可靠的控制是需要深入研究的应用技术基础问题。

粮食之所以能被干燥是因为粮食和介质之间存在能够使水分出入的不平衡势，这个不平衡势包含了内外温差、浓度差、压差等。在水分以气态形式扩散的条件下，一般被统一归结为内外的水蒸气分压力之差。由于水分从粮食中迁出时，必须克服内部阻力运动到粮食表面，到达籽粒外表后的水分，则不再受物料的限制，可以在任何温度条件下迁移，蒸发速率也完全取决于介质的状态，即介质的温度、含湿量及流动的状态。当水分蒸发消耗汽化潜热完全来自介质的显热时，水分汽化的速率便要取决于介质放热的情况、水分迁移的动力即介质湿球温度下的饱和水蒸气分压力与介质中的水蒸气分压力之差。由于干燥空气可以作为理想气体来处理，可以认为水分迁入空气时，与干空气的组成成分无关，只取决于蒸发温度和空气的含湿量。可见，界定粮食干燥中水分运动的方向，首先要弄清第4章介绍的粮食及介质的状态及其中的水蒸气分压力。

由于水从液态汽化时的蒸气压等于其汽化温度下的饱和蒸气压，对应粮食内部水分蒸发温度的饱和蒸气压与粮食在平衡状态时，粮食内表面的水蒸气分压力之差就是水分在粮食内部迁移的动力势。这个势差乘以实际蒸发面到粮食内表面的水分迁移空间容积就是蒸发过程在粮食内部消耗的功，如果粮食在最大含水率状态时的蒸发水分占据的是整个蒸发面，实际蒸发面积值就可以用蒸发界面的几何面积乘以界内粮食的自由含水比来表达，这样所得到功在数量上等于粮食水分蒸发实际的自由能减小的量 w_{gv}，即干燥系统减少的内能中可以转化为对外做功（驱使水蒸气运动）的部分。等温等压汽化过程，也就是粮食在可逆热力学过程中，系统使水分发生集态变化，能够实现干燥目的的最大"有用能量"——干燥㶲。

干燥是发生在粮食与介质组成系统内部的自然现象，粮食和介质的状态规定着相际热质交换与传递，存在能够定量解析其过程强度的理论，因此，面对生产中的现实问题，建立和完善解析理论，从干燥特性表达和过程解析揭示深床干燥不确定条件参数间的内在联系及其在大惯性干燥系统内的响应规律是粮食干燥技术走向自适应控制的关键，具有较高的理论价值和重要的现实意义。

本章基于单粒粮食的干燥指数模型，通过系统分析粮食在深床下干燥呈现的热质交换与传递物理现象，对过程进行解析，由干燥质量平衡基础方程导出深床干燥无量纲，揭示深床干燥系统不确定条件参数间的内在联系及在干燥系统的响应规律，讨论深床干燥特性的表达方法，力求在详尽、深入地分析说明概念、特征参数、无量纲的由来和导出方法的基础上，求解深床干燥质平衡方程。

5.3   深层干燥特性表达

5.3.1   干燥物理模型

热风干燥按气流与粮食的流动方式划分，有顺流干燥、逆流干燥、横流干燥、静置层干燥、混流干燥等多种形式。顺流干燥、逆流干燥、横流干燥和静置层干燥几种基本形式的干燥物理模型如图 5-1 所示。

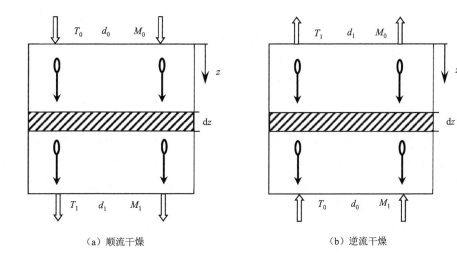

（a）顺流干燥   （b）逆流干燥

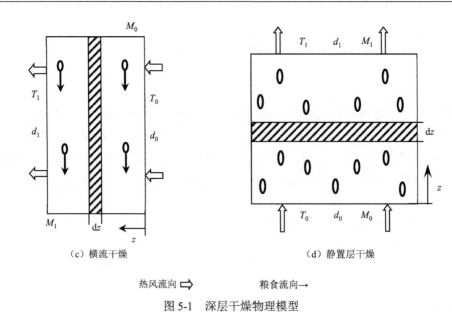

（c）横流干燥　　　　　　　　　（d）静置层干燥

热风流向 ⇨　　　　　粮食流向→

图 5-1　深层干燥物理模型

T_0 是进气温度/K；　d_0 是进气含湿量/(kg/kg)；　T_1 是排气温度/K；　d_1 是排气含湿量/(kg/kg)；
M_0 是进机粮含水率/%；　M_1 是出机粮含水率/%；　z 是干燥层厚度坐标/m

5.3.2　数学表达式的导出

　　深床干燥层内的介质状态连续变化，不同位置上的物料条件及其接受的干燥条件不一样。由于深床干燥，粮食水分汽化、蒸发、迁移主要消耗系统的热能，粮食和介质流动状态稳定，影响其系统状态变化的主要因素仍然是干燥温度和湿度。单一籽粒是构成粮食干燥层的基本要素，无论它处在干燥层内的哪个干燥层面，即便是同一层面上的个体也存在个性状态差异，其单一籽粒的干燥特性仍然服从指数模型（或者球模型），基于指数模型能够作出相应的理论解析并能比较准确地表达粮食的二段降速干燥过程。围绕指数模型及其模型中参数的物理意义，已有大量的研究文献，几乎被应用于解析所有农业物料的干燥过程，表明基于指数模型能够得到正确表达干燥过程的事实已在业内达成共识。不论粮食对应何种能够接纳其蒸发水分的介质状态，其降速干燥过程都可以用指数模型表达，所以，在干燥层内存在物性差异、自身干燥状态参数差异、接受的干燥介质条件差异、流动特征差异等影响干燥室干燥性能的各种因素，或者说在不同位置干燥速率不等而去水规律都服从指数模型的同种类的粮食，构成的干燥层的总体平均干燥速率，必然服从一个待定的指数模型（有界区间内的一致连续函数）。在此，把深床干燥系统（干燥室）作为一个整体，基于状态函数表征其状态变化的综合特征，必然也可以用一个待定的指数模型来表达。总而言之，单粒粮食的干燥特性服从指数模型，存在个性差异的群粒构成的薄层干燥服从指数模型，那么，由一群服从指数模型的薄层堆积成的深层干燥特性也必然存在具有普遍意义的，能够表征其综合去水特征的指数模型。即

$$y_i = A_i e^{-k_i\theta}, \quad \sum_{i=1}^{n} \ln \frac{y_i}{A_i} = \left(\sum_{i=1}^{n} -k_i\right)\theta$$

$$\sum_{i=1}^{n} \ln \frac{y_i}{A_i} = \ln\left(\prod_{i=1}^{n} \frac{y_i}{A_i}\right) = \left(\sum_{i=1}^{n} -k_i\right)\theta$$

$$\ln\left(\prod_{i=1}^{n} \frac{y_i}{A_i}\right)^{\frac{1}{n}} = \left(\sum_{i=1}^{n} -\frac{k_i}{n}\right)\theta$$

$$\frac{\sum_{i=1}^{n} \ln \frac{y_i}{A_i}}{n} = \frac{\ln \prod_{i=1}^{n} \frac{y_i}{A_i}}{n} = \left(\sum_{i=1}^{n} -\frac{k_i}{n}\right)\theta \tag{5-1}$$

令 $\left(\prod_{i=1}^{n} \frac{y_i}{A_i}\right)^{\frac{1}{n}} = \Phi$，那么，$\Phi$ 就是基于薄层干燥指数模型，是表达深床干燥平均自由含水比变化的特征函数：

$$\Phi = \exp\left[\left(\sum_{i=1}^{n} -\frac{k_i}{n}\right)\theta\right] \tag{5-2}$$

式中，k_i 是干燥系统的特征参数，是表征干燥层内物料平均去水特征的常数，它与粮食的种类、干燥温度和湿度有关。对于特定系统存在依存系统条件 k_i 的固有特征函数，对应特定的条件，k_i 是确定的常数。平衡含水率也是温度和湿度的函数，这些参数（系统放热特征、蒸发特征）受影响系统内部放热及相际接触面积的所有相关因素（工艺方式、干燥室结构特征、物性变化、流态等）的影响。不同的深床干燥系统其值也不一样，要通过试验才能获得。

5.4　深层干燥系统状态参数变化特征

为了正确表达深床干燥模型，并且能够反映深床干燥的实际过程，从理论和实践结合上建立实用的质量平衡方程，而不是基于理想的物料状态、理想的最大吸湿含水率、理想的有效蒸发面积的假设，需要进一步考察深层干燥过程参数与系统特征量之间的内在联系及其计算方法，清楚地区分状态参数、工艺结构特征参数、条件参数、过程量与扰动因素及它们之间的联系。下面讨论这些固有特征参数的取得方法，揭示它们与过程量、操作条件及状态平均特征之间的内在联系，求解得到其客观、真实的理论解析式。

5.4.1　状态参数变化及干燥热效率

在干燥系统内部粮食的去水量等于介质的增湿量，当粮食水分蒸发消耗的汽化潜热和粮食升温、蒸发出的水分升温、介质惯性流动功损及干燥室散热热损完全来自进入系统中

（・ 106 ・ 粮食干燥解析法）

介质的显热时，在定压状态下，干燥介质从加热器中获取的热量全部体现在自身焓的变化上。假设把环境介质从状态点 0 等湿加热到状态点 1 后，进入干燥系统，自发地与粮食进行热质交换并在状态点 2 排出系统，介质状态则经历如图 5-2 所示的变化过程。在定压状态下，干燥介质从加热器中获取的热量体现在介质自身焓的变化量，干燥自然空气在加热器中获得的热量 $q = h_1 - h_0$，此部分能量主要消耗在：①介质经过干燥器时的热损 $q_x = h_1 - h_2$，包括粮食升温吸热、机壁散热、水分蒸发带入的显热、机内介质惯性流动的热损等；②水分蒸发耗热 $q_v = h_2 - h_2'$；③排气热损 $q_p = h_2' - h_0$。在把干燥完全归结为人为供热而产生的结果时，则干燥系统热效率被表示为 $\eta_q = \dfrac{h_2 - h_2'}{h_1 - h_0}$，即

$$\eta_q = \frac{t_{12} - t_2}{t_1 - t_0} \tag{5-3}$$

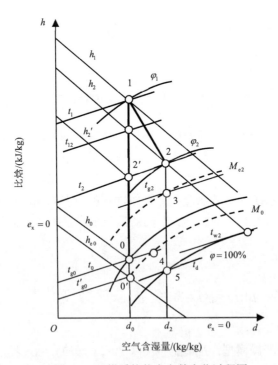

图 5-2　干燥系统状态参数变化过程图

h、t、d、φ 分别为空气的比焓、温度、含湿量、相对湿度，下标 0 表示初态和环境态，1 和 2 表示干燥器进、出的状态，3 是干粮状态点，4 是湿粮状态点，5 是露点，$e_x = 0$ 为零烟基准线，t_g、M_e、M_0 分别表示粮食温度、平衡含水率、初始含水率，h_{e0} 是零烟基点

　　热效率是评价粮食干燥系统性能的主要指标，干燥室热效率与过程条件、操作参数（排粮速度、干燥时间）有关，不是一成不变的量，它除与机械结构设计、工艺方式、通风参数配置等诸多因素有关外，还与粮食的含水率状态、温度等物性因素有关，但干燥系统存在最大热效率，从状态参数图分析可见，在确定的通风条件下，实际干燥系统的最大热效率发生在介质完全丧失干燥能力而粮食又未被吸湿的最终状态点上，此点就是干燥系

统的临界点，也就是对应干燥温度、湿度条件的最佳风量谷物比。由此计算出任何干燥条件下，干燥能耗最小、效率最高的的风量谷物比。并在保证出粮水分的前提下，依此来调整风机的转数。正确评价干燥系统的热效率，对实现高效节能干燥，实现干燥系统自动控制，具有重要的现实意义。在实际干燥机上，利用高湿粮食并正确检测进风温度，通过调控风量、粮食流速改变风量谷物比和干燥时间，通过检测排气温度，用该参数反算进气理论过程的温度，由 $\eta_{\max} = \dfrac{t_{12} - t_{w2}}{t_1 - t_0}$ 计算出干燥室的最大热效率，进而评价干燥系统的能量利用效率。

理想的最大热效率，是介质干燥系统处在饱和状态时，排气温度到达饱和温度 t_{w2} 时的状态点，也就是系统内粮食所能实现的最大极限去水量的状态点。对应输入干燥系统的粮食和介质条件，能够按照粮食的干燥特性，计算出 t_{w2}，而评价实际干燥过程，需要通过实地试验真实地检测出实际干燥系统的排气最大含湿量，以实际系统所能达到的排气最大含湿量与进风介质的含湿量差，真实地反映出干燥层内物料通过相界面交换的水分量，基于实际系统的最大排气含湿量，确定出沿等焓过程的实际进气温度 t_{12}，计算得到 t_{w2}，通过 t_{12} 与实际进风温度的差值、实际的最大增湿量与 t_{w2} 下的理论增湿量差，来评价实际干燥系统的能效。

5.4.2　排气饱和温度

设进风温度为 t_1，由此计算出的理论过程进风温度为 t_{12}，环境介质的定压比热为 c_p，以干燥室最小热损折算出的湿粮升温比热为 c_{gz}（粮食升温热损，蒸发水分升温热损不可避免，散热、流动工损和热损等可以通过设计避免，所以，影响深床干燥效率极限值的综合因素可归结成粮食升温吸热，并把其他热损全部折算成粮食升温热损来表达，称之为干燥室热损比热），用符号 π 表示风量谷物比，此时对应最大热效率 $\eta_{\max}$ 时的排气温度在 t_{w2} 的等温线上，于是，存在下列的热平衡式：

$$\eta_{\max} = \frac{c_p(t_1 - t_{w2}) - c_{gz}(t_g - t_{g0})/\pi}{c_p(t_1 - t_0)} \tag{5-4}$$

由此得

$$t_{w2} = t_1 - \eta_{\max}(t_1 - t_0) - \frac{c_{gz}(t_g - t_{g0})}{c_p \pi} \tag{5-5}$$

式中，$c_p(t_1 - t_{w2})$ 是 1kg 热风的显热，$c_p(t_1 - t_0)$ 是 1kg 热风携带的总热量，$c_{gz}(t_g - t_{g0})/\pi$ 是 1kg 热风的显热消耗在 $\dfrac{1}{\pi}$ kg 粮食上的热量。

计算消耗在干燥室的热损时，可以用干燥室热损比热 c_{gz}，$c_{gz} = c_g\left(1 + \dfrac{\Delta s_3}{\Delta q_g}\right)$（$\Delta s_3$ 为除粮食外的其他热损，$\dfrac{\Delta s_3}{\Delta q_g}$ 为其他热损占粮食升温热损的热量倍数）。

由此得到的热平衡式：

$$t_{w2} = t_{12} - \eta_{max}(t_{12} - t_0) - \frac{c_{gz}}{\pi c_p}(t_g - t_{g0}) \tag{5-6}$$

按照比焓和含湿量算式，基于 t_{12} 计算干燥室无热损且排气湿度 100%时的排气温度 t_{w2}。在 0.1 MPa 时的汽化潜热系数与蒸发温度之间存在式（5-7）的关系。

$$\gamma = -2.42t + 2500 \tag{5-7}$$

$$h = 1.005t_{12} + d_0(2500 - 2.42t_{12} + 1.86t_{12}) = 1.005t_{w2} + d_2(2500 - 2.42t_{w2} + 1.86t_{w2})$$

$$d_2 = \frac{1.005(t_{12} - t_{w2}) + d_0(2500 - 0.56t_{12})}{(2500 - 0.56t_{w2})}$$

$$d_2 = 0.622 \frac{\exp\left(18.7509 - \dfrac{4075.16}{236.516 + t_{w2}}\right)}{760 - \exp\left(18.7509 - \dfrac{4075.16}{236.516 + t_{w2}}\right)}$$

$$\frac{1.005(t_{12} - t_{w2}) + d_0(2500 + 1.86t_{12})}{(2500 + 1.86t_{w2})} = 0.622 \frac{\exp\left(18.7509 - \dfrac{4075.16}{236.516 + t_{w2}}\right)}{760 - \exp\left(18.7509 - \dfrac{4075.16}{236.516 + t_{w2}}\right)}$$

$$令\ y_1 = \frac{1.005(t_{12} - t_{w2}) + d_0(2500 - 0.56t_{12})}{(2500 - 0.56t_{w2})},\quad y_2 = 0.622 \frac{\exp\left(18.7509 - \dfrac{4075.16}{236.516 + t_{w2}}\right)}{760 - \exp\left(18.7509 - \dfrac{4075.16}{236.516 + t_{w2}}\right)}$$

用两个函数式分别表示 t_{w2}，绘制出的两条曲线的交点即为 t_{w2} 的值。

5.4.3　干燥常数

热风干燥，粮食的去水速率服从扩散模型 $-\dfrac{dM_d}{d\theta} = k(M_d - M_e)$，在此 k 表征的是特定干燥系统内物料的平均特征，对于几何结构确定，干燥室容积 V 一定的干燥器，可通过实际测定进、出干燥室的介质和粮食条件，由 $-\dfrac{dM_d}{d\theta} = k(M_d - M_e)$ 模型得到 k 与系统内的定性温度及定性湿度之间的对应关系。在此，要特别强调 k 是特定系统的特征量，它与干燥系统的几何结构（容积）、工艺方式（粮食和介质流动、干燥缓苏比、风量谷物比）、粮食和介质条件（温度、含湿量）等有关，表征的是系统特有的平均特征，与干燥系统容积 V 内温度、湿度分布状况、变化的过程无关。它是取决于干燥系统定性温度、定性湿度的特征量，即使干燥层内介质的温度、湿度沿层厚分布完全相同，进、排气等条件完全相同，干燥工艺不同时 k 值也不一样，因为在扩散模型中还有时间坐标。k 表征去水过程，同时反映过程的强度，它是强化干燥过程、加快干燥进程所采取的技术措施作用效果的主要度量或评价指标之一。影响 k 的因素较多,但去水是干燥系统的目的,耗热只是加快其干燥进程的投入之一,主观热量利用的程度及效果与工艺结构特征、操作条件密切相关,工艺结构特征确定后,主要影响其过程发展的是温度和含湿量,流动速度变化的影响可以忽略不计,因此,把 k 作为干燥系统热、湿条件参数的函数,通过试验获得在特定系统内的变化规律,在理论和实践上都可行,也是实现干燥过程自适应控制必须完成的实地试验测试工作之一。

5.4.4　定性平衡含水率参数

粮食的平衡含水率取决于介质的温度、湿度条件,它是对应特定的温度、湿度条件干燥所能进行的极限,是界定物料中的自由水分含量的基准。在深床干燥过程中,层内干燥介质的状态连续变化,在不同的床深位置上,粮食的平衡含水率不同,干燥速率也不一样,但都与所处位置上的介质条件对应有确定的值,并且干燥速率都服从扩散模型,自由含水比的变化也能表达为指数模型的形式,那么,基于扩散模型或指数模型,便可得到表征深床总体平均干燥特征的定性平衡含水率,这样对应特定的深床干燥过程的平衡含水率,就是确定的常数,称为定性平衡含水率,其值取决于深床干燥系统的定性温度和定性湿度。对应干燥系统,只要确定出某一确定位置上的粮食含水率随干燥时间的变化规律,基于干燥常数和粮食的自由含水比,就可以确定出干燥层内实际在相际交换的水分量,获得粮食深床干燥过程的分析解。

5.4.5　定性温度和定性湿度

深床干燥表现的现象,是不同床深位置群粒物料的共同去水特征,表达其干燥特性的模型中及其量纲中都含有物料的干燥常数 k 和平衡含水率 M_e,干燥常数 k 和平衡含水率 M_e 随介质的温度和湿度而变化。由于层内不同床深位置上的介质温度、湿度不同,物料条件也存在差异,干燥常数 k 和平衡含水率 M_e 也不一样。为了揭示深床干燥特性,必须正确把握输入系统粮食和介质的条件,对应系统的扰动特征,确立能够客观、真实反映这些条件参数的平均值,并把它当作常数处理,即定性温度和定性湿度。

5.5　深床干燥基础方程

深床干燥系统内的每一个状态参数(粮食和介质),都从某一个角度描述了系统某一个方面的宏观性质,但是这些状态参数并非全部独立,而是相互影响、存在严格的内在联系。在干燥系统内,由于存在粮食与介质间的温度差、相际存在水蒸气分压力之差,而发生相互热质交换,引起系统中粮食和介质的状态发生变化,使存在于系统中的干燥不平衡势减小,最终完全消失,系统相应地达到粮食和介质终态条件对应的平衡含水率状态,由于干燥介质可以看作理想气体,对应某一种特定的粮食,其干燥系统的独立状态参数也就只有两个,即能够引起深床干燥系统状态变化的独立因素只有两个,选定温度和湿度就完全确定了深床干燥系统的状态，其他的参数，如焓、熵、烟、平衡含水率、干燥常数都是状态函数。粮食和介质的流动方式与工况，以及机械结构、处理工艺上的差异，如连续、间歇、干燥缓苏比、风量谷物比、流动速度等过程参数，都是为粮食和介质相际热质交换营造干燥环境的主观行为因素，主要影响设计系统的性能，这些影响系统性能及系统中的不确定扰动因素在这些参数间的响应规律，都可以从系统内参数间的制约关系或用状态函数来表达。

5.5.1 质量平衡基础方程

1. 粮食水分蒸发量

深床干燥系统是有确定边界、确定容积的干燥系统，在该容积控制系统内，单位容积内的粮食在单位时间内蒸发的水分量等于 $\rho_b(-\frac{\partial M_d}{\partial \theta})$ ，其中 ρ_b 是绝干粮食的堆积密度（kg/m³）；M_d 是粮食的干基含水率（%）；θ 是干燥时间（h）。

2. 相际交换的水分量

基于相际水分交换，单位容积内的粮食在单位时间内蒸发的水分量 $\rho_b(-\frac{\partial M}{\partial \theta})$ 等于单位容积内的有效蒸发面积在单位时间交换的水分量。相际的有效接触面积等于 $\gamma \cdot a$。γ 是有效蒸发面积系数，其值等于实际蒸发面积与颗粒的外表面积之比，a 为粮食的比表面积（m²/m³）。假设相际的传质系数为 μ，单位是 kg 水/(h·m²)，相际接触面上的蒸发速率等于 $\mu \gamma a(d_{max} - d_0)f(\phi)$。$d_0$ 是介质进入干燥室时的含湿量（kg 水/kg 干空气）；d_{max} 是在实际干燥过程中排气含湿量的最大值（kg 水/kg 干空气），对于特定的粮食在特定的干燥工艺系统中，d_{max} 是确定的常数，其变化区间为 $[d_0, d_{w2}]$，d_{w2} 是排气的饱和含湿量（kg 水/kg 干空气）；对于特定的干燥系统，$d_{max} - d_0$ 则就是干燥系统排气的最大增湿能力。在一次特定的试验条件下测出系统对应的 d_{max} 后，按照进粮水分、送风条件，基于指数模型与相际蒸发平衡关系，即可确定出粮食在 $[M_e, M_s]$ 范围内，任意 M_0 下的最大去水速率，或者干燥介质在 $[d_0, d_{w2}]$ 内的特定系的最大增湿能力为 $d_{max} - d_0$；$f(\phi)$ 为干燥速率特征函数，表达的是即时水分蒸发分数与最大水分蒸发分数之比，即 $\frac{d - d_0}{d_{max} - d_0}$。干燥进程的变化规律，即粮食的自由含水比与其最大自由含水比之比，其数学表达式为 $f(\phi) = \frac{\phi}{\phi_{max}}$，$\phi$ 是粮食的自由含水比，变化区间为 $[0,1]$；ϕ_{max} 是粮食的最大自由含水比，其值等于 1，由此，得到关系式（5-8）：

$$f(\varphi) = \varphi = \frac{M_d - M_e}{M_0 - M_e} = \frac{d - d_0}{d_{max} - d_0} \tag{5-8}$$

3. 介质的增湿量

介质的增湿量等于单位时间内通过单位干燥床层面积的绝干介质的质量流量 g_0 [kg 干

空气/ (m²·h)]与其流经容积控制体前后的含湿量差之积。向图 5-1 所示的干燥室内，通入温度为 t_0，含湿量为 d_0 的干燥介质，假设绝干粮食的堆积密度为 ρ_b（kg/m³），干燥床层面积为 S(m²)，单位时间内通过单位干燥层床面积的绝干介质的质量流量为 g_0[kg 干空气/ (m²·h)]。基于粮食干燥、相际水分交换、介质增湿三者间的质量平衡，可得到基于容积控制的干燥系统质量平衡微分式（5-9）：

$$\rho_b\left(-\frac{\partial M_d}{\partial \theta}\right)\mathrm{d}v = \mu\gamma a(d_{max}-d)f(\varphi)\mathrm{d}v = g_0\frac{\partial d}{\partial z}\mathrm{d}v \qquad (5\text{-}9)$$

在确定的干燥系统，床层通风断面面积与干燥层厚度 z（干燥床深位置）之间，存在由设计的几何结构规定的确定关系，即 $S = f(z)$ 是确定的已知条件，此时 $\mathrm{d}v = \mathrm{d}[zf(z)]$；因此质量平衡微分式（5-9）又可表示为式（5-10）：

$$\rho_b\left(-\frac{\partial M_d}{\partial \theta}\right)S\mathrm{d}z = \mu\gamma a(d_{max}-d)f(\phi)S\mathrm{d}z = g_0\frac{\partial d}{\partial z}S\mathrm{d}z \qquad (5\text{-}10)$$

对于单位床层面积的深床干燥过程可直接表达为式（5-11）：

$$\rho_b\left(-\frac{\partial M_d}{\partial \theta}\right)\mathrm{d}z = \mu\gamma a(d_{max}-d)f(\phi)\mathrm{d}z = g_0\frac{\partial d}{\partial z}\mathrm{d}z \qquad (5\text{-}11)$$

式中，z 为干燥层厚度坐标（m）；$\phi = \dfrac{M_d - M_e}{M_0 - M_e}$，$M_0$ 是依据风量谷物比及介质条件计算出排气相对湿度等于 100%时进粮理论含水率（%）；M_e 是粮食与其离开干燥层时的介质条件对应的干基平衡含水率（%）。

流经干燥层后的介质，在理论上所能到达的最大排气含湿量是与温度为 t_{w2}、物料的平衡含水率为 M_0 时的介质状态点上的含湿量，按照 5.3.2 的解析方法可以解析出该理论状态点，且是取决于物料初始含水率和进风介质初期条件的确定点，把该状态点上的介质含湿量记为 d_{w2}（kg 水/kg 干空气），只有深层内介质的实际含湿量 $d < d_{w2}$ 时，介质才具有干燥能力。对于特定的干燥系统，可通过实地检测，测定干燥设备的真实排气温度和相对湿度，计算出实际排气的含湿量，核准其干燥过程中的排气含湿量最大值，通过与理论值比较来评价干燥工艺系统设计及装置性能的优劣。

5.5.2　深层最大平均去水速率

单粒粮食在薄层下的干燥速率可以用水分扩散模型 $-\dfrac{\mathrm{d}M_d}{\mathrm{d}\theta} = k(M_d - M_e)$ 解析，k 为干燥常数（h⁻¹）。在风速及干燥介质温度、湿度恒定的条件下，对扩散模型求积分 $\int_{M_0}^{M_d}\dfrac{\mathrm{d}M_d}{M_d - M_e} = \int_0^\theta -k\mathrm{d}\theta$ 得到指数模型 $\dfrac{M_d - M_e}{M_0 - M_e} = \mathrm{e}^{-k\theta}$。水分扩散模型 $-\dfrac{\mathrm{d}M_d}{\mathrm{d}\theta} = k(M_d - M_e)$ 中的 M_e 是粮食对应干燥条件最终趋向的平衡含水率。由于平衡含水率取决于介质的定性温度和定性湿度条件，对应特定干燥系统的送风条件是确定的常数，k 又是系统的特征参数，也是取决于特定系统中定性温度和定性湿度条件，对应定性温度和定性湿度 k 也是确定的常数，那么在自由含水比 ϕ 的变化值区间[0，1]，干燥层内物料的平均去水速率的最大值在理论上必然是发生在自由含水比最大点，即

$$\left(-\frac{\mathrm{d}M_{\mathrm{d}}}{\mathrm{d}\theta}\right)_{\max}=k(M_0-M_{\mathrm{e}})\qquad(5\text{-}12)$$

5.5.3　干燥无量纲

深床干燥是在诸多复杂因素的影响下进行的，诸如粮食产后生化机制、内部的传热传质过程动力与过程阻力、干燥层内物料真实的有效蒸发面积、流动过程中的孔隙率、干燥过程体积收缩引起流动速度、实际干燥时间或干燥层厚度变动，送风系统不稳定引起介质状态变化、风量波动，动态过程中真实的排气温湿度等揭示过程所需的参数，不仅无法实现在线正确测量，而且作为变量直接代入基础方程也无法求出其分析解。为了获得深床干燥过程的分析解，揭示干燥层内的水分分布，解决实现干燥自适应控制必需的在线理论解析，必须从错综复杂的深床干燥物性特征、工艺结构特征、过程特征入手，确立其定性温度、定性湿度、定性结构参数值，建立特征参数间的内在关联关系，将影响干燥过程、尚无法在线测量的主要物理量组合成无量纲，并依此作为求解基础方程的条件。

1. 层厚无量纲

影响深床干燥的因素很多，传统的评价、调控干燥系统，主要依赖性能试验检测，要做到相对客观、公正的评价，试验的工作量巨大，以致难以实现。即使进行了大量的试验，在整理试验数据时也将因变量太多，难以得到一个具有普遍意义的较为精确的经验公式。在此，把干燥系统中众多的变量组成几个数群，即无量纲量。每一个无量纲量反映一个方面的情况，从而把变量变换成几个无量纲量的函数式。这样从特定试验得到的数据，有可能揭示出在一定场合下深床干燥的普遍规律，为干燥设计及过程调控提供技术基础支撑。

基于基础方程式（5-11），得到单位容积内相际的水分交换量与介质增湿量平衡微分式：

$$\mu\gamma a(d_{\max}-d)f(\phi)\mathrm{d}z=g_0\frac{\partial d}{\partial z}\mathrm{d}z\qquad(5\text{-}13)$$

任取一个厚度为 z（m）的干燥层，假设进入该层的介质含湿量为 d_0，$d_{\max}$ 是干燥层内介质的接纳水分的能力，等于介质穿越干燥前的含湿量与其穿越干燥层后的增湿量之和。排气含湿量为 d_z，那么，单位时间从单位容积内相际接触面积上蒸发出的水分量与同时流过该单位容积的风量携带走的水分量相等，即存在 $\mu\gamma a(d_{\max}-d)f(\phi)=\frac{g_0}{z}\Delta d$ 的质平衡关系式。令对应层厚 z 位置的介质接纳水分的能力为 d_z，则 $\Delta d=d_z-d_0$，于是得到 $\frac{\mu\gamma a}{g_0}z=\frac{d_z-d_0}{d_{\max}-d_0}$ 的无量纲关系式，定义为 η，称 η 为层厚无量纲，即

$$\eta = \frac{\mu \gamma a}{g_0} z \tag{5-14}$$

2. 时间无量纲

深床干燥单位容积内物料的最大去水速率为 $\rho_b k(M_0 - M_e)$，它也是该单位容积内的有效相际接触面积上的最大蒸发速率，即 $\mu \gamma a(d_{max} - d_0)f(\phi)$，物料的含水率为 M_0 时 $\phi = 1$，得到关系式 $\rho_b k(M_0 - M_e) = \mu \gamma a(d_{max} - d_0)$。若把深床干燥看作一个容积控制单元，这个容积单元在 θ 时间内的传递交换的总水分量服从 $\rho_b k(M_0 - M_e)\theta = \mu \gamma a(d_{max} - d_0)\theta$，于是得到关系式 $\dfrac{k\theta}{d_{max} - d_0} = \dfrac{\mu \gamma a \theta}{\rho_b(M_0 - M_e)}$。令 $\chi_0 = d_{max} - d_0$，χ_0 表示介质流过深床时所能达到的最大含湿量差（kg 水/kg 干空气），上面的关系式被改写成 $\dfrac{k\theta}{\chi_0} = \dfrac{\mu \gamma a \theta}{\rho_b(M_0 - M_e)}$，该等式的两端表达了同一个无量纲，在此定义为 τ，并称 τ 为时间无量纲，即

$$\tau = \frac{\mu \gamma a \theta}{\rho_b(M_0 - M_e)} = \frac{k\theta}{\chi_0} \tag{5-15}$$

上面的分析演化过程，是把深床干燥抽象成了一个几何控制体整体，控制体的总体去水速率，真实地表征干燥层内各单一籽粒的平均去水速率，完全符合深床干燥的实际情况，对于机械几何结构确定的干燥系统，只要对应其几何体，基于指数模型和实际运行工况，实地测试出粮食在该控制体内的 k，基于已知的物料平衡含水率模型，解析出粮食在该控制体内最终所能到达的平衡含水率（实际上就是对应进风条件的物料平衡含水率，单位为%），就能获得以上深床特定干燥系统的特征参数及无量纲。

3. 容积无量纲

在特定的干燥机上，干燥室容积和干燥层厚度是确定的机械几何结构参数，假设干燥室内的平均通风面积为 S，干燥室的几何体积为 V，干燥层总深度为 Z，那么，$S = V/Z$ 就是确定的常数。对应干燥系统小时送风量 G_0（kg 干空气/h），那么，单位干燥床层面积上的送风量 $g_0 = \dfrac{G_0}{S} = \dfrac{ZG_0}{V}$[kg 干空气/(h·m²)]。

基于质平衡方程式（5-9），单位容积内粮食蒸发水分量与介质增湿量相等，即 $\rho_b(-\dfrac{\partial M_d}{\partial \theta})dv = g_0 \dfrac{\partial d}{\partial z}dv$。当 g_0 趋向无穷大时单位介质的增湿量趋近于 0，最大增湿量则趋向于对应物料初期水分状态的介质平衡温度、湿度。因此，深床干燥合理的风量谷物比（或最小风量谷物比）应是相对应特定干燥容积内的最大平均去水速率，设计的风量谷物比小于该值时，单位去水量的通风能耗增加；大于该值时（温度高而湿度低），介质的排气热损增大，系统的热效率降低。假设物料进、出容积等于 V 的干燥室时的含水率分别为 M_i 和 M_z（%）；介质的质量流量为 G_0（kg/h）；介质进、出同一干燥室时的含湿量分别为 d_i 和 d_z（kg 水/kg 干空气）；粮食在干燥室内的干燥时间为 θ。那么，对应干燥层厚度 Z，

都存在 $\dfrac{\rho_b}{\theta}(M_z - M_i) = \dfrac{g_0}{Z}(d_z - d_i)$，把 $g_0 = \dfrac{ZG_0}{V}$ 代入后得到 $\dfrac{V\rho_b}{G_0\theta} = \dfrac{d_z - d_i}{M_z - M_i}$，在此定义为 π，并称 π 为容积无量纲，即式（5-16），它是单位时间内流入容积控制体内的绝干物质量与同时期内的送风的质流量之比（kg/kg）。

$$\pi = \dfrac{\rho_b}{G_0\theta}V = \dfrac{M_z - M_i}{d_z - d_i} \qquad (5\text{-}16)$$

式中，G_0 是送风量（kg 干空气/h）；V 是确定的结构参数（m³）；ρ_b 是特定干燥系统的物性参数（kg 绝干物/m³），它与物料的含水率有关；θ 是物料进出干燥室的时间（h），是由干燥操作条件确定的过程参数，它与物料含水率、物料在干燥机内的流动速度及行走的距离有关（其具体计算见第 6 章和第 7 章特定干燥方式下具体给出的解算方法）；M_i 和 M_z 是物料进、出容积等于 V 的干燥室时的含水率（%），它是干燥系统的状态参数，直接关系干燥系统的性能、能量利用效果，其值可通过试验客观、准确地测出，也可实时在线检测；d_i 和 d_z 是流量为 G_0 的介质进、出同一干燥室时的含湿量（kg 水/kg 干空气），它同样是特定干燥系统的状态参数。排气含湿量、实际送风量很难实时在线检测，它可以基于物质平衡，由粮食的含水率变化计算获得。可见，π 就是深床干燥系统的风量谷物比，它表示干燥系统内处理物料量与介质消耗量的相对大小。

影响深床干燥去水量的主要因素是介质的温度、湿度、风量和干燥时间，受介质在干燥层内流动速度变化的影响较小，一般可以忽略。在粮食与介质放热位置相同及通风方式相同的条件下，处在风量谷物比相等位置的物料去水特性具有相似性。对于特定干燥系统 π 就是系统的特征量之一。

由于水分从物料中迁出要通过介质带往外界，水分蒸发所需热量也是来自于介质，干燥层内物料与介质之间不论是热交换还是质交换，都存在方向性，因此，在风量谷物比相同的条件下，系统设计的工艺及结构特征、粮食与介质的运动方式、相对位置必然影响其干燥的效果。水蒸气与介质在比容上的差异，客观上决定了其自发运动的方向性；换热的形状、位置直接影响热运动的自发过程。通过工艺、机械几何结构、尺寸设计，改变通风方式，能够直接调控介质及粮食的流动方向，结合压力、风阻的变化特征，能够在可控条件下实现优质高效节能干燥。对于不同干燥工艺系统，在保证风量谷物比相等的条件下，人为付出的代价完全不同，所以，风量谷物比还不能单独作为直接评价干燥工艺系统性能优劣的指标。

5.5.4　湿粮密度和干燥时间

湿粮密度是其质量与其占据的空间几何体积之比，用符号 ρ_{bs} 表示，湿粮的质量由绝干物质和水分构成。把绝干物质部分定义为绝干固体密度分数，并用符号 ρ_b（kg/m³）表示；水分部分定义为湿粮密度水分分数，用符号 ρ_s（kg/m³）表示。于是有 $\rho_{bs} = \dfrac{m_{bs}}{V} = \dfrac{m_b}{V} \cdot \dfrac{100 + M_d}{100} = \rho_b \dfrac{100 + M_d}{100}$，得到绝干固体密度分数表达式（5-17）、空间几何体积表达式（5-18）、绝干固体质量表达式（5-19）：

$$\rho_b = \frac{100 \cdot \rho_{bs}}{100 + M_d} \tag{5-17}$$

$$V = \frac{100 m_{bs}}{\rho_b (100 + M)} \text{ 或者 } V = \frac{m_b}{\rho_b} \tag{5-18}$$

$$m_b = m_{bs} \left(\frac{100 - M_d}{100} \right) \tag{5-19}$$

式中，m_b 为湿粮中的绝干固体质量（kg）；M_d 为粮食的干基含水率（%）。

在不同含水率的深床干燥层内，ρ_b 的值不一样，它取决于物料的含水率和密度。对于特定的干燥系统，干燥层内物料的平均含水率是计算其密度的定性参数，而平均含水率可由进粮水分与出粮水分之差计算得出，对应通风介质条件和干燥机工艺结构设计特征参数，得到各层在总去水量范围内的贡献率，即各层的干燥分数，用总去水量乘以单层干燥分数得到单层去水量，进而由进粮水分依次递减，得到相应干燥层内的物料平均含水率（其具体计算方法见第 6 章和第 7 章特定干燥系统）。同样，由式（5-19）可知连续干燥系统内，任意粮食流道横截面上的湿粮的绝干物质流量均相等，即 m_b 是受排粮速度制约而不随床层厚度变化的深床特征量，所以，深床下即使各干燥层的厚度相同，由于含水率不同，改变了粮食的密度，使得高湿干燥层内粮食的流动速度高于低湿干燥层，导致粮食的干燥时间也随之发生变化。

干燥过程中单位时间内的排粮量 m_{bs}，可由变频器赫兹数对应的排粮速度实时计算出。单位时间内进出干燥室的绝干物质量 m_b 由小时排粮量（对应不同含水率状态下的粮食试验确定变频器赫兹数与转数排粮量间的传递关系）和出机粮含水率 M_2 求出，即 $m_b = m_2 \left(\frac{100 - M_2}{100} \right)$（kg/h），式中 m_2 是小时出机粮质量，M_2 是出机粮含水率（%）。

湿粮实际占据的空间容积及其孔隙率等都与其含水率有关，针对特定的粮食，在已知的含水率状态下（如国标规定的储藏水分为 13.5%）测出的孔隙率、密度并以此为基准，由试验得到体积、孔隙率、密度与含水率间的关系式，即可通过计算得到湿粮在不同含水状态时的密度 ρ_{bs}、绝干固体密度分数 ρ_b、孔隙率 ε 等与过程有关的参数值。

在式（5-17）中，对于特定品种的粮食，在不同干燥机内的 ρ_{bs} 对应含水率变化会有差异，为得到其真实变化规律，引入体膨胀系数 γ_v，试验测定出粮食在同等条件下的占据的空间容积，得出体膨胀系数 γ_v 随含水率增量的变化规律。然后在特定的干燥系统，用已知含水率为 M_y 的粮食充满干燥室，把此时的充填容积记为 V_y（测量出的实际体积，即设计体积），在干燥机正常作业的工况下，测定出充满干燥室的粮食的质量（静态充满后，由下端排粮，到最上端出现第 1 颗籽粒变动位置为止时的干燥室内的容量），并记为 m_y，由此得到特定干燥系统的 $\rho_y = \frac{m_y}{V_y}$，当含水率从 M_y 变为 M_d 后变化后，湿粮密度 ρ_{bs} 便可表示为

$$\rho_{bs} = \frac{m_{bs}}{V_{bs}} = \frac{m_y [1 - (M_d - M_y)]}{V_y [1 + (M_d - M_y) \cdot \gamma_v]} = \rho_y \frac{1 - M_d + M_y}{1 + \gamma_v (M_d - M_y)} \tag{5-20}$$

式中，ρ_y、M_y 是已知量；γ_v 是与含水率 M_d 存在确定对应关系的系数；这样就得到了粮食在任何含水率状态时干燥室内的充填密度 ρ_{bs}。

1 h 内流经干燥室的粮食的总容积和干燥时间满足：

$$\text{总容积：}\quad V_{bs} = \frac{m_{bs}}{\rho_{bs}} = \frac{m_b(1+M_d)}{\rho_{bs}} \tag{5-21}$$

$$\text{干燥时间：}\quad \theta = \frac{V_y}{V_{bs}} \tag{5-22}$$

式中，m_b 是取决于排粮速度的过程量（kg）；ρ_{bs} 是取决于粮食含水率的湿粮密度（kg/m³）；M_d 是由进、出干燥室的粮食含水率。

5.6　基础方程的求解方法

基于以上分析得到的干燥层厚无量纲 η，干燥时间无量纲 τ，定义自由含水比 ϕ 和它们的微分式（5-23）～式（5-25），把干燥质平衡式转化为无量纲表达式。

$$d\eta = \frac{\mu\gamma a}{g_0}\cdot dz \tag{5-23}$$

$$d\tau = \frac{\mu\gamma a}{\rho_b(M_0-M_e)}d\theta \tag{5-24}$$

$$d\varphi = \frac{dM_d}{M_0-M_e} \tag{5-25}$$

在式（5-11）中 $-\frac{\partial M_d}{\partial\theta}dz = \frac{\mu\gamma a}{\rho_b}(d_{max}-d_0)f(\varphi)dz$，令 $\chi = d_{max}-d$，χ 为干燥过程中介质的含湿量差（kg 水/kg 干空气）；代入后，得

$$-\frac{\partial M_d}{\partial\theta}dz = \frac{\mu\gamma a}{\rho_b}\chi f(\varphi)dz \tag{5-26}$$

由式（5-25）和式（5-24）得

$$\frac{\partial M_d}{\partial\theta} = \frac{\mu\gamma a}{\rho_b}\cdot\frac{\partial\varphi}{\partial\tau} \tag{5-27}$$

把式（5-27）代入式（5-26）得到干燥速率无量纲表达式（5-28）：

$$-\frac{\partial\varphi}{\partial\tau} = \chi f(\varphi) \tag{5-28}$$

由 $\chi = d_{max}-d$ 得到 $d\chi = -d(d)$，于是由式（5-13）得到关系式：

$$-\partial\chi = \frac{\mu\gamma a\chi f(\varphi)}{g_0}\partial z$$

由式（5-23）知 $\mathrm{d}z = \dfrac{g_0}{\mu \gamma a}\mathrm{d}\eta$ ，带入上式后得到关系式 $-\dfrac{\partial \chi}{\partial \eta} = \chi f(\phi)$ ，由此，得到深床干燥速率无量纲表达式（5-29）：

$$\frac{\partial \varphi}{\partial \tau} = \frac{\partial \chi}{\partial \eta} = -\chi f(\varphi) \qquad （5\text{-}29）$$

用 $\dfrac{\partial \varphi}{\partial \tau} = -\chi f(\phi)$ 对 η 求偏微分得自由含水比的 2 阶导数表达式 $-\dfrac{\partial^2 \phi}{\partial \tau \partial \eta} = \dfrac{\partial \chi}{\partial \eta} f(\phi) + \chi f'(\phi)\dfrac{\partial \phi}{\partial \eta}$ ，然后把 $\chi = -\dfrac{\partial \phi}{f(\phi)\partial \tau}$ 代入，并用 $\dfrac{\partial \phi}{\partial \tau}$ 替换 $\dfrac{\partial \chi}{\partial \eta}$ ，将方程的两边同时除以 ϕ 得到关系式：

$$-\frac{1}{f(\phi)}\frac{\partial^2 \phi}{\partial \tau \partial \eta} - \frac{\partial \phi}{\partial \tau} + \frac{f'(\phi)}{[f(\phi)]^2}\frac{\partial \phi}{\partial \tau}\frac{\partial \phi}{\partial \eta} = 0$$

即

$$\frac{\partial}{\partial \tau}\left(\frac{1}{f(\phi)}\frac{\partial \phi}{\partial \eta} + \phi\right) = 0$$

求积分得到深床热风干燥质量平衡通式（5-30）：

$$\frac{1}{f(\phi)} \cdot \frac{\partial \phi}{\partial \eta} + \phi = C \qquad （5\text{-}30）$$

式中， $f(\phi)$ 是干燥速率特征函数； C 是积分常数。

在干燥层内单一籽粒干燥过程服从指数模型时 $f(\phi) = \phi$ ，此时的基础方程（5-30）可解。若定义深床热风入口处粮食的自由含水比为 ϕ_i ，与粮食自由含水比变化区间 $[\phi_i, \phi]$ 相对应的干燥层厚度区间为 $[0, \eta]$ 。对方程（5-30）求积分得到深床干燥含水率分布通式（5-31）：

$$\int_{\phi_i}^{\phi}\left(\frac{C}{\phi(C-\phi)}\right)\mathrm{d}\phi = \int_0^{\eta} C\mathrm{d}\eta$$

$$\int_{\phi_i}^{\phi}\left(\frac{1}{\phi} + \frac{1}{C-\phi}\right)\mathrm{d}\phi = \int_0^{\eta} C\mathrm{d}\eta$$

$$\left[\ln\phi - \ln(C-\phi)\right]\Big|_{\phi_i}^{\phi} = C\eta\Big|_0^{\eta}$$

$$\ln\frac{\phi}{\phi_i} - \ln\left(\frac{C-\phi}{C-\phi_i}\right) = C\eta$$

$$\frac{\phi(C-\phi_i)}{\phi_i(C-\phi)} = \exp(C\eta)$$

$$\phi = \frac{C\phi_i \exp(C\eta)}{C - \phi_i + \phi_i \exp(C\eta)} \qquad （5\text{-}31）$$

式中， ϕ_i 为粮食在干燥层入口位置时的自由含水比。

式（5-31）可用来表达所有深床干燥过程，将其应用于解析特定深床干燥过程时，关键在于如何正确地确定出特定系统的积分常数 C，热风入口位置的自由含水比变化特征。

5.6.1　静置层深床干燥分析解

静置层干燥，在 $\tau=0, \eta=0$ 的干燥状态点，最湿粮食与最初热风相遇，在此状态点，$\phi=\phi_0$，$\dfrac{\partial \phi}{\partial \eta}=0$。代入式（5-30），得积分常数 $C=\phi_0$，在解析最湿粮食与最初热风相遇情况的深床干燥时，式（5-30）可被改写为 $\dfrac{1}{f(\phi)}\cdot\dfrac{\partial \phi}{\partial \eta}=\phi_0-\phi$。

对 ϕ 沿 η 求变上限积分，经过 τ 干燥时间后，层内的自由含水比分布在 $[0, \eta]$ 区间的取值区间为 $[\phi_i, \ \phi]$。

在最湿粮食与最初热风相遇的深床干燥情况下，在热风入口这一确定位置上的粮食干燥，服从单一籽粒或者薄层干燥模型，即在该确定位置上 ϕ_i 是干燥时间的单值函数，求下列积分式。

$$\int_{\phi_i}^{\phi}\left[\frac{\phi_0}{\phi\,(\phi_0-\phi)}\right]\mathrm{d}\phi=\int_0^{\eta}\phi_0\mathrm{d}\eta$$

$$\int_{\phi_i}^{\phi}\left[\frac{1}{\phi}+\frac{1}{\phi_0-\phi}\right]\mathrm{d}\phi=\int_0^{\eta}\phi_0\mathrm{d}\eta$$

$$\left[\ln\phi-\ln(\phi_0-\phi)\right]\big|_{\phi_i}^{\phi}=\phi_0\eta\big|_0^{\eta}$$

$$\ln\frac{\phi}{\phi_i}-\ln\left(\frac{\phi_0-\phi}{\phi_0-\phi_i}\right)=\phi_0\eta$$

$$\frac{\phi\,(\phi_0-\phi_i)}{\phi_i(\phi_0-\phi)}=\exp(\phi_0\eta)$$

由此，得到深层下粮食干燥自由含水比分布无量纲解析通式（5-32）：

$$\phi=\frac{\phi_0\phi_i\exp(\phi_0\eta)}{\phi_0+\phi_i[\exp(\phi_0\eta)-1]} \tag{5-32}$$

式中，ϕ_i 为在干燥层内粮食最先与热风相遇位置上的自由含水比，在确定位置上是干燥时间的单值函数，在热风入口位置的 $\chi=\chi_0$，代入式（5-28），求积分 $\int_{\phi_0}^{\phi_i}\dfrac{1}{\phi}\mathrm{d}\phi=\int_0^{\tau}\chi_0\mathrm{d}\tau$，得 $\phi_i=\phi_0\exp(-\chi_0\tau)$，代入式（5-32）得到式（5-33）：

$$\phi=\frac{\phi_0\exp(\phi_0\eta)}{\phi_0\exp(\chi_0\tau)+[\exp(\phi_0\eta)-1]} \tag{5-33}$$

由式（5-33）对 τ 求微分得到深层干燥速率解析式（5-34）：

$$-\frac{\partial \phi}{\partial \tau}=\frac{-\chi_0\phi_0^2\exp(\chi_0\tau)\exp(\phi_0\eta)}{[\phi_0\exp(\chi_0\tau)+\exp(\phi_0\eta)-1]^2} \tag{5-34}$$

分别对式（5-33）、式（5-34）在 η 层内求积分，得到平均自由含水比和平均干燥速率随层厚增加的变化规律表达式（5-35）和式（5-36）。

$$\bar{\phi} = \frac{1}{\eta} \int_0^{\eta} \frac{\phi_0 \exp(\phi_0 \eta)}{\phi_0 \exp(\chi_0 \tau) + \exp(\phi_0 \eta) - 1} \partial \eta$$

$$= \frac{1}{\eta} \cdot \ln[\phi_0 \exp(\chi_0 \tau) + \exp(\phi_0 \eta) - 1]\Big|_0^{\eta}$$

$$= \frac{1}{\eta} \cdot \ln\left\{ \frac{\phi_0 + [\exp(\phi_0 \eta) - 1]\exp(-\chi_0 \tau)}{\phi_0} \right\} \tag{5-35}$$

$$-\frac{\partial \bar{\phi}(\tau, \eta)}{\partial \tau} = \frac{1}{\eta} \cdot \frac{-\chi_0 \phi_0 [\exp(\phi_0 \eta) - 1]}{\phi_0 \exp(\chi_0 \tau) + [\exp(\phi_0 \eta) - 1]} \tag{5-36}$$

以上解析式,对于静置层干燥,由于热风首先在干燥层入口处与最湿的粮食相遇,此时的热风温度最高、粮食的含水率最高、干燥速度最大,此种情况下 $\phi_0 = 1$,但逆流干燥,热风在入口处与最干的粮食相遇,在干燥层出口处热风温度最低,而粮食的含水率最高,最大干燥速率不一定在热风入口或者出口的位置,ϕ_0 的取值及最大干燥速率状态点的确定方法不同于上述的 3 种情况,需要针对其特定的干燥系统,在特定的试验条件下,测定其进、出粮水分和进、出干燥室的介质状态(具体确定方法参见第 7 章)。

在式(5-29)中,粮食的去水速率与介质的增湿速率存在确定的对应关系。在控制体内物料的自由含水比随时间的变化率等于介质进、出干燥层时的增湿速率。对于静置层干燥,实际含水率高过此含水率时,存在单位时间内去水量恒定的干燥阶段;对于流动层干燥,意味着排气端存在物料不能干燥或者吸湿层,表明结构设计和系统工艺结构参数设计或操作制度不合理。干燥层内的最大去水速率发生在进粮水分的上限点,即干燥的初始状态,在干燥过程中粮食的自由含水比变化率是 $\frac{\partial \phi}{\partial \tau}$,这里的 $\frac{\partial \phi}{\partial \tau}$ 表示的是以无量纲表达的干燥速率,是干燥层厚度为微元 $\partial \eta$ 的干燥容积 $S \cdot \partial \eta$ 内粮食平均自由含水比变化的速率,干燥介质的状态变化是 $\frac{\partial \chi}{\partial \eta}$,是介质在 $\partial \tau$ 时间内运动 $\partial \eta$ 后的增湿量,ϕ 的变化区间是[0, 1],干燥时间 θ 的变化区间为[0, ∞],作为各式解析对象的初期条件:

(1)干燥初期($\phi_0 = 1$)含水率是与介质湿球温度对应的平衡含水率,即湿球温度下,相对湿度为 100%时的物料平衡含水率,ϕ 的变化规律已经被揭示,作为干燥最为关键的就是基于热质守恒条件下的参数间的关系。

(2)干燥控制体能够使排气相对湿度接近 100%(其影响因素包括:工艺操作条件,干燥时间,风量谷物比,结构尺寸、通风方式,通风温度、湿度),合理的控制方案应是减小风量,提高风温,加快排粮速度来实现(其排气湿度一般会要求高于露点温度 3~5℃)。

(3)在实际干燥机上由于存在散热、粮食吸热等热损,可以通过改变风量谷物比,确定特定深床干燥条件下理论上的物料初期水分或理论上的对应最大排气含湿量的排气温度。

5.6.2 流动层干燥过程分析解

在粮食和热风稳定流动的状态下,流动层干燥系统的状态不随时间变化,是位置的单值函数，根据流动干燥条件，确定出式（5-31）中的积分常数及相关参数，即可导出流动层干燥自由含水比解析式和干燥速率解析式。

流动层干燥在任意确定的位置上 $\frac{\partial \varphi}{\partial \tau}=0$，由此可把式（5-30）改写为 $\frac{1}{f(\phi)}\cdot\frac{\partial \phi}{\partial \tau}\cdot\frac{\partial \tau}{\partial \eta}+\phi=C$，由于 $\frac{\partial \tau}{\partial \eta}$ 的值取决于粮食的流动状态，是有界函数，对于稳定流，$\frac{\partial \tau}{\partial \eta}$ 是确定的常数，因此流动层干燥的积分常数等于对应床深位置的自由含水比。选定粮食的初态点为开始干燥的状态点并定义该状态点的自由含水比为 ϕ_i，则有粮食自由含水比变化区间[ϕ_i，ϕ]，对应的层厚区间为[0，η]。

在干燥层内单一籽粒干燥过程服从指数模型时 $f(\phi)=\phi$，代入基础方程（5-30），求定积分得到了流动层干燥粮食自由含水比无量纲表达式（5-31）。

根据流动层干燥的初期条件，按照以下方法，确定出式（5-30）、式（5-31）中的积分常数及相关参数，即可得到流动层干燥过程解析式。

由无量纲干燥速率 $\frac{\partial \phi}{\partial \tau}=\frac{\partial \chi}{\partial \eta}=\chi f(\phi)$，把 $\frac{\partial \phi}{\partial \eta}=\frac{\partial \phi}{\partial \tau}\frac{\partial \tau}{\partial \theta}\frac{\partial \theta}{\partial \eta}=\frac{g_0}{v\rho_b(M_0-M_e)}\chi f(\phi)$ 代入式（5-30），得逆流干燥积分常数：

$$C=\frac{\chi g_0}{v\rho_b(M_0-M_e)}+\phi \tag{5-37}$$

式中，v 为各层粮食流动速度（m/h）；$\chi=d_{max}-d$ 为空气接纳水分的能力。

当 $z=Z$ 时，$\phi=\phi_z$，令 $\chi_2=d_{max}-d_2\geqslant0$，$d_2$ 为热风出口位置的介质含湿量（kg 水/kg 干空气）；在特定的干燥机上，d_2 是可直接测量的特征常数，评价干燥系统的性能时 ϕ_z 也是必须实际测量的参数。把排气状态参数代入式（5-37）即可得到流动层干燥积分常数表达式

$$C=\phi_0+\frac{\chi_2 g_0}{v\rho_b(M_Z-M_e)} \tag{5-38}$$

式中，χ_2 为热风穿过干燥层后的增湿能力（kg/kg），M_Z 为 $z=Z$ 位置的粮食含水率（%）。

如果代入 $z=0$ 时的热风入口条件，则得到的流动干燥积分常数表达式为

$$C=\phi_0+\frac{\chi_0 g_0}{v\rho_b(M_i-M_e)} \tag{5-39}$$

式中，M_i 为 $z=0$，热风入口位置的粮食含水率（%）。由式（5-38）和式（5-39）联立求得

$$M_Z=\frac{\chi_0(M_0-M_e)}{\chi_2}+M_e \tag{5-40}$$

把 $z=0$ 时的热风入口条件（$\chi=d_{max}-d_0=\chi_0$）代入式（5-9）求得流动层干燥 $\varepsilon=\frac{\rho_b k(M_0-M_e)}{\chi_0}$，得到 $\eta=\frac{\varepsilon}{g_0}z$。

把热风入口条件和 ε 值代入式（5-31）及算式 $\eta=\frac{\varepsilon}{g_0}z$，得到流动层干燥积分常数及层厚无量纲表达式：

$$C = \phi_0 - \frac{1}{\phi_0} \frac{g_0 \chi_0}{v \rho_b (M_0 - M_e)} \tag{5-41}$$

$$\eta = \frac{\rho_b (M_0 - M_e)}{g_0 \chi_0} kz \tag{5-42}$$

$$C\eta = [\phi_0 \frac{\rho_b (M_0 - M_e)}{g_0 \chi_0} - \frac{1}{v \phi_0}] kz \tag{5-43}$$

把热风出口条件和 ε 值代入式（5-31）得到的流动层干燥积分常数与 η 之积表达式（5-44）：

$$C\eta = (\phi_0 \frac{\rho_b (M_z - M_e)}{g_0 \chi_2} + \frac{1}{v}) kz \tag{5-44}$$

把各参量代入（5-31），即得到流动层干燥过程的分析解表达式。

5.6.3　基础方程应用求解步骤

干燥质量平衡无量纲基础微分方程是解算各种干燥工艺过程的通式，其求解步骤如下。

（1）针对具体的干燥系统，确定出基础方程中的积分常数。对于静置层，粮食是从热风入口位置、最初的自由含水比 ϕ_0 开始干燥的，在该位置上 $\frac{\partial \phi}{\partial \eta} = 0$，在热风入口位置上干燥是时间的单值函数，把粮食开始干燥的状态点，代入（5-30）后得到了积分常数 $C = \phi_0$。对于流动层干燥而言，干燥系统的状态是位置的单值函数，系统的状态不随时间发生变化。但无论是静置层干燥，还是稳定流动层干燥，粮食的状态变化都是位置和时间的函数。只是在确定的流动层位置上，粮食的状态才不随时间发生变化，才有 $\frac{\partial \phi}{\partial \eta} = 0$。把稳定流动层粮食开始干燥的状态点参数，代入基础方程（5-30）就能得到积分常数 $C = \phi_0$。

（2）针对特定的干燥工艺系统，确定积分的上下限。确定的方法是，在层厚 η 位置的粮食自由含水比一定是 ϕ，粮食在干燥层内对应热风经历的干燥过程是从热风入口到 η 的过程，热风流经的干燥层一定要是粮食与介质接触经历的干燥区段，也就是热风从入口流到 η 位置的区段。在热风入口（粮食出口）的自由含水比为 ϕ_z 时，逆流干燥粮食蒸发分数与层位置相对应的区间就是 $[\phi_0 - \phi, \phi_0 - \phi_z]$ 和 $[\eta，0]$。

（3）在粮食的干燥过程服从指数模型时，干燥特征函数 $f(\phi) = \phi$，这样基础方程（5-30）就有分析解，求解定积分，即可得到对应特定干燥工艺过程的干燥分析解。

（4）求 $-\frac{\partial \phi}{\partial \tau}$ 微分，即可得到深床干燥速率分布分析解。

（5）对应稳定流动层干燥工艺过程，干燥层内的平均干燥速率可以表达为 $-\frac{\mathrm{d}\bar{\phi}}{\mathrm{d}\tau} = \frac{\phi_0 - \phi}{\tau}$。

第6章 静置层干燥解析法

静置层干燥,粮食处于静置状态,如图 6-1 所示。含湿量为 d_0、温度为 T_1 的热风从干燥层底部进入干燥层,穿越干燥层后,温度降为 T_2,含湿量增至 d_2。按照粮食的二段降速干燥过程,可将其去水过程区分为 3 个干燥区间。第 1 干燥区间为热风入口位置的粮食经历 θ_1 时间后,含水率由 M_0 降至 M_k 的过程,此过程全层的粮食沿第 I 降速干燥段变化,如图 6-1(a)所示。第 2 干燥区间为热风入口位置的粮食沿第 II 降速干燥段变化过程,含水率由 M_k 趋向于 M_{e2},随着干燥的进行 M_k 的位置上移,如图 6-1(b)所示。在 z_k 位置以下的粮食沿第 II 降速干燥段干燥,在 z_k 位置以上的粮食沿第 I 降速干燥段干燥,设干燥层顶面的粮食含水率到达 M_k 所需的干燥时间为 θ_2,则在 $[\theta_1, \theta_2]$ 的时间区间内,系统是处于第 I、第 II 降速干燥段共存的干燥区间。第 3 干燥区间为干燥层顶面,粮食含水率到达 M_k 后,即干燥时间大于 θ_2 以后,全层粮食的含水率沿第 II 降速干燥段趋向于平衡含水率 M_{e2},如图 6-1(c)所示。

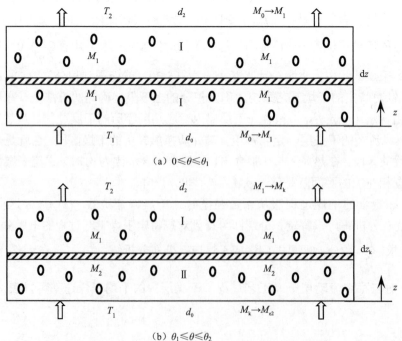

(a) $0 \leqslant \theta \leqslant \theta_1$

(b) $\theta_1 \leqslant \theta \leqslant \theta_2$

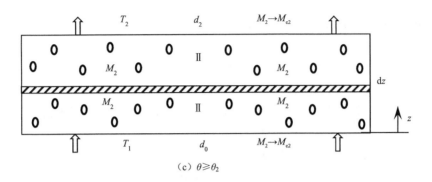

图 6-1　静置层干燥过程示意图

T_1 是进气温度；d_0 是进气含湿量；T_2 是排气温度；d_2 是排气含湿量；M_0 是进粮含水率；M_1、M_2 分别是第Ⅰ、第Ⅱ降速
干燥段含水率；M_k 是临界含水率；z 是干燥层厚度坐标；z_k 是临界含水率位置

6.1　过程特征参数及干燥特性

静置层干燥具有以下明显的过程特征：①热风的状态是干燥时间和干燥层位置的函数，归属典型的非稳态干燥过程；②层内单一籽粒干燥过程遵循二段降速干燥，干燥层内的粮食呈现 3 种不同情况的干燥过程，即全层处于第Ⅰ降速干燥段的干燥过程、第Ⅰ和第Ⅱ降速干燥段共存的干燥过程、全层处于第Ⅱ降速干燥段的干燥过程；③当物料体积随干燥而缩小并引起比容变化，导致干燥实际干燥层厚度变小的情况时，层厚变化与粮食的含水率变化相关。

6.1.1　密度、含水率、厚度区间的对应关系

各种湿粮密度与含水率之间的对应关系式：

$$\rho_s = \rho_b + \gamma_v M_d \tag{6-1}$$

式中，ρ_s 湿粮密度（kg/m³）；ρ_b 是绝干物质密度（kg/m³）；γ_v 是粮食的体膨胀系数；M_d 是粮食的干基含水率（%）。

含水率在 6.48%～19.80%的稻谷的密度与含水率之间函数关系为

$$\rho_s = 3.4222 \cdot M_d + 531.73 \tag{6-2}$$

干燥层内粮食的绝干物质是确定的常数，在干燥床层面积一定的条件下，干燥层厚度的变化量与去水量（或含水率）之间，在限定的降水区间内，存在一一对应的线性关系，单位床层面积上的厚度变化减小量等于 $\gamma_v \Delta M_d$。由即时的含水率，即可得到过程中的在干燥层的实际厚度。

6.1.2　单粒粮食干燥特性表达与干燥区间

服从二段降速过程的单粒粮食干燥特性可用图 6-2 所示的折线表示。不同降速段内的干燥速率随物料含水率的变化都被简化成直线。

在图 6-2 中，粮食在第 Ⅰ 降速干燥段的干燥常数 $k_1 = \tan\alpha_1$，在第 Ⅱ 降速干燥段的干燥常数 $k_2 = \tan\alpha_2$。干燥进程的极限是粮食的含水率降至 M_{e2}，无论干燥处在第 Ⅰ，还是第 Ⅱ 降速干燥段，其自由含水比的表达式恒为

$$\phi = \frac{M_d - M_{e2}}{M_0 - M_{e2}} \tag{6-3}$$

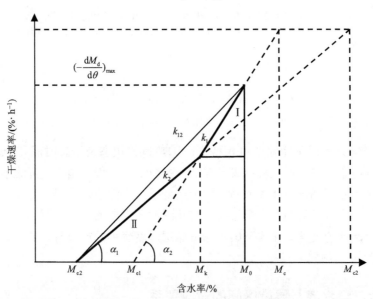

图 6-2　粮食的干燥速率特性曲线

Ⅰ、Ⅱ 分别表示第 Ⅰ 和第 Ⅱ 降速干燥段；M_s 是最大吸湿含水率/%；M_{s2} 是拟合第 Ⅱ 段降速干燥段的最大含水率/%；M_0 是初始含水率/%；M_k 是临界含水率/%；M_{e1} 是拟合第 Ⅰ 降速干燥段的平衡含水率/%；M_{e2} 是拟合第 Ⅱ 降速干燥段的平衡含水率/%

基于二段降速干燥过程，可分别用式（6-4）、式（6-5）来表达粮食在第 Ⅰ 降速干燥段内的干燥速率和自由含水比：

$$\left(-\frac{dM_1}{d\theta}\right)_{max} = k_1(M_0 - M_{e1}) \tag{6-4}$$

$$\left(-\frac{dM_d}{d\theta}\right)_{max} = k_2(M_0 - M_{e2}) + (M_0 - M_k)(k_1 - k_2) \tag{6-5}$$

由此，得到对应第 Ⅰ 降速干燥段，$M_k \leqslant M \leqslant M_c$ 区间内的 M_{e1} 计算式（6-6），干燥速率表达式（6-7）和自由含水比表达式（6-8）：

$$M_{e1} = \frac{k_2 M_{e2} + M_k (k_1 - k_2)}{k_1} \tag{6-6}$$

$$(-\frac{dM_1}{d\theta}) = k_1 (M_0 - M_1) , \quad M_k \leqslant M_1 \leqslant M_0 \tag{6-7}$$

$$\phi_1 = \frac{M_1 - M_{e2}}{M_0 - M_{e2}} = \frac{M_1 - M_{e2}}{k_2 (M_0 - M_{e2}) + (M_0 - M_k)(k_1 - k_2)} , \quad M_k \leqslant M_1 \leqslant M_0 \tag{6-8}$$

6.2　静置层干燥过程解析法

　　静置层干燥，物料静置不动，热风受迫自下而上穿过干燥层。热风的状态是干燥时间和干燥层位置的函数。干燥层最低位置处物料的干燥条件为送风条件，而上层物料的干燥特性要受下层物料的影响。

　　由静置层干燥时的初期条件，按照以下方法确定出式（5-29）中的积分常数及相关参数，即得静置干燥自由含水比解析式和干燥速率解析式。

6.2.1　静置层干燥系统的基本特征量解析法

　　在深床条件下的静置层干燥，单位容积的最大去水速率发生在该容积内粮食含水率为 M_0 的状态点，即 $\phi_0 = 1$ 的状态点，基于扩散模型（3-18）得到粮食在该状态点的最大干燥速率表达式为 $(-\frac{\partial M_d}{\partial \theta})_{max} = k(M_0 - M_e)$ ，基于二段降速干燥过程 $(-\frac{dM_d}{d\theta})_{max} = k_2 (M_0 - M_{e2}) + (M_0 - M_k)(k_1 - k_2)$ ；基于深床干燥质量平衡基础式（5-8）中的粮食去水与相际交换的水分量相等，即 $\rho_b (-\frac{\partial M}{\partial \theta})_{max} dv = \mu \gamma a (d_w - d_0) \phi_0 dv$ ，得到的粮食在该状态点的最大干燥速率表达式为 $(-\frac{\partial M_d}{\partial \theta})_{max} = \frac{\mu \gamma a \chi_0}{\rho_b}$ ；基于质量平衡基础式（5-10）中的相际交换的水分量与介质的增湿量相等，即 $\mu \gamma a (d_{max} - d_0) \phi dz = g_0 \frac{\partial d}{\partial z} dz$ ，该表达式表征的是在单位容积内粮食的平均自由含水比为 ϕ 时粮食水分沿床深方向的分布，把 $\phi_0 = 1$ 的状态点值代入后，沿床深方向求积分，即 $\int_0^{Z_1} \mu \gamma a (d_{max} - d_0) \phi_0 dz = \int_{d_0}^{d_1} g_0 \partial d$ ，对应确定的状态点就是含湿量增量是全微分，积分得到粮食在该状态点的质量平衡式为 $\mu \gamma a (d_{max} - d_0) Z_1 = g_0 (d_1 - d_0)$ ，即 $\mu \gamma a = \frac{g_0 (d_1 - d_0)}{Z_1 (d_{max} - d_0)}$ ，式中的 Z_1 是容积为 1m³ 时的干燥层厚度，即 Z_1 乘以干燥层面积 S 等于 1m³； d_0 为干燥介质初始含湿量（kg/kg）； d_{max} 为排气最大含湿量（kg/kg）； d_1 为干燥介质流至 Z_1 位置时的含湿量（kg/kg）。基于粮食干燥、相际水分交换、介质增湿三者之间的质量平衡关系，得到深床静置层干燥最大干燥速率表达式（6-9）：

$$(-\frac{\partial M_d}{\partial \theta})_{max} = \frac{\mu \gamma a \chi_0}{\rho_b} \tag{6-9}$$

式中，χ_0 为干燥介质最大含湿量差（kg/kg）。

6.2.2　静置层干燥自由含水比基础解析式的导出

设干燥层介质入口处物料的自由含水比为 $\phi(0,\tau)=\phi_t$，介质的含湿量差为 $d_{\max}(0,\tau)-d_0(0,\tau)=\chi_0$，由方程 $-\dfrac{\partial\phi}{\partial\tau}=\chi\phi$，求积分 $\int_{\phi_0}^{\phi_1}\dfrac{1}{\phi}\mathrm{d}\phi=-\int_0^\tau\chi_0\mathrm{d}\tau$，得入口位置上的粮食的含水比率随干燥时间变化的解析式（6-10）：

$$\phi_i=\phi(\tau,0)=\exp(-\chi_0\tau)\tag{6-10}$$

在 $\tau=0,\eta=0$ 时，$\phi=\phi_0$，$\dfrac{\partial\phi}{\partial\eta}=0$。代入式（5-30），得积分常数 $C=\phi_0=1$，在送风条件恒定的条件下，经过任意干燥时间后的干燥层粮食的自由含水比是位置的单值函数，式（5-30）可被改写成式（6-11）：

$$\frac{1}{f(\phi)}\cdot\frac{\partial\phi}{\partial\eta}+\phi-1=0\tag{6-11}$$

把 $f(\phi)=\phi$ 代入式（6-11），对 ϕ 沿 η 求变上限积分，经过 τ 干燥时间后，对应 η 变化区间 $[0,\eta]$ 的层内的自由含水比分布区间为 $[\phi_i,\phi]$，于是有下列积分式：

$$\int_{\phi_i}^{\phi}\frac{1}{\phi(1-\phi)}\mathrm{d}\phi=\int_0^\eta\mathrm{d}\eta$$

$$\int_{\phi_i}^{\phi}\left(\frac{1}{\phi}+\frac{1}{1-\phi}\right)\mathrm{d}\phi=\int_0^\eta\mathrm{d}\eta$$

$$[\ln\phi-\ln(1-\phi)]\Big|_{\phi_i}^{\phi}=\eta\Big|_0^\eta$$

$$\ln\frac{\phi}{\phi_i}-\ln\left(\frac{1-\phi}{1-\phi_i}\right)=\eta$$

$$\ln\frac{\phi(1-\phi_i)}{\phi_i(1-\phi)}=\eta$$

得到粮食静置层干燥自由含水比分布无量纲解析式（6-12）：

$$\phi(\tau,\eta)=\frac{\phi_i\exp(\eta)}{1+\phi_i[\exp(\eta)-1]}\tag{6-12}$$

式中，ϕ_i 为在干燥层内粮食最先与热风相遇位置上的自由含水比，在位置确定时为干燥时间的单值函数，其中 ϕ 表达的是 $\phi(\tau,\eta)$，ϕ_i 表达的是 $\phi_i(\tau,0)$。

把式（6-10）代入式（6-12），得到静置层干燥任意时刻及任意床深位置上的自由含水比计算式（6-13）：

$$\phi(\tau,\eta)=\frac{\exp(\eta)}{\exp(\chi_0\tau)+\exp(\eta)-1}\tag{6-13}$$

由式（6-13）对 τ 求微分得到深层干燥速率解析式（6-14）：

$$-\frac{\partial \phi}{\partial \tau}=\frac{-\chi_0 \exp(\chi_0\tau)\exp(\eta)}{[\exp(\chi_0\tau)+\exp(\eta)-1]^2} \tag{6-14}$$

在静置层热风入口处，$\phi[0,\tau]$的粮食自由含水比$\phi_i=\exp(\chi_0\tau)$是干燥时间的单值函数，与η无关，在$(0,\eta)$内对式（6-12）沿层厚η求变上限积分，即可得到静置层干燥在对应干燥时间τ时的任意床深内的自由含水比平均值的分布式（6-15）：

$$\begin{aligned}\bar\phi(\tau,\eta)&=\frac{1}{\eta}\int_0^\eta \phi(\tau,\eta)\,\mathrm{d}\eta\\&=\frac{1}{\eta}\int_0^\eta \frac{\exp(\eta)}{\exp(\chi_0\tau)+\exp(\eta)-1}\,\mathrm{d}\eta\\&=\frac{1}{\eta}\{\ln[\exp(\chi_0\tau)+\exp(\eta)-1]\}\Big|_0^\eta\\&=\frac{1}{\eta}\ln\left[\frac{\exp(\chi_0\tau)+\exp(\eta)-1}{\exp(\chi_0\tau)}\right]\\&=\frac{1}{\eta}\ln\{1+\exp(-\chi_0\tau)[\exp(\eta)-1]\}\end{aligned} \tag{6-15}$$

由式（6-15）对时间求偏微分得任一层厚η内的平均干燥速率表达式（6-16）：

$$-\frac{\partial\bar\phi(\tau,\eta)}{\partial\tau}=\frac{-\chi_0\exp(-\chi_0\tau)[\exp(\eta)-1]}{\eta\{1+\exp(-\chi_0\tau)[\exp(\eta)-1]\}} \tag{6-16}$$

由式（6-15）知，$\exp(\bar\phi\cdot\eta)=1+\exp(-\chi_0\tau)[\exp(\eta)-1]$。由此得到，任一层厚$\eta$内的平均自由含水比由$\phi_0$降至某一平均值$\bar\phi$所需的干燥时间$\tau$计算式（6-17）：

$$\begin{aligned}\tau&=-\frac{1}{\chi_0}\ln\frac{\exp(\bar\phi\cdot\eta)-1}{\exp(\eta)-1}\\&=\frac{1}{\chi_0}\ln\frac{\exp(\eta)-1}{\exp(\bar\phi\cdot\eta)-1}\end{aligned} \tag{6-17}$$

6.2.3　静置层干燥无量纲间的关系

按照静置层干燥的过程特征，可把干燥过程划分为：全层沿第Ⅰ降速干燥段干燥过程，第Ⅰ、第Ⅱ降速干燥段共存的干燥过程，全层沿第Ⅱ降速干燥段干燥过程。

假设热风入口处粮食进入第Ⅱ降速干燥段的干燥时间为τ_1，此时入口的自由含水比为ϕ_k，由（6-10）式知$\phi_k=\exp(-\chi_0\tau_1)$，可得到$\tau_1$的计算式（6-18）：

$$\tau_1=\frac{1}{\chi_0}\ln\frac{1}{\phi_k} \tag{6-18}$$

此后，热风入口处粮食的自由含水比可表示为式（6-19）：

$$\phi_i=\phi_k\exp[-\chi_0(\tau-\tau_1)],\quad \tau>\tau_1 \tag{6-19}$$

设干燥层总厚度为 Z ，在热风出口处粮食的自由含水比为 ϕ_Z ，由式（6-12）得到式（6-20）：

$$\phi_Z = \frac{\phi_i \exp(\eta_Z)}{1 + \phi_i[\exp(\eta_Z) - 1]} \tag{6-20}$$

在 $\tau > \tau_1$ 后，干燥进入降速第 I 和第 II 降速干燥段共存的阶段，由式（6-13）知 $\phi_Z = \dfrac{\exp(\eta_Z)}{\exp(\chi_0 \tau) + \exp(\eta_Z) - 1}$ ，假设 ϕ_Z 降至 ϕ_k 所需的干燥时间为 τ_2 ，则 $\phi_Z = \dfrac{\phi_i \exp(\eta_Z)}{1 + \phi_i[\exp(\eta_Z) - 1]} = \phi_k$ 。根据此推导过程，得到 ϕ_k 随干燥进程在静置干燥层内的移行过程表达式（6-21），或者式（6-22）。

$$\phi_k = \frac{\phi_i \exp(\eta_k)}{1 + \phi_i[\exp(\eta_k) - 1]} \tag{6-21}$$

$$\eta_k = \ln[\frac{\phi_k(\phi_i - 1)}{\phi_i(\phi_k - 1)}] \tag{6-22}$$

把式（6-19）代入 η_k 计算式（6-22）后得式（6-23）：

$$\eta_k = \ln\{\frac{\phi_k - \exp[\chi_0(\tau - \tau_1)]}{\phi_k - 1}\} \tag{6-23}$$

由式（6-19）知，在第 I 和第 II 降速干燥段共存的干燥区间，热风入口位置上粮食的自由含水比 $\phi_i = \phi_k \exp[-\chi_0(\tau_2 - \tau_1)]$ ，基于该关系，可把 τ_2 表示为式（6-24）：

$$\tau_2 = \frac{1}{\chi_0} \ln \frac{\phi_k}{\phi_i} + \tau_1 \tag{6-24}$$

把 $\phi_i = \phi_k \exp[-\chi_0(\tau_2 - \tau_1)]$ 直接代入式（6-21），依照 τ_2 与出口条件对应的关系式： $\exp[-\chi_0(\tau_2 - \tau_1)]\exp(\eta_Z) = 1 + \phi_k \exp[-\chi_0(\tau_2 - \tau_1)][\exp(\eta_Z) - 1]$ 得到关系式 $\exp[-\chi_0(\tau_2 - \tau_1)] = \dfrac{1}{(1 - \phi_k)\exp(\eta_Z) + \phi_k}$ ，将等式两边同时取对数，得到 $\chi_0(\tau_2 - \tau_1) = -\ln \dfrac{1}{(1 - \phi_k)\exp(\eta_Z) + \phi_k}$ ，从而得到式（6-25）：

$$\tau_2 = \frac{1}{\chi_0} \ln[(1 - \phi_k)\exp(\eta_Z) + \phi_k] + \tau_1 \tag{6-25}$$

在入口粮食的含水率由 M_0 降至 M_k 的干燥区段内，经历的干燥时间是 τ_1 ，在干燥区间[0，τ_1]，全层物料处于第 I 降速干燥段，其干燥层内的自由含水比分布服从式（6-12）或式（6-13），干燥层内的平均自由含水比变化规律服从式（6-15）或式（6-16），τ_1 可由式（6-16）计算。

在干燥进程超过 τ_1 以后，深层干燥处于粮食的第 I 和第 II 降速干燥段共存的干燥区间，与该区间对应的干燥时间区间为[τ_1，τ_2]，层厚度区间为[0，η_Z]，干燥层内的自由含水比的变化服从式（6-12）或式（6-13），相应的任意干燥层内的平均自由含水比分布服从式（6-15）或式（6-16），干燥时间与送风条件、干燥层厚度、平均自由含水比的关系服从式（6-17）。

在[0，η_Z]的区间内又包含[0，η_k]，[η_k，η_Z]两个区段，热风入口处和出口处的自由含水比分别由式（6-19）和式（6-20）计算。依据入口条件，τ_2 可由式（6-24）计算出；依据出口条件，τ_2 还可由式（6-25）计算出。第 I 降速干燥段和第 II 降速干燥段交汇点的自由含水比 ϕ_k 在干燥层内的移行过程，依据入口条件，ϕ_k 可由式（6-22）计算出；依据出口条件，ϕ_k 可由式（6-23）计算出。

6.2.4　第 II 降速干燥段内的粮食自由含水比解析法

在此定义粮食处在第 I 降速干燥段的自由含水比为 ϕ_1，处在第 II 降速干燥段的自由含水比为 ϕ_2，把式（6-19）代入式（6-12）得到粮食在 $[0, \eta_k]$ 区段，干燥层内的自由含水比 ϕ_2 的解析式（6-26），其平均自由含水比分布服从式（6-15），计算式为式（6-27）。

$$\phi_2(\tau, \eta) = \frac{\phi_k \exp[-\chi_0(\tau - \tau_1)]\exp(\eta)}{1 + \phi_k \exp[-\chi_0(\tau - \tau_1)][\exp(\eta) - 1]}$$
$$= \frac{\phi_k \exp(\eta)}{\exp[\chi_0(\tau - \tau_1)] + \phi_k[\exp(\eta) - 1]} \qquad （6-26）$$

$$\overline{\phi_2}(\tau, \eta) = \frac{1}{\eta_k}\ln\{1 + \exp(-\chi_0\tau)[\exp(\eta_k) - 1]\} \qquad （6-27）$$

$$-\frac{\partial \phi_2}{\partial \tau} = \frac{-\chi_0\phi_k\exp(\eta)}{\{\exp[\chi_0(\tau - \tau_1)] + \phi_k[\exp(\eta) - 1]\}^2}, \quad \eta \leqslant \eta_k \qquad （6-28）$$

$$-\frac{\partial \overline{\phi_2}(\tau, \eta)}{\partial \tau} = \frac{-\chi_0\exp(-\chi_0\tau)[\exp(\eta) - 1]}{\eta_k\{1 + \exp(-\chi_0\tau)[\exp(\eta_k) - 1]\}}, \quad \tau \geqslant \tau_1 \qquad （6-29）$$

6.2.5　第 I 降速干燥段内的粮食自由含水比解析法

基于式（6-11），把 $f(\phi) = \phi$ 代入后，对 ϕ 沿 η 求变上限积分，经过 τ 干燥时间后，对应 η 变化区间 $[\eta_k, \eta_z]$ 的层内的自由含水比分布区间为 $[\phi_k, \phi_z]$，于是有下列积分式：

$$\int_{\phi_k}^{\phi} \frac{1}{\phi(1-\phi)}\mathrm{d}\phi = \int_{\eta_k}^{\eta} \mathrm{d}\eta$$

$$\int_{\phi_k}^{\phi} \left(\frac{1}{\phi} + \frac{1}{1-\phi}\right)\mathrm{d}\phi = \int_{\eta_k}^{\eta} \mathrm{d}\eta$$

$$[\ln\phi - \ln(1-\phi)]\big|_{\phi_k}^{\phi} = \eta\big|_{\eta_k}^{\eta}$$

$$\ln\frac{\phi}{\phi_k} - \ln\left(\frac{1-\phi}{1-\phi_k}\right) = \eta - \eta_k$$

$$\ln\frac{\phi(1-\phi_k)}{\phi_k(1-\phi)} = \eta - \eta_k$$

由此，得到粮食静置层干燥在$[\eta_k，\eta_z]$区段，干燥层内的自由含水比ϕ_1的分布式：

$$\phi_1(\tau,\eta) = \frac{\phi_k \exp(\eta - \eta_k)}{1 + \phi_k[\exp(\eta - \eta_k) - 1]}$$

把$\phi_k = \exp(-\chi_0 \tau_1)$代入后得到$\phi_1$解析式（6-30）。

$$\phi_1(\tau,\eta) = \frac{\exp(\eta - \eta_k)}{\exp(\chi_0 \tau_1) + \exp(\eta - \eta_k) - 1} \tag{6-30}$$

式（6-30）的形式与式（6-13）的形式完全相同，区别在于式（6-30）表达的是干燥层内特定干燥时间区间$[\eta_k，\eta_z]$内的自由含水比分布。

沿干燥层厚度方向积分式（6-30）得$[\eta_k，\eta_z]$区间内的平均自由含水比分布式（6-31）：

$$
\begin{aligned}
\overline{\phi_1}(\tau,\eta) &= \frac{1}{\eta - \eta_k} \int_{\eta_k}^{\eta} \phi_1(\tau,\eta)\,\mathrm{d}\eta \\
&= \frac{1}{\eta - \eta_k} \int_{\eta_k}^{\eta} \frac{\exp(\eta)}{\exp(\chi_0 \tau_1) + \exp(\eta) - 1}\,\mathrm{d}\eta \\
&= \frac{1}{\eta - \eta_k} \{\ln[\exp(\chi_0 \tau_1) + \exp(\eta) - 1]\}\Big|_{\eta_k}^{\eta} \\
&= \frac{1}{\eta - \eta_k} \ln[\frac{\exp(\chi_0 \tau_1) + \exp(\eta) - 1}{\exp(\chi_0 \tau_1) + \exp(\eta_k) - 1}]
\end{aligned}
\tag{6-31}
$$

由式（6-27）、式（6-31）得任意厚度η层内的平均自由含水比：

$$\overline{\phi} = \frac{1}{\eta}[(\eta - \eta_k)\overline{\phi_1} + \eta_k \overline{\phi_2}]，\quad \eta \geqslant \eta_k \tag{6-32}$$

由式（6-23）知$\dfrac{\partial \phi_1}{\partial \eta} = -\dfrac{\partial \phi_1}{\partial \eta_k}$，得$\dfrac{\partial \phi_1}{\partial \tau} = \dfrac{\partial \phi_1}{\partial \eta}\dfrac{\partial \eta}{\partial \tau} = -\dfrac{\partial \phi_1}{\partial \eta}\dfrac{\partial \eta_k}{\partial \tau}$。

由无量纲干燥基础式（6-11），得$\dfrac{\partial \phi}{\partial \eta} = \phi(1-\phi)$，在任意降速干燥段内的自由含水比对干燥床深的微分均服从式（6-11），故存在关系式（6-33）：

$$\frac{\partial \phi_1}{\partial \eta} = \phi_1(1 - \phi_1) \tag{6-33}$$

对式（6-23）求微分得到，二段交汇点位置的移行速率表达式（6-34）：

$$\frac{\partial \eta_k}{\partial \tau} = \frac{\chi_0(\phi_k - 1)\exp[\chi_0(\tau - \tau_1)]}{\exp[\chi_0(\tau - \tau_1)] - \phi_k} \tag{6-34}$$

由此，得到$\eta_k \leqslant \eta \leqslant \eta_z$内的干燥速率分布解析式（6-35）：

$$\frac{\partial \phi_1}{\partial \tau} = \phi_1(1 - \phi_1)\frac{\chi_0(\phi_k - 1)\exp[\chi_0(\tau - \tau_1)]}{\exp[\chi_0(\tau - \tau_1)] - \phi_k} \tag{6-35}$$

由式（6-35）得到$\eta_k \leqslant \eta \leqslant \eta_z$内平均干燥速率分布解析式（6-36）：

$$\frac{\partial \overline{\phi_1}}{\partial \tau} = \frac{1}{\eta - \eta_k} \cdot \frac{\chi_0(\phi_k - 1)\exp[\chi_0(\tau - \tau_1)]}{\exp[\chi_0(\tau - \tau_1)] - \phi_k} \int_{\eta_k}^{\eta} \phi_1(1 - \phi_1) \, \partial \eta$$

$$\int_{\eta_k}^{\eta} \phi_1(1 - \phi_1) \, \partial \eta = \int_{\eta_k}^{\eta} \left\{ \frac{\exp(\eta - \eta_k)[\exp(\chi_0 \tau_1) - 1]}{[\exp(\chi_0 \tau_1) + \exp(\eta - \eta_k) - 1]^2} \right\} \partial \eta$$

$$= [\exp(\chi_0 \tau_1) - 1] \left[\frac{1}{\exp(\chi_0 \tau_1)} - \frac{1}{\exp(\chi_0 \tau_1) + \exp(\eta - \eta_k) - 1} \right]$$

$$\frac{\partial \overline{\phi_1}}{\partial \tau} = \frac{1}{\eta - \eta_k} \cdot \frac{\chi_0(\phi_k - 1)\exp[\chi_0(\tau - \tau_1)]}{\exp[\chi_0(\tau - \tau_1)] - \phi_k} \cdot$$

$$[\exp(\chi_0 \tau_1) - 1] \left[\frac{1}{\exp(\chi_0 \tau_1)} - \frac{1}{\exp(\chi_0 \tau_1) + \exp(\eta - \eta_k) - 1} \right] \tag{6-36}$$

同理，得到在$[0, \eta_k]$区段内的干燥速率随自由含水比及时间分布解析式（6-37）：

$$\frac{\partial \phi_2}{\partial \tau} = \varphi(1 - \phi) \frac{\chi_0(\phi_k - 1)\exp[\chi_0(\tau - \tau_1)]}{\exp[\chi_0(\tau - \tau_1)] - \phi_k}, \quad \tau \geqslant \tau_1 \tag{6-37}$$

式（6-37）和式（6-28）的计算结果完全相同，区别仅在于式（6-28）表达的是$[0, \eta_k]$区间内的干燥速率随层厚及时间变化的规律，式（6-37）计算的条件必须满足$\tau \geqslant \tau_1$，式（6-28）计算的条件必须满足$\eta \leqslant \eta_k$。

由式（6-37）沿干燥床深方向积分，得任意干燥层内的平均干燥速率表达式（6-38）：

$$\frac{\overline{\partial \phi}}{\partial \tau} = \frac{1}{\eta} \cdot \frac{\chi_0(\phi_k - 1)\exp[\chi_0(\tau - \tau_1)]}{\exp[\chi_0(\tau - \tau_1)] - \phi_k} \int_0^{\eta} \phi(1 - \phi) \partial \eta$$

$$\int_0^{\eta} \phi(1 - \phi) \partial \eta = \int_0^{\eta} \frac{\exp(\eta)\exp[\chi_0(\tau - \tau_1)]}{[\exp(\chi_0 \tau) + \exp(\eta) - 1]^2} \mathrm{d}\eta$$

$$= [\exp(\chi_0 \tau) - 1] \int_0^{\eta} \frac{\exp(\eta)}{[\exp(\chi_0 \tau) + \exp(\eta) - 1]^2} \mathrm{d}\eta$$

$$= [\exp(\chi_0 \tau) - 1] [\frac{1}{\exp(\chi_0 \tau)} - \frac{1}{\exp(\chi_0 \tau) + \exp(\eta) - 1}]$$

$$\frac{\overline{\partial \phi}}{\partial \tau} = \frac{1}{\eta} \cdot \frac{\chi_0(\phi_k - 1)\exp[\chi_0(\tau - \tau_1)]}{\exp[\chi_0(\tau - \tau_1)] - \phi_k} \cdot$$

$$[\exp(\chi_0 \tau) - 1] [\frac{1}{\exp(\chi_0 \tau)} - \frac{1}{\exp(\chi_0 \tau) + \exp(\eta) - 1}] \tag{6-38}$$

式（6-38）适合任意的静置层干燥过程，是表达干燥层内粮食平均干燥速率的计算通式。

在全层粮食进入第Ⅱ降速干燥段以后，层内的自由含水比解析式与$[0, \eta_k]$内的表达式相同，既服从式（6-26）～式（6-29），也服从式（6-36）和式（6-38）。

6.3　无量纲式的有量纲化

基于时间无量纲、自由含水比无量纲、层厚无量纲 $\eta = \dfrac{\mu\gamma a}{g_0}z = \dfrac{\mu\gamma a}{G_0}Sz$ 表达式，可以代换诸无量纲式得到相应的有量纲解析式。

1. 入口位置上的粮食含水率随干燥时间变化的有量纲解析式

设与 τ_1 和 τ_2 对应的干燥时间分别为 θ_1 和 θ_2，基于指数模型和式（6-18）得到第 I 降速干燥段入口位置上的粮食含水率解析式（6-40a）、式（6-40b）：

$$\theta_1 = \frac{1}{k_1}\ln\frac{M_0 - M_{e1}}{M_k - M_{e1}} \tag{6-39}$$

$$M_{i1} = (M_0 - M_{e1})e^{-k_1\theta} + M_{e1}，\quad 0 \leqslant \theta \leqslant \theta_1 \tag{6-40a}$$

$$M_{i2} = (M_k - M_{e2})e^{-k_2(\theta-\theta_1)} + M_{e2}，\quad \theta \geqslant \theta_1 \tag{6-40b}$$

2. 第 I 降速干燥段内粮食含水率分布解析式

由式（5-15）得到 μ_1 的计算式（6-41）：

$$\mu_1 = \frac{\rho_b k_1(M_0 - M_{e1})}{\gamma a \chi_0}，\quad 0 \leqslant \theta \leqslant \theta_1 \tag{6-41}$$

由式（5-14）得到在 $0 \leqslant \theta \leqslant \theta_1$ 干燥区间，$\eta = \dfrac{\mu_1\gamma a}{g_0}z = \dfrac{\mu_1\gamma a}{G_0}Sz$，把式（6-41）代入后，得到式（6-42）：

$$\eta = \frac{\rho_b k_1(M_0 - M_{e1})}{\chi_0 G_0}Sz，\quad 0 \leqslant \theta \leqslant \theta_1 \tag{6-42}$$

对式（6-13）有量纲化得到 $0 \leqslant \theta \leqslant \theta_1$ 区间的含水率分布解析式：

$$M_1(\theta,z) = \frac{(M_0 - M_{e1})\exp\left(\dfrac{\mu_1\gamma a}{G_0}Sz\right)}{\exp(k_1\theta) + \left[\exp\left(\dfrac{\mu_1\gamma a}{G_0}Sz\right) - 1\right]} + M_{e1}$$

把式（6-42）代入后，得到第 I 降速干燥段内粮食含水率分布解析式（6-43）：

$$M_1(\theta,z) = \frac{(M_0 - M_{e1})\exp\left[\dfrac{\rho_b k_1(M_0 - M_{e1})}{\chi_0 G_0}Sz\right]}{\exp(k_1\theta) + \left\{\exp\left[\dfrac{\rho_b k_1(M_0 - M_{e1})}{\chi_0 G_0}Sz\right] - 1\right\}} + M_{e1} \tag{6-43}$$

对式（6-15）进行有量纲化，得到平均含水率分布解析式（6-44）：

$$\overline{M}_1(\theta, z) = \frac{\chi_0 G_0}{\rho_b k_1 S z} \ln\left(1 + \exp(-k_1\theta) \cdot \right.$$
$$\left. \left\{ \exp\left[\frac{\rho_b k_1 (M_0 - M_{e1})}{\chi_0 G_0} S z\right] - 1 \right\} \right) + M_{e1}$$

（6-44）

3. 第 I 降速干燥段内的干燥速率分布解析式

由式（5-24）、式（5-25）得到关系式 $\dfrac{\mathrm{d}\phi}{\mathrm{d}\tau} = \dfrac{\chi_0}{k_1(M_0 - M_{e1})} \dfrac{\mathrm{d}M_d}{\mathrm{d}\theta}$。

对式（6-14）进行有量纲化得到平均干燥速率解析式（6-45）：

$$-\frac{\partial M_1}{\partial \theta} = \frac{k_1(M_0 - M_{e1}) \exp(k_1\theta) \exp\left[\dfrac{\rho_b k_1(M_0 - M_{e1})}{\chi_0 G_0} S z\right]}{\left\{ \exp(k_1\theta) + \exp\left[\dfrac{\rho_b k_1(M_0 - M_{e1})}{\chi_0 G_0} S z\right] - 1 \right\}^2}$$

（6-45）

对式（6-16）进行有量纲化得到平均干燥速率解析式（6-46）：

$$-\frac{\partial \overline{M}_1}{\partial \theta} = \frac{-\chi_0 G_0 \exp(-k_1\theta) \left\{ \exp\left[\dfrac{\rho_b k_1(M_0 - M_{e1})}{\chi_0 G_0} S z\right] - 1 \right\}}{\rho_b S z \left(1 + \exp(-k_1\theta) \left\{ \exp\left[\dfrac{\rho_b k_1(M_0 - M_{e1})}{\chi_0 G_0} S z\right] - 1 \right\} \right)}$$

（6-46）

6.3.1　二段降速界限点终结时间 θ_2 计算式

在干燥进入第 I 和第 II 降速干燥段共存区间以后，粮食经历二段降速干燥过程，在干燥层厚度 Z 确定的条件下，其经历的干燥时间，可以采用 k_1 和 k_2 的加权平均值，代入扩散模型或指数模型进行计算。定义 k_1 和 k_2 的加权平均值为 k_{12}，由质平衡方程（5-10）知，传质系数在干燥过程中 μ 与 k_1 和 k_2 间存在确定的对应关系，在位置 Z 确定的条件下，同样可以用其加权平均值进行计算，定义这个加权平均值为 μ_{12}。基于由图 6-1 所示的干燥特性曲线，得到平衡关系式（6-47），基于式（5-15）得到 μ_{12} 的计算式（6-48）。

$$k_{12} = \frac{k_1(M_0 - M_k) + k_2(M_k - M_{e2})}{M_0 - M_{e2}}$$

（6-47）

$$\mu_{12} = \frac{k_{12}\rho_b(M_0 - M_{e2})}{\gamma a \chi_0}$$

（6-48）

设与 τ_2 对应的干燥时间为 θ_2，由式（5-15）得到在该位置点的时间无量纲与有量纲参数间的关系式（6-49）：

$$\tau_2 = \frac{k_{12}\theta_2}{\chi_0}$$

（6-49）

由式（5-14）知，$\eta_Z = \dfrac{\mu_{12}\gamma a}{g_0} Z = \dfrac{\mu_{12}\gamma a}{G_0} S Z$，由式（5-15）知 $\tau_1 = \dfrac{k_1\theta_1}{\chi_0}$，而 $\phi_k = \dfrac{M_k - M_{e2}}{M_0 - M_{e2}}$。

把这些关系式和式（6-47）～式（6-49）一并代入式（6-25），得到 θ_2 计算式（6-50）：

$$\theta_2 = \frac{1}{k_2}\ln\left\{\frac{M_0 - M_k}{M_0 - M_{e2}}\exp\left[\frac{k_{12}\rho_b(M_0 - M_{e2})}{\chi_0 G_0}SZ\right] + \frac{M_k - M_{e2}}{M_0 - M_{e2}}\right\} + \frac{k_1\theta_1}{k_2} \qquad (6\text{-}50)$$

6.3.2　临界含水率移行过程分析解

临界含水率 M_k 出现以后，在静置层热风入口处，粮食的自由含水比服从式（6-19），此时式（5-15）被改写成式（6-51）：

$$\tau - \tau_1 = \frac{k_2(\theta - \theta_1)}{\chi_0} \qquad (6\text{-}51)$$

假设与 η_k 对应的有量纲床层厚度为 z_k，由式（5-14）得到 η_k 与 z_k 对应的关系式（6-52）：

$$\eta_k = \frac{\mu_{12}\gamma a}{g_0}z_k = \frac{\mu_{12}\gamma a}{G_0}Sz_k \qquad (6\text{-}52)$$

把式（6-47）、式（6-48）、式（6-51）、式（6-52）和 $\tau_1 = \dfrac{k_1\theta_1}{\chi_0}$ 代入式（6-23），得到临界含水率 M_k 移行过程解析式（6-53）：

$$z_k = \frac{\chi_0 G_0}{\rho_b S[k_1(M_0 - M_k) + k_2(M_k - M_{e2})]} \cdot$$
$$\ln\left\{\frac{M_k - M_{e2}}{M_k - M_0} - \frac{M_0 - M_{e2}}{M_k - M_0}\exp[k_2(\theta - \theta_1)]\right\} \qquad (6\text{-}53)$$

6.3.3　二段降速干燥过程粮食含水率分析解

在进入两种干燥速率并存的降速干燥段以后，层内粮食的干燥则由入口起沿床深方向逐步由第Ⅰ降速干燥段转入第Ⅱ降速干燥段。

1. 沿第Ⅱ降速干燥段干燥层内的含水率分布

在 $0 \leqslant z \leqslant Z_k$ 内，粮食沿第Ⅱ降速干燥段干燥，物理量间存在关系式 $\eta = \dfrac{\mu_{12}\gamma a}{G_0}Sz$；

$\mu_{12} = \dfrac{k_{12}\rho_b(M_0 - M_{e2})}{\gamma a\chi_0}$；$\eta_k = \dfrac{\mu_{12}\gamma a}{G_0}Sz_k$；$\chi_0(\tau - \tau_1) = k_2(\theta - \theta_1)$；$\chi_0\tau = k_2\theta$；$\phi_2(\tau,\eta) = \dfrac{M_2(\theta,z) - M_{e2}}{M_0 - M_{e2}}$；$\phi_k = \dfrac{M_k - M_{e2}}{M_0 - M_{e2}}$；$\dfrac{\mathrm{d}\phi}{\mathrm{d}\tau} = \dfrac{\rho_b \mathrm{d}M}{\mu_{12}\gamma a\mathrm{d}\theta}$。

对式（6-26）～式（6-29）进行有量纲化得到式（6-54）～式（6-57）。

$$M_2(\theta,z) = \frac{(M_k - M_{e2})\exp\left[\dfrac{k_{12}\rho_b(M_0 - M_{e2})}{G_0\chi_0}Sz\right]}{\exp[k_2(\theta - \theta_1)] + \dfrac{M_k - M_{e2}}{M_0 - M_{e2}}\left\{\exp\left[\dfrac{k_{12}\rho_b(M_0 - M_{e2})}{G_0\chi_0}Sz\right] - 1\right\}} + M_{e2} \qquad (6\text{-}54)$$

$$\overline{M_2}(\theta,z)=\frac{\chi_0 G_0}{k_{12}\rho_b SZ_k}\cdot$$

$$\ln\left(1+\exp(-k_2\theta)\left\{\exp\left[\frac{k_{12}\rho_b(M_0-M_{e2})}{\chi_0 G_0}SZ_k\right]-1\right\}\right)+M_{e2} \quad (6\text{-}55)$$

$$-\frac{\partial M_2}{\partial\theta}=\frac{\chi_0 k_{12}(M_k-M_{e2})\exp\left[\frac{k_{12}\rho_b(M_0-M_{e2})}{G_0\chi_0}Sz\right]}{\left(\exp[k_2(\theta-\theta_1)]+\frac{M_k-M_{e2}}{M_0-M_{e2}}\left\{\exp\left[\frac{k_{12}\rho_b(M_0-M_{e2})}{G_0\chi_0}Sz\right]-1\right\}\right)^2},\quad z\leqslant Z_k \quad (6\text{-}56)$$

$$-\frac{\partial\overline{M_2}}{\partial\theta}=\frac{G_0\chi_0\exp(-k_2\theta)\left\{\exp\left[\frac{k_{12}\rho_b(M_0-M_{e2})}{G_0\chi_0}Sz\right]-1\right\}}{\rho_b SZ_k\left(1+\exp(-k_2\theta)\left\{\exp\left[\frac{k_{12}\rho_b(M_0-M_{e2})}{G_0\chi_0}SZ_k\right]-1\right\}\right)},\quad \theta\geqslant\theta_1 \quad (6\text{-}57)$$

2. 沿第 I 降速干燥段干燥层内的含水率分布

在 $Z_k\leqslant z\leqslant Z$ 内，粮食沿第 I 降速干燥段干燥，物理量间存在关系式 $\eta=\frac{\mu_1\gamma a}{G_0}Sz$；

$\mu_1=\frac{k_1\rho_b(M_0-M_{e1})}{\gamma a\chi_0}$；　$\eta_k=\frac{\mu_1\gamma a}{G_0}SZ_k$；　$\chi_0\tau=k_1\theta$；　$\phi_k=\frac{M_k-M_{e1}}{M_0-M_{e1}}$；　$\frac{d\phi}{d\tau}=\frac{\rho_b dM_d}{\mu_1\gamma ad\theta}$；

$\chi_0(\tau-\tau_1)=k_2(\theta-\theta_1)$。

对式（6-30）、式（6-31）、式（6-35）、式（6-36）进行有量纲化，得到式（6-58）～式（6-61）。

$$M_1(\theta,z)=\frac{(M_0-M_{e1})\exp\left[\frac{k_1\rho_b(M_0-M_{e1})}{\chi_0 G_0}(z-Z_k)\right]}{\exp(k_1\theta_1)+\exp\left[\frac{k_1\rho_b(M_0-M_{e1})}{\chi_0 G_0}(z-Z_k)\right]-1}+M_{e1} \quad (6\text{-}58)$$

式中，$Z_k=\frac{\chi_0 G_0}{\rho_b S[k_1(M_0-M_k)+k_2(M_k-M_{e2})]}\cdot\ln\left\{\frac{M_k-M_{e2}}{M_k-M_0}-\frac{M_0-M_{e2}}{M_k-M_0}\exp[k_2(\theta-\theta_1)]\right\}$

$$\overline{M_1}(\theta,z)=\frac{\chi_0 G_0}{k_1\rho_b S(z-Z_k)}$$

$$\ln\left\{\frac{\exp(k_1\theta_1)+\exp\left[\frac{k_1\rho_b(M_0-M_{e1})}{\chi_0 G_0}Sz\right]-1}{\exp(k_1\theta_1)+\exp\left[\frac{k_1\rho_b(M_0-M_{e1})}{\chi_0 G_0}SZ_k\right]-1}\right\}+M_{e1} \quad (6\text{-}59)$$

$$-\frac{\partial M_1}{\partial \theta}=\frac{k_1(M_0-M_{e1})\exp\left[\dfrac{k_1\rho_b(M_0-M_{e1})}{\chi_0 G_0}S(z-Z_k)\right]}{\exp(k_1\theta_1)+\exp\left[\dfrac{k_1\rho_b(M_0-M_{e1})}{\chi_0 G_0}S(z-Z_k)\right]-1}\cdot$$

$$\left\{1-\frac{\exp\left[\dfrac{k_1\rho_b(M_0-M_{e1})}{\chi_0 G_0}S(z-Z_k)\right]}{\exp(k_1\theta_1)+\exp\left[\dfrac{k_1\rho_b(M_0-M_{e1})}{\chi_0 G_0}S(z-Z_k)\right]-1}\right\}\cdot\frac{\left(\dfrac{M_k-M_0}{M_0-M_{e1}}\right)\exp[k_2(\theta-\theta_1)]}{\exp[k_2(\theta-\theta_1)]-\dfrac{M_k-M_{e1}}{M_0-M_{e1}}}$$

（6-60）

$$-\frac{\partial \overline{M_1}}{k_1\partial \theta}=\frac{\chi_0 G_0}{k_1\rho_b S(z-Z_k)}\cdot\frac{\dfrac{M_k-M_0}{M_0-M_{e1}}\exp[k_2(\theta-\theta_1)]}{\exp[k_2(\theta-\theta_1)]-\dfrac{M_k-M_{e1}}{M_0-M_{e1}}}\cdot[\exp(k_1\theta_1)-1]\cdot$$

$$\left\{\frac{1}{\exp(k_1\theta_1)}-\frac{1}{\exp(k_1\theta_1)+\exp\left[\dfrac{k_1\rho_b(M_0-M_{e1})}{\chi_0 G_0}S(z-Z_k)\right]-1}\right\}$$

（6-61）

二段共存干燥区间 $\theta\in[\theta_k$，$\theta_2]$，$z\in[0,Z]$ 内的平均含水率及平均干燥速率，可按分段计算值，由式（6-62）、式（6-63）计算出全层的总平均值：

$$\overline{M}_d=\frac{1}{Z}[(Z-Z_k)\cdot\overline{M}_d+Z_k\cdot\overline{M}_{d2}]，\quad Z\geqslant Z_k$$ （6-62）

$$-\frac{d\overline{M}_d}{d\theta}=\frac{1}{Z}\left[-\frac{d\overline{M}_{d1}}{d\theta}(Z-Z_k)-\frac{d\overline{M}_{d2}}{d\theta}\cdot Z_k\right]，\quad Z\geqslant Z_k$$ （6-63）

式中，Z 是干燥层总厚度（m）；Z_k 是二段降速干燥交汇点的床深位置（m）；M_{d1}、M_{d2} 分别为粮食处在第Ⅰ、第Ⅱ降速干燥段内的干基含水率（%）。

在 $Z_k=Z$ 的时间点全层粮食均沿第Ⅱ降速干燥段干燥，层内粮食的干燥特性服从式（6-54）～式（6-57）。

6.3.4　整层粮食降速干燥过程解析法

在[0,Z]层内全层的平均含水率及平均干燥速率分布，就全层的平均含水率及平均干燥速率分布而言，在二段共存区间存在关系式，$\eta=\dfrac{\mu_{12}\gamma a}{G_0}Sz$；$k_{12}=\dfrac{k_1(M_0-M_k)+k_2(M_k-M_{e2})}{M_0-M_{e2}}$；

$\mu_{12}=\dfrac{k_{12}\rho_b(M_0-M_{e2})}{\gamma a\chi_0}$；$\eta_k=\dfrac{\mu_{12}\gamma a}{G_0}SZ_k$；$\chi_0\tau=k_{12}\theta$；$\phi_k=\dfrac{M_k-M_{e1}}{M_0-M_{e1}}$；$\dfrac{d\phi}{d\tau}=\dfrac{\rho_b dM_d}{\mu_{12}\gamma a d\theta}$；

$\chi_0(\tau-\tau_1)=k_{12}(\theta-\theta_1)$。

由式（5-14）式得到在 $0\leqslant\theta\leqslant\theta_2$ 干燥区间，$\eta=\dfrac{\mu_{12}\gamma a}{g_0}z=\dfrac{\mu_{12}\gamma a}{G_0}Sz$，把式（6-48）、式（6-47）代入后，得到式（6-64）。

$$\eta = \frac{k_1(M_0 - M_k) + k_2(M_k - M_{e2})}{\chi_0 G_0} \rho_b Sz , \quad 0 \leq \theta \leq \theta_2 \qquad (6\text{-}64)$$

由式（5-24）、式（5-25）得到在两段共存干燥区间内，存在关系式 $\dfrac{\mathrm{d}\phi}{\mathrm{d}\tau} = \dfrac{\rho_b \mathrm{d}M_d}{\mu_{12}\gamma a \mathrm{d}\theta}$ 把式（6-48）、式（6-47）代入后，得到干燥速率解析式（6-65）：

$$\frac{\mathrm{d}\phi}{\mathrm{d}\tau} = \frac{\chi_0}{k_1(M_0 - M_k) + k_2(M_k - M_{e2})} \frac{\mathrm{d}M_d}{\mathrm{d}\theta} \qquad (6\text{-}65)$$

将以上关系式（5-33）～式（5-36）有量纲化，得到层厚 Z 内的平均含水率解析式（6-66）、干燥速率解析式（6-67）、平均含水率随床深增加的变化规律解析式（6-68）和平均干燥速率随床深增加的变化解析式（6-69）。

$$M_d = \frac{(M_0 - M_{e2})\,\exp\left[\dfrac{k_1(M_0 - M_k) + k_2(M_k - M_{e2})}{\chi_0 G_0}\rho_b Sz\right]}{\exp(k_{12}\theta) + \left\{\left[\dfrac{k_1(M_0 - M_k) + k_2(M_k - M_{e2})}{\chi_0 G_0}\rho_b Sz\right] - 1\right\}} + M_{e2} \qquad (6\text{-}66)$$

$$-\frac{\mathrm{d}M_d}{\mathrm{d}\theta} = -[k_1(M_0 - M_k) + k_2(M_k - M_{e2})] \cdot$$
$$\frac{\exp(k_{12}\theta)\exp\left[\dfrac{k_1(M_0 - M_k) + k_2(M_k - M_{e2})}{\chi_0 G_0}\rho_b Sz\right]}{\left\{\exp(k_{12}\theta) + \exp\left[\dfrac{k_1(M_0 - M_k) + k_2(M_k - M_{e2})}{\chi_0 G_0}\rho_b Sz\right] - 1\right\}^2} \qquad (6\text{-}67)$$

$$\overline{M}_d(\theta, z) = M_{e2} + \frac{\chi_0 G_0 (M_0 - M_{e2})}{[k_1(M_0 - M_k) + k_2(M_k - M_{e2})]\rho_b Sz} \cdot$$
$$\ln\left(1 + \left\{\exp\left[\dfrac{k_1(M_0 - M_k) + k_2(M_k - M_{e2})}{\chi_0 G_0}\rho_b Sz\right] - 1\right\}\exp(-k_{12}\theta)\right) \qquad (6\text{-}68)$$

$$-\frac{\partial \overline{M}_d}{\partial \theta} = \frac{\chi_0 G_0}{\rho_b Sz} \cdot \frac{-\left\{\exp\left[\dfrac{k_1(M_0 - M_k) + k_2(M_k - M_{e2})}{\chi_0 G_0}\rho_b Sz\right] - 1\right\}}{\exp(k_{12}\theta) + \exp\left[\dfrac{k_1(M_0 - M_k) + k_2(M_k - M_{e2})}{\chi_0 G_0}\rho_b Sz\right] - 1} \qquad (6\text{-}69)$$

本章基于水分测量，能够正确测量的参数是粮食进、出干燥室的含水率、送风温度、送风量、送风介质的相对湿度，通过计算得到介质的含湿量及湿球温度，由试验可以得到粮食干燥常数 k_1、k_2、平衡含水率 M_{e2}、对应第Ⅰ降速干燥段的状态参数 M_{e1} 干燥特性参数。实际干燥系统，干燥工艺方式及干燥设备的几何结构刚性参数，与散热损失关联的机壁结构、材料物性等参数都不改变，通过已经揭示的物性特征参数、干燥特性、扩散与指数模型，把水分在粮食内部及相际蒸发的内在机制及有关的具体性质，当作宏观真实存在的特征数据予以肯定，对微观结构及无法在线测量的系数不作假设，通过干燥系统的刚性参数、可测量特征状态点及其真实的状态变化过程，建立了这些参数之间的内在联系，得到了静置层干燥，各干燥区间、区段基础方程的分析解。

6.4　稻谷静置层干燥解析实例

基于表 3-3 模型参数，取干燥温度为 50℃，干燥介质的初期含湿量为 0.01（kg 水/kg 干空气），单位床层面积的送风量为 150 [kg 干空气/(h · m²)]，干燥层总厚度为 0.5 m，稻谷的初始含水率为 42%，稻谷在温度为 50℃通风条件下的深层干燥常数，在第 I 降速干燥段，粮食籽粒的表面存在有自由水，此部分水分的存在使得深层下粮食的实际干燥温度迎着送风介质的湿球温度在上升，此时的干燥可以归结为是在对应的介质湿球温度条件下的过程，基于表 4-1 的计算式，稻谷在第 I 降速干燥段内的干燥常数可表示为 $k_1 = 0.0339t_w - 0.346$，t_w 是介质的湿球温度（℃），计算出的 k_1 值为 0.322 h⁻¹；在第 II 降速干燥段，粮食的实际干燥温度是迎着送风介质的排气温度在上升，这可以归结为对应介质实际排气温度条件下的干燥过程，在第 II 降速干燥段内的干燥常数可表示为：$k_2 = 0.0153t_2 - 0.215$，t_2 是介质的排气温度（℃），计算出的 k_2 值为 0.092 h⁻¹。

基于以上计算条件，把式（6-6）代入式（6-39）计算出 θ_1。基于式（6-43）～式（6-46）绘制在[0，θ_1]区间稻谷静置层干燥含水率、平均含水率、干燥速率、平均干燥速率沿床深方向的分布如图 6-3～图 6-6 所示。

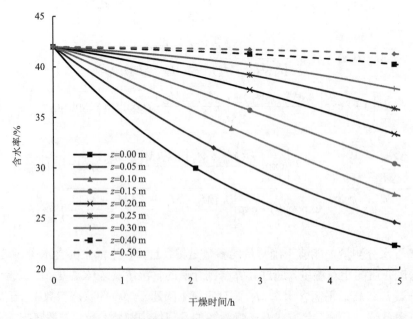

（a）稻谷静置层干燥不同位置含水率的经时变化

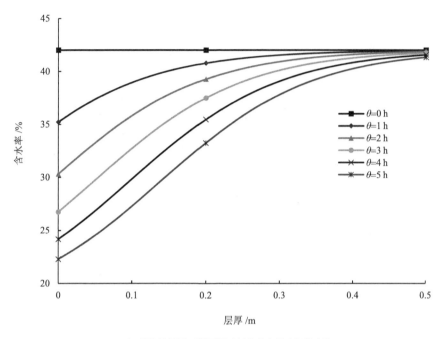

（b）稻谷静置层干燥不同时刻含水率沿床深的变化

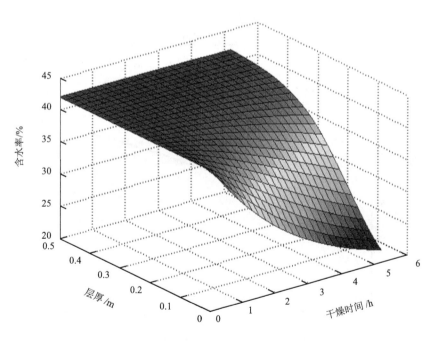

（c）稻谷静置层干燥含水率分布（后附彩图）

图 6-3　不同条件下稻谷静置层干燥含水率的变化

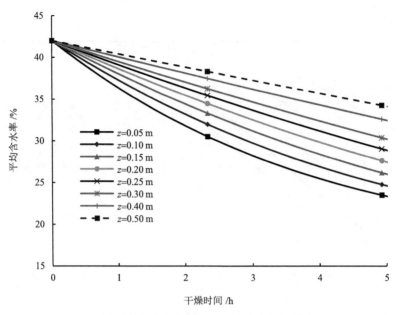

（a）稻谷静置层干燥不同位置平均含水率的经时分布

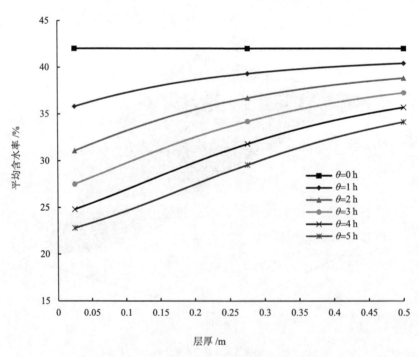

（b）稻谷静置层干燥不同时刻平均含水率沿床深的变化

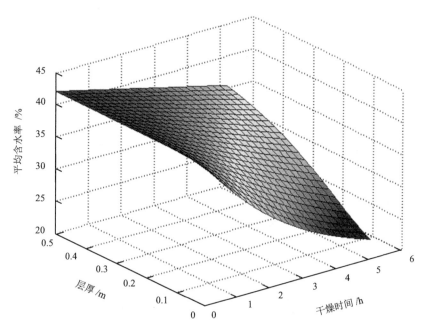

（c）稻谷静置层干燥平均含水率分布（后附彩图）

图 6-4　不同条件下稻谷静置层干燥平均含水率的变化

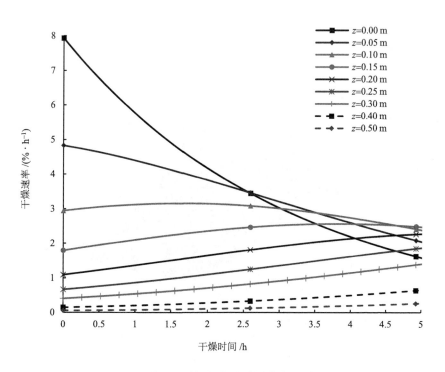

（a）稻谷静置层干燥不同位置干燥速率的经时变化

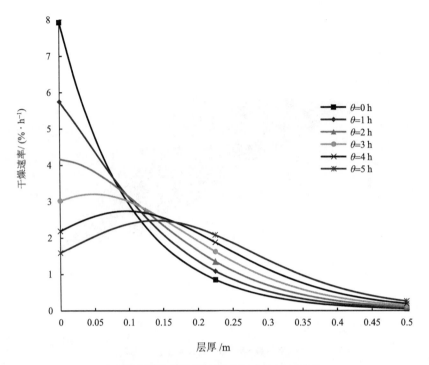

（b）稻谷静置层干燥不同时刻干燥速率沿床深的变化

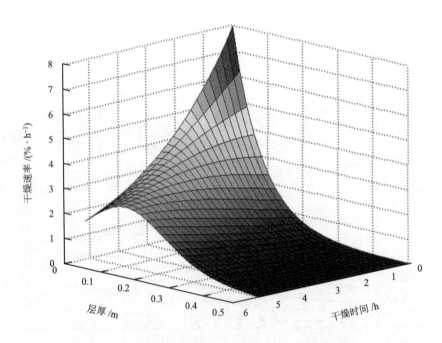

（c）稻谷静置层干燥干燥速率分布（后附彩图）

图 6-5　不同条件下稻谷静置层干燥干燥速率的变化

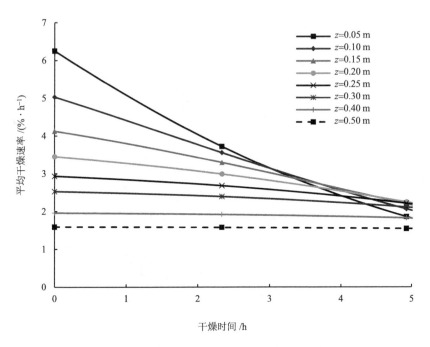

（a）稻谷静置层干燥不同位置平均干燥速率的经时变化

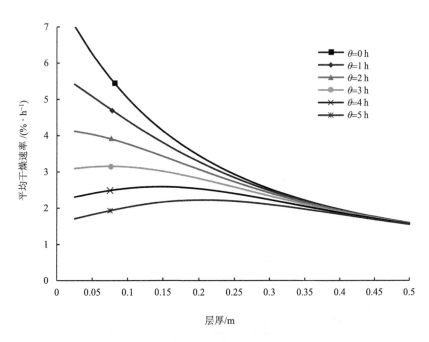

（b）稻谷静置层干燥不同时刻平均干燥速率沿床深的变化

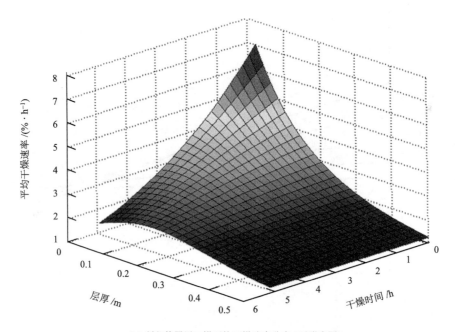

(c) 稻谷静置层干燥平均干燥速率分布（后附彩图）

图 6-6　不同条件下稻谷静置层干燥平均干燥速率的变化

给定干燥层总厚度 Z，把式（6-6）、式（6-47）代入式（6-50）计算出 θ_2。基于式（6-53）绘制出的稻谷静置层干燥临界含水率沿床深方向的移行过程，如图 6-7 所示。

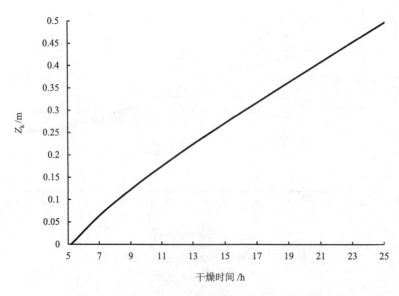

图 6-7　稻谷静置层干燥临界含水率沿床深方向的移行过程

基于式（6-58）～式（6-61）解析出的稻谷在静置层下，沿第 I 降速干燥段，在 $Z_k \leqslant$

$z \leqslant Z$ 的床深位置内的干燥特性，如图 6-8～图 6-11 所示。

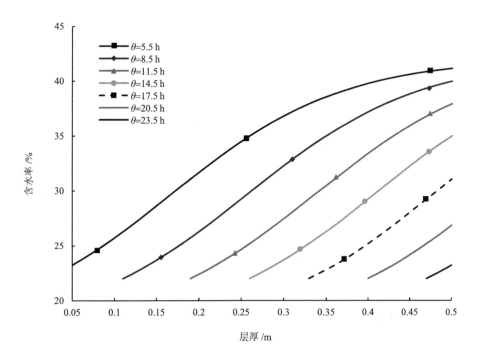

图 6-8 稻谷静置层干燥混合区间第 I 降速干燥段内含水率沿床深的变化（$Z_k \leqslant z \leqslant Z$）

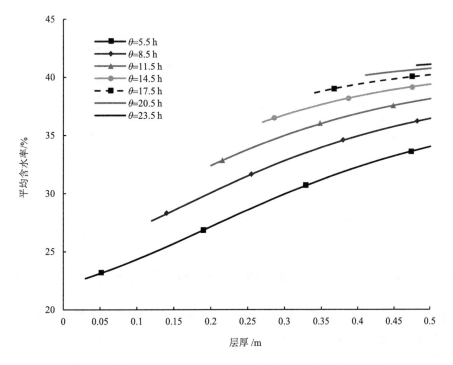

图 6-9 稻谷静置层干燥混合区间第 I 降速干燥段平均含水率沿床深的变化（$Z_k \leqslant z \leqslant Z$）

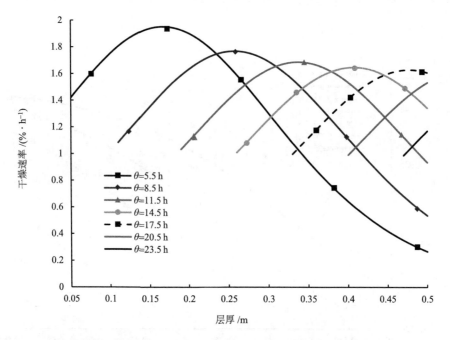

图 6-10 稻谷静置层干燥混合区间第Ⅰ降速干燥段干燥速率沿床深的变化（$Z_k \leqslant z \leqslant Z$）

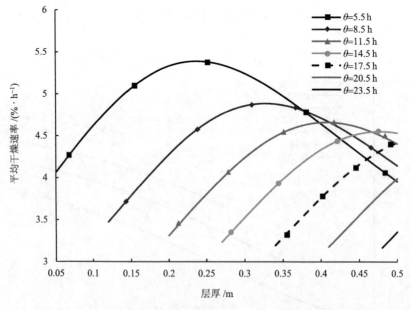

图 6-11 稻谷静置层干燥混合区间第Ⅰ降速干燥段平均干燥速率沿床深的变化（$Z_k \leqslant z \leqslant Z$）

基于式（6-54）～式（6-57）解析出的稻谷在静置层下，沿第Ⅱ降速干燥段，在 $0 \leqslant z \leqslant Z_k$ 层内的干燥特性，如图 6-12～图 6-15 所示。

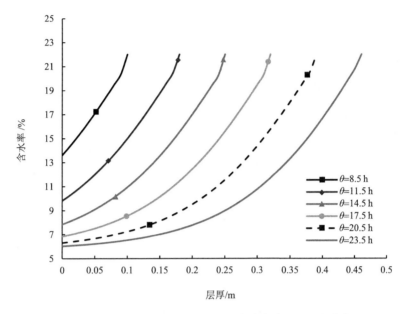

图 6-12 稻谷静置层干燥混合区间第 II 降速干燥段内含水率沿床深的变化（$0 \leqslant z \leqslant Z_k$）

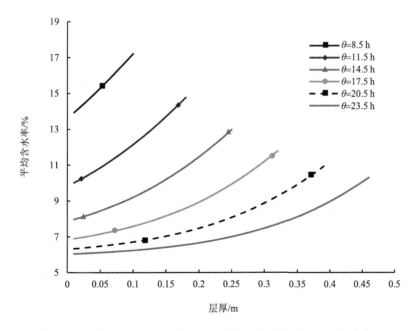

图 6-13 稻谷静置层干燥混合区间第 II 降速干燥段内平均含水率沿床深的变化（$0 \leqslant z \leqslant Z_k$）

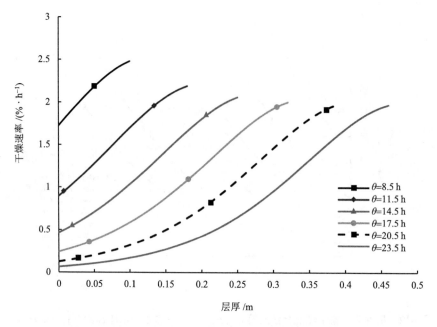

图 6-14　稻谷静置层干燥混合区间第Ⅱ降速干燥段内干燥速率沿床深的变化（$0 \leqslant z \leqslant Z_{\mathrm{k}}$）

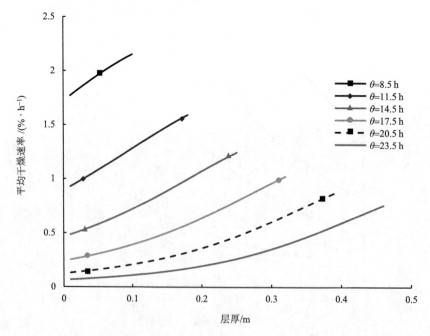

图 6-15　稻谷静置层干燥混合区间第Ⅱ降速干燥段内平均干燥速率沿床深的变化（$0 \leqslant z \leqslant Z_{\mathrm{k}}$）

　　基于式（6-64）、式（6-65）、式（6-67）、式（6-69）解析出静置层下，稻谷在任意时刻、任意位置上的降速干燥特性，如图 6-16～图 6-19 所示。

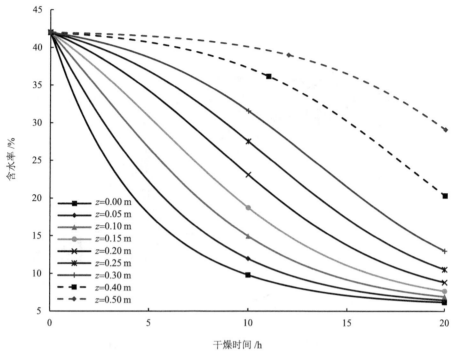

（a）稻谷静置层二段降速干燥共存层内不同位置含水率的经时变化

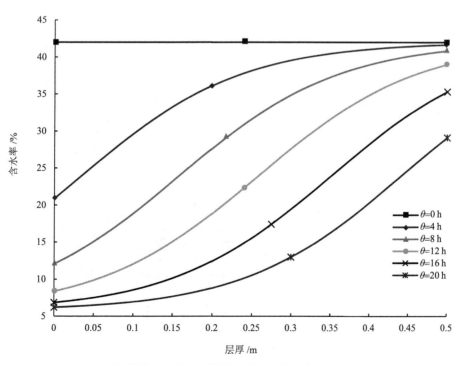

（b）稻谷静置层二段降速干燥共存层内不同时刻含水率沿床深的变化

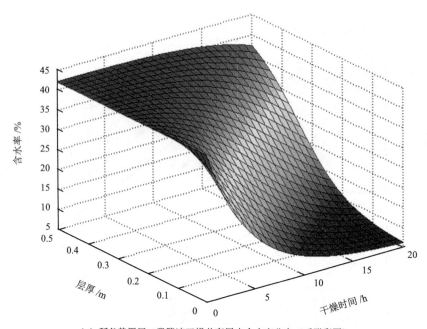

（c）稻谷静置层二段降速干燥共存层内含水率分布（后附彩图）

图 6-16　不同条件下稻谷静置层二段降速干燥共存层内含水率的变化

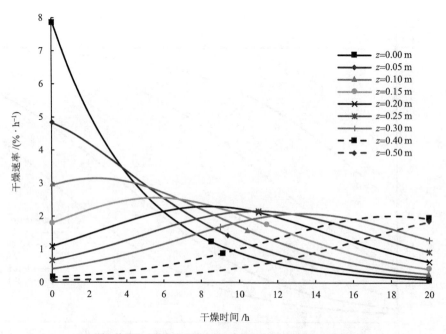

（a）稻谷静置层二段降速干燥共存层内不同位置干燥速率的经时变化

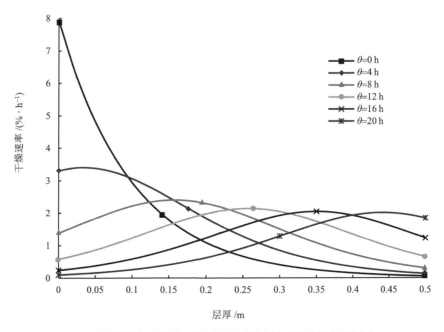

（b）稻谷静置层二段降速干燥共存层内不同时刻干燥速率沿床深的变化

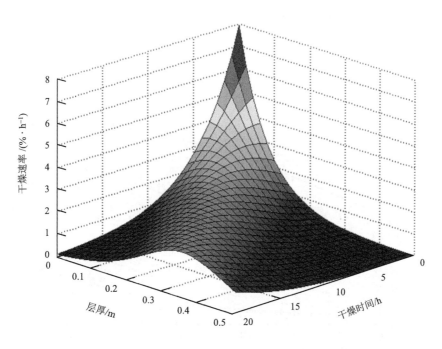

（c）稻谷静置层二段降速干燥共存层内干燥速率分布（后附彩图）

图 6-17　不同条件下稻谷静置层二段降速干燥共存层内干燥速率的变化

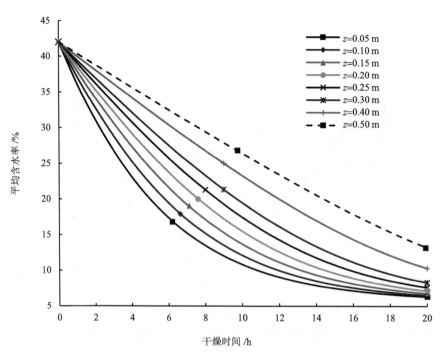

（a）稻谷静置层二段降速干燥共存内不同位置平均含水率的经时变化

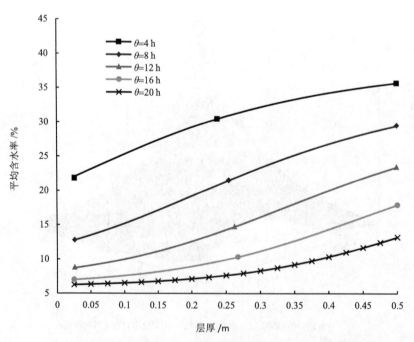

（b）稻谷静置层二段降速干燥共存层内不同时刻平均含水率沿床深的变化

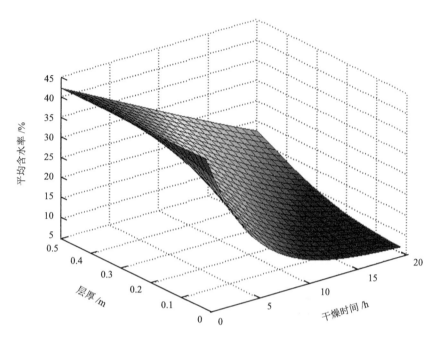

（c）稻谷静置层二段降速干燥共存层内平均含水率分布（后附彩图）

图 6-18　不同条件下稻谷静置层二段降速干燥共存层内平均含水率的变化

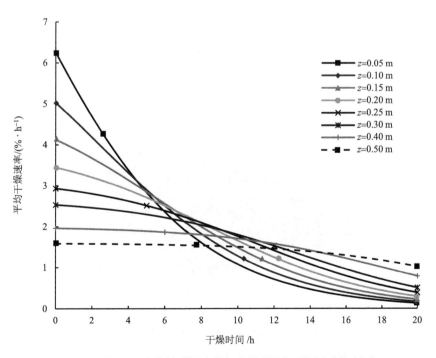

（a）稻谷静置层二段降速干燥共存层内不同位置平均干燥速率的经时变化

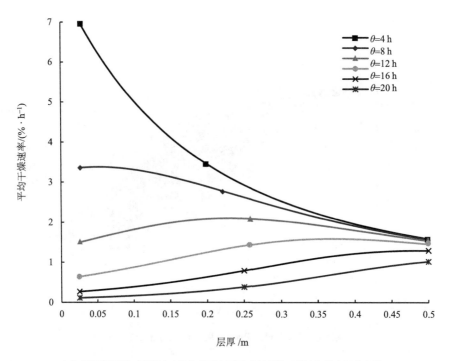

（b）稻谷静置层二段降速干燥共存层内不同时刻平均干燥速率沿床深的变化

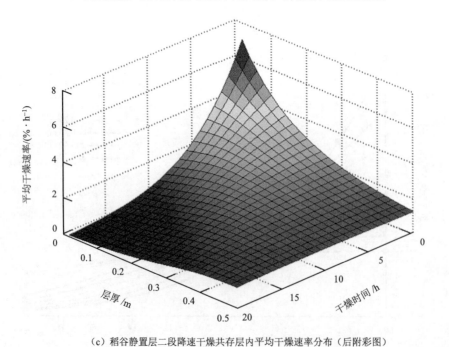

（c）稻谷静置层二段降速干燥共存层内平均干燥速率分布（后附彩图）

图 6-19 不同条件下稻谷静置层二段降速干燥共存层内平均干燥速率的变化

不同时刻稻谷静置层二段降速干燥层内含水率分布如图 6-20 所示。不同风量谷物比下稻谷静置层干燥 1 h 后层内含水率分布如图 6-21 所示。

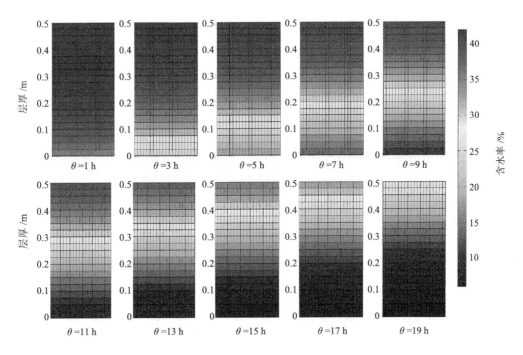

图 6-20 不同时刻稻谷静置层二段降速干燥层内含水率分布云图（后附彩图）

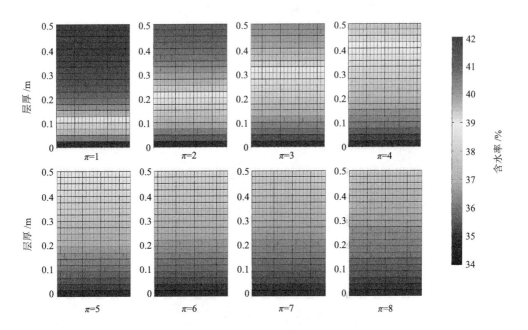

图 6-21 不同风量谷物比下稻谷静置层干燥 1h 后层内含水率分布云图（后附彩图）

第7章 流动层干燥解析法

粮食深床流动层干燥，有逆流干燥、顺流干燥、横流干燥几种基本流动方式。流动层干燥的基本特征有：①粮食流动的速度相对很小，其流动状态可看成是稳定流动，在进粮和进风条件不变的情况下，干燥系统的状态不随时间发生变化，是位置的单值函数；②粮食绝干物质和绝干介质的质量流量保持不变，绝干介质与绝干物料间的风量谷物比为确定的常数；③粮食在不同位置上的实际流动速度可以不等，存在体积收缩与含水率内在的对应关系；④干燥时间取决于物料流动速度和干燥层总厚度；⑤在同样的物料和送风条件下，不同几何结构的深床干燥系统，其干燥效率、干燥效果不一样；⑥层内介质流线的迂曲度会影响干燥的均匀性，需要实时检测环境介质温湿度、进风温度、进机粮食水分；⑦为适应机器排粮工况不稳及通风系统扰动带来的影响，还需要实时检测出机粮水分。

7.1　稳定流动深床干燥系统

深床干燥系统是一个输入能量、介质和湿粮，排出废气、得到干粮的开口系统，稳定流动是指干燥室内任意确定位置上的粮食和介质的状态参数、运动参数都不随时间发生变化，这样的干燥系统就可简化为稳定流动深床干燥系统，如图 7-1 所示。

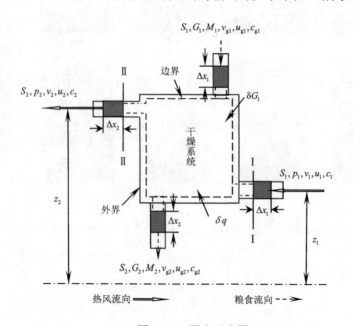

图 7-1　干燥室示意图

在热风和粮食流入、流出深床干燥层的两端,任意取两组截面 I、II 构成图 7-1 所示的研究系统。设 I、II 两截面的面积、压力、比体积、内能、流速分别为 S_1, p_1, v_1, u_1, c_1 和 S_2, p_2, v_2, u_2, c_2。介质进入截面 I 时,外界要克服系统内具有压力为 p_1 的气体阻力 $p_1 S_1$,使介质向前移动 Δx_1 的距离,外界对系统做的功为 $p_1 S_1 \Delta x_1 = p_1 v_1$,称为推动功;当它流出截面 II 时,需要推动前方的介质,克服外界的反抗力 $p_2 S_2$,因而,系统对外界做的推动功为 $p_2 S_2 \Delta x_2 = p_2 v_2$,两者之差 $\Delta(pv) = (p_2 v_2 - p_1 v_1)$ 称为介质的流动功。假设粮食流经 I、II 两截面的面积、质量、含水率、内能、流速分别为 $S_1, G_1, M_1, v_{g1}, u_{g1}, c_{g1}$ 和 $S_2, G_2, M_2, v_{g2}, u_{g2}, c_{g2}$。粮食进入截面 I 时,外界要克服系统内具有压力为 p_1 的气体阻力 $p_1 S_1$,使粮食向前移动 Δx_1 的距离,此时,外界对粮食同样做 $p_1 S_1 \Delta x_1 = p_1 v_1$ 的推动功;粮食流出截面 II 时,系统对外界也要做 $p_2 S_2 \Delta x_2 = p_2 v_2$ 的推动功。

流动功是粮食和介质发生宏观位移消耗的功,只有流动时才存在,是粮食和介质进、出干燥室,穿越边界时与外界交换的推动功,它不是粮食和介质本身具有的能量,是流动过程中携带的另一种能量,消耗的是系统的机械功,而在干燥室内水分集态变化消耗的是系统的热能。

对于确定的处理工艺,即通风工艺方式(如顺流、逆流、横流、静置、混流等),在稳定进粮、稳定通风的条件下,粮食进入系统,在流动过程中连续干燥,介质连续增湿,此时系统的状态就是位置的单值函数。

在粮食干燥系统内除干燥发生热质交换与传递外,粮食和介质流动各自都要消耗其自身发生宏观位移的功。在实际干燥操作中,粮食的流动功,可以利用粮食的流动特性,自上而下消耗其位能来实现。介质的流动功可由介质进、出干燥室时物理参数及状态参数计算出,水分集态变化消耗的热能可按其蒸发温度,用汽化潜热来度量。本章在第 5 章深床干燥解析法和正确把握干燥系统输入的条件参数、输出的物料及介质的状态参数的基础上,研究流动层干燥系统能够正确测量出的过程量、边界条件、初态和终态参数,客观、真实地解析出流动层干燥过程,揭示系统的特征参数变化规律,给出解析流动层干燥的方法。

7.2　流动层干燥过程特征与参数

7.2.1　干燥段粮食的体积分数

粮食在干燥机内流动,由于流道结构尺寸的改变,使其流动速度相应的也要发生变化,其变化与粮食在干燥系统所占的几何体积有关,称为体积分数。可由干燥系统(干燥段)粮食流道的分体积与其总体积计算出,即

$$\beta = \frac{V_1}{V} \tag{7-1}$$

式中，β 为粮食流道的体积分数；V_1 为粮食流道分体积；V 为干燥室总体积。

7.2.2　干燥层内实际绝干物质量的计算

由 $\rho_s = \rho_b + \gamma_v M_d$（kg/m³）计算出湿粮密度，湿粮密度与绝干粮食密度及粮食含水率之间存在关系式：

$$\rho_b = \rho_s(1 - M_d) \tag{7-2}$$

由于 ρ_b 是确定的常数，在干燥粮食流道体积一定的条件下，就可以计算出干燥室内的绝干物质量。

7.2.3　粮食在干燥层内的实际流动速度及干燥时间

绝干物质的流量，按照出机粮含水率、干燥系统的小时排粮量（在此采用国标规定的水分）计算，根据

$$v = \frac{\gamma_v \cdot m_g}{\beta \rho_s S} \text{ (m/h)} \tag{7-3}$$

即可计算出粮食进、出干燥系统的平均速率，进而计算出粮食流经干燥段的时间 $\theta = Z / v$。式中，m_g 为国标水分时的小时排粮量（kg/h）；ρ_s 为湿粮密度（kg/m³），可取国标水分时粮食的堆积密度；S 为干燥室的几何断面面积；由于机械的几何结构尺寸不变，体膨胀系数就是膨胀增高系数，在此处 γ_v 为体膨胀系数；θ 为干燥时间（h）；Z 为干燥段的几何高度。

7.3　逆流干燥解析法

逆流干燥系统示意图如图 7-2 所示。粮食靠自重连续向下流动，热风受迫向上穿过干燥层。粮食和热风相向流动，运动方向相反，高温热风在干燥层出口处，首先与温度最高而含水率最低的粮食相遇，热风在离开干燥层时与温度最低、含水率最高的粮食接触。热风从干燥层粮食入口处离开干燥室，粮食从干燥层热风入口处离开干燥室。在逆流干燥的过程中，粮食干燥特性与后续进粮条件无关，但受干燥层内向下游流动（流动前方）粮食的影响。粮食最终所能到达的平衡含水率，取决于干燥系统进风口位置的介质的温度和湿度。

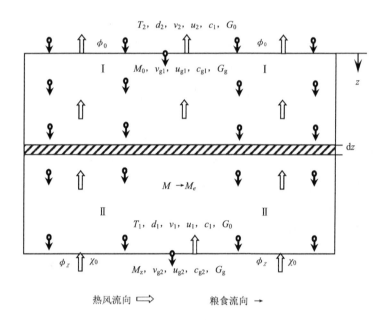

图 7-2　逆流干燥系统示意图

7.3.1　逆流干燥过程分析解

逆流物系的流态归属稳定流，干燥层总厚度为 Z，当绝干物质的流量一定时，根据出机粮含水率、小时排粮量，可由式（7-3）计算出粮食进、出干燥系统的平均流动速度，进而计算出粮食流经干燥段的时间 $\theta = Z / v$。

在任何确定的位置上，$\left(\dfrac{\partial \phi}{\partial \tau}\right)_z = 0$，把式（5-30）改写为 $\dfrac{1}{f(\phi)} \cdot \dfrac{\partial \phi}{\partial \tau} \cdot \dfrac{\partial \tau}{\partial \eta} + \phi = C$，$\dfrac{\partial \tau}{\partial \eta}$ 的值取决于粮食的流动状态，是有界函数，对于稳定流，$\dfrac{\partial \tau}{\partial \eta}$ 是确定的常数。由此，可以清楚地看到，顺流干燥的积分常数等于确定位置点的自由含水比。定义层内任意位置上的粮食的自由含水比为 ϕ，选定粮食的初态点 ϕ_0 为开始干燥的状态点，把粮食进入干燥室时的含水率代入基础方程，得到积分常数 $C = \phi_0$。逆流干燥粮食的入口是介质的出口，而介质的入口又是粮食的出口，粮食自由含水比与层位置相对应的区间，即蒸发分数的变化区间 $[\phi_0 - \phi, \phi_0 - \phi_z]$ 对应的层厚区间就是 $[\eta, 0]$，即干燥过程中自由含水比为 ϕ 的粮食所在深床位置 η 时，到达 ϕ 状态的粮食是从干燥层出口的 ϕ_z 变化到 ϕ 的，自由含水比变化区间为 $[\phi_0 - \phi, \phi_0 - \phi_z]$，这样，与 ϕ_z 对应的层厚无量纲 $\eta = 0$，层厚变化区间是 $[\eta, 0]$。在蒸发分数与 η 对应的区间内，对无量纲基础方程式（5-30）求积分，得到逆流深床干燥层内自由含水比分布解析式（7-4）：

$$\int_{\phi_0 - \phi_z}^{\phi_0 - \phi} \left[\frac{\phi_0}{\phi(\phi_0 - \phi)} \right] \mathrm{d}\phi = \int_0^\eta -\phi_0 \mathrm{d}\eta$$

$$[\ln\phi - \ln(\phi_0 - \phi)]\Big|_{\phi_0-\phi_Z}^{\phi_0-\phi} = -\phi_0\eta\Big|_0^\eta$$

$$\ln\frac{\phi_0 - \phi}{\phi_0 - \phi_Z} - \ln\frac{\phi}{\phi_Z} = -\phi_0\eta$$

$$\frac{\phi_Z(\phi_0 - \phi)}{\phi(\phi_0 - \phi_Z)} = \exp(-\phi_0\eta)$$

$$\phi = \frac{\phi_0\phi_Z\exp(\phi_0\eta)}{\phi_0 + \phi_Z[\exp(\phi_0\eta)-1]} \tag{7-4}$$

式中，ϕ_Z 为热风入口位置上的自由含水比，对于特定的逆流干燥系统，它是一个可以通过试验测取的常数，即出机粮自由含水比。

沿干燥层厚度方向积分式（7-4）得，$[0, \eta]$ 区间内的平均自由含水比分布式（7-5）

$$\bar\phi = \frac{1}{\eta}\int_0^\eta \phi\,\mathrm{d}\eta = \frac{1}{\eta}\int_0^\eta \frac{\phi_0\phi_Z\exp(\phi_0\eta)}{\phi_0 + \phi_Z[\exp(\phi_0\eta)-1]}\mathrm{d}\eta$$

$$= \frac{1}{\eta}\cdot\ln\{\phi_0 + \phi_Z[\exp(\phi_0\eta)-1]\}\Big|_0^\eta \tag{7-5}$$

$$= \frac{1}{\eta}\cdot\ln\left\{\frac{\phi_0 + \phi_Z[\exp(\phi_0\eta)-1]}{\phi_0}\right\}$$

设逆流干燥层的总厚度为 Z（m）；粮食在干燥层内的移行距离为 z_g（m）；粮食的移行速度为 v_g（m/h）。基于式（5-13）～式（5-15）和同一时间坐标，确立逆流干燥层内物理量及其参数间的关系：热风流经的层厚无量纲 $\eta = \frac{\mu_{12}\gamma a}{g_0}(Z - z_g)$；粮食经历的干燥时间 $\theta = \frac{z_g}{v_g}$；干燥时间无量纲 $\tau = \frac{\mu_{12}\gamma a\theta}{\rho_b(M_0 - M_{e2})}$；相际的传质系数 $\mu_{12} = \frac{\rho_b k_{12}(M_0 - M_{e2})}{\gamma a(d_{max} - d_0)}$。

由此得到，得到逆流干燥粮食流动位置层厚无量纲表达式（7-6），粮食在逆流总干燥层厚（热风入口位置）无量纲表达式（7-7）。

$$\eta = \frac{\mu_{12}\gamma a}{g_0}(Z - z_g)$$

$$= \frac{\rho_b k_{12}(M_0 - M_{e2})}{\chi_2 g_0}(Z - z_g)$$

$$= \frac{v_g\rho_b(M_0 - M_{e2})\tau}{g_0} \tag{7-6}$$

$$\eta_0 = \frac{\mu_{12}\gamma a}{g_0}Z = \frac{\rho_b k_{12}Z(M_0 - M_{e2})}{g_0(d_{max} - d_0)} \tag{7-7}$$

把式（7-6）代入式（7-4）得到逆流干燥粮食自由含水比随流动时间变化的解析式（7-8）：

$$\phi = \frac{\phi_0 \phi_Z \exp\left[\phi_0 \frac{\nu \rho_b (M_0 - M_{e2})\tau}{g_0}\right]}{\phi_0 + \phi_Z \left\{\exp\left[\phi_0 \frac{\nu \rho_b (M_0 - M_{e2})\tau}{g_0}\right] - 1\right\}} \tag{7-8}$$

η_Z 和 ϕ_Z 都是取决于逆流干燥层总厚度 Z 的常数，其中的 ϕ_Z 就是粮食离开干燥室时的自由含水比，即逆流热风入口位置的自由含水比，随实际进出干燥室的自由含水比变化，因此可以客观真实地对干燥工艺装置、强化干燥动力系数的作用效果进行评价。

由式（7-8）对 τ 求微分得到逆流深层干燥速率解析式（7-9）：

$$-\frac{\partial \phi}{\partial \tau} = -\frac{\phi_0{}^2 \phi_Z \frac{\nu \rho_b (M_0 - M_e)}{g_0}(\phi_0 - \phi_Z) \exp\left[\phi_0 \frac{\nu \rho_b (M_0 - M_e)\tau}{g_0}\right]}{\left(\phi_0 + \phi_Z \left\{\exp\left[\phi_0 \frac{\nu \rho_b (M_0 - M_e)\tau}{g_0}\right] - 1\right\}\right)^2} \tag{7-9}$$

含水率是粮食的状态参数，从粮食经过逆流干燥层时，含水率由状态点 ϕ_0 降至 ϕ，在 $[\phi_0, \phi]$ 的干燥层内的平均干燥速率必然是降水幅度与其经历的时间之比，即 $-\frac{\partial \bar{\phi}}{\partial \tau} = \frac{\phi_0 - \phi}{\tau}$，于是有式（7-10）。

$$-\frac{\partial \bar{\phi}}{\partial \tau} = \frac{\phi_0 - \phi}{\tau}$$

$$= \frac{\phi_0}{\tau}\left(1 - \frac{\phi_Z \exp\left[\phi_0 \frac{\nu \rho_b (M_0 - M_e)\tau}{g_0}\right]}{\phi_0 + \phi_Z \left\{\exp\left[\phi_0 \frac{\nu \rho_b (M_0 - M_e)\tau}{g_0}\right] - 1\right\}}\right) \tag{7-10}$$

7.3.2 逆流层中粮食到达临界含水率的位置和时间

实际的逆流干燥系统，干燥层总厚度 Z 是确定的常数；粮食经历的干燥时间，取决于粮食在干燥层内的移行距离 z_g 和移行速度 ν_g（m/h），干燥经历二段降速干燥过程，粮食最终趋向的平衡含水率是 M_{e2}。对应逆流干燥，相应的干燥层厚无量纲 $\eta = \frac{\mu_{12} \gamma a}{g_0}(Z - z_g)$；干燥时间无量纲 $\tau = \frac{\mu_{12} \gamma a \theta}{\rho_b (M_0 - M_e)}$；相际的传质系数 $\mu_{12} = \frac{\rho_b k_{12}(M_0 - M_{e2})}{\gamma a \chi_2}$；$\chi_2 = d_{2\max} - d_0$ 是介质进出干燥系统的最大增湿能力。粮食经历的干燥时间 $\theta = \frac{z_g}{\nu_g}$；临界自由含水比 $\phi_k = \frac{M_k - M_{e2}}{M_0 - M_{e2}}$，$M_k$ 是粮食固有的状态参数。

按照式（7-4）积分时的坐标关系，即粮食自由含水比与热风流经的层厚坐标对应关系是 $\phi \in [\phi_Z, \phi_0]$ 与 $\eta \in [0, \eta_Z]$ 的区间相对应，那么，临界自由含水比 ϕ_k 所处的床深位置，即热风从流入干燥层到与自由含水比为 ϕ_k 的粮食相遇时所移行的干燥层距离 η_k，也就是干燥层热风入口到 ϕ_k 位置的距离。因此，基于式（7-4）得到逆流层中 ϕ_k、η_k 与进、出逆流干燥层的粮食水分间的无量纲关系式（7-11）、式（7-12）：

$$\phi_k = \frac{\phi_0 \phi_Z \exp(\phi_0 \eta_k)}{\phi_0 + \phi_Z [\exp(\phi_0 \eta_k) - 1]} \tag{7-11}$$

$$\eta_k = \frac{1}{\phi_0} \ln\left[\phi_k \frac{(\phi_0 - \phi_Z) + \phi_Z}{\phi_0 \phi_Z} \right] \tag{7-12}$$

把 $\phi_0 = 1$ 代入并对 η_k 有量纲化后得到式（7-13）、式（7-14）。

$$\eta_k = \ln\left(\frac{\phi_k}{\phi_Z} \right) \tag{7-13}$$

$$z_k = \frac{\chi_2 g_0}{\rho_b k_{12}(M_0 - M_{e2})} \ln\left(\frac{\phi_k}{\phi_Z} \right) \tag{7-14}$$

此时，粮食进入干燥层，由 M_0 降至 M_k 所经历的干燥时间 θ_1，则可由式（7-15）计算出：

$$\theta_1 = \frac{Z - z_k}{v} \tag{7-15}$$

式（7-14）、式（7-15）中，v 是粮食向下流动的速度（m/h），$k_{12} = \frac{k_1(M_0 - M_k) + k_2(M_k - M_{e2})}{M_0 - M_{e2}}$。

7.3.3　逆流层内含水率分布

把 $\phi_0 = 1$，$\eta = \frac{\rho_b k_{12}(M_0 - M_{e2})}{\chi_2 g_0}(Z - z_g)$ 带入式（7-4）、式（7-5）得到式（7-16）、式（7-17）。

$$M_d = \frac{\phi_Z(M_0 - M_{e2}) \exp\left[\frac{\rho_b k_{12}(M_0 - M_{e2})}{\chi_2 g_0}(Z - z_g) \right]}{1 + \phi_Z \left\{ \exp\left[\frac{\rho_b k_{12}(M_0 - M_{e2})}{\chi_2 g_0}(Z - z_g) \right] - 1 \right\}} + M_{e2} \tag{7-16}$$

$$\overline{M}_d = M_{e2} + \frac{\chi_2 g_0}{\rho_b k_{12}(Z - z_g)} \cdot$$
$$\ln\left\{ 1 + \phi_Z \exp\left[\frac{\rho_b k_{12}(M_0 - M_{e2})}{\chi_2 g_0}(Z - z_g) \right] - \phi_Z \right\} \tag{7-17}$$

把 $\tau = \frac{\mu_{12} \gamma a \theta}{\rho_b(M_0 - M_{e2})} = \frac{k_{12}\theta}{\chi_2}$，$\mu_{12} = \frac{\rho_b k_{12}(M_0 - M_{e2})}{\gamma a \chi_2}$ 代入式（7-8）得到式（7-18）。

$$M_d = \frac{\phi_Z(M_0 - M_{e2}) \exp\left[\frac{v_g \rho_b(M_0 - M_{e2})}{g_0} \frac{k_{12}\theta}{\chi_2} \right]}{1 + \phi_Z \left\{ \exp\left[\frac{v_g \rho_b(M_0 - M_{e2})}{g_0} \frac{k_{12}\theta}{\chi_2} \right] - 1 \right\}} + M_{e2} \tag{7-18}$$

基于 $\frac{d\phi}{d\tau} = \frac{\rho_b dM_d}{\mu_{12} \gamma a d\theta}$ 对式（7-9）有量纲化，得到逆流深层干燥速率解析式（7-19）：

$$-\frac{\partial M_d}{\partial \theta} = -\frac{\rho_b k_{12} \phi_Z \dfrac{v_g (M_0 - M_{e2})^2}{\chi_2 g_0} (1 - \phi_Z) \exp\left[\dfrac{v_g \rho_b (M_0 - M_{e2})}{g_0} \dfrac{k_{12}\theta}{\chi_2}\right]}{\left(1 + \phi_Z \left\{\exp\left[\dfrac{v_g \rho_b (M_0 - M_{e2})}{g_0} \dfrac{k_{12}\theta}{\chi_2}\right] - 1\right\}\right)^2} \qquad (7\text{-}19)$$

含水率是粮食的状态参数，从粮食经过逆流干燥层时，含水率由状态点 M_0 降至 M_d，在 $[M_0, M_d]$ 的干燥层内的平均干燥速率是降水幅度与其经历的时间之比，即 $-\dfrac{\partial \overline{M_d}}{\partial \theta} = \dfrac{M_0 - M_d}{\theta}$，于是，对式（7-10）有量纲化得到式（7-20）：

$$-\frac{\partial \overline{M_d}}{\partial \theta} = \frac{1}{\theta} \cdot \frac{(1 - \phi_Z)(M_0 - M_{e2})}{1 - \phi_Z + \phi_Z \exp\left[v_g \rho_b (M_0 - M_{e2}) \dfrac{k_{12}\theta}{g_0 \chi_2}\right]} \qquad (7\text{-}20)$$

7.3.4　稻谷逆流干燥解析实例

基于表 3-3 模型参数，利用温度为 20℃，相对湿度为 70% 的自然空气，加热到 50℃后，通入逆流干燥层。假设单位床层面积的送风量为 6000[kg 干空气/(h·m²)]，干燥层总厚度为 0.5m，稻谷的初始含水率为 42%，稻谷在第 I 降速干燥段内的干燥常数为 $k_1 = 0.0339 t_w - 0.346$，t_w 是介质的湿球温度（℃），计算得到的 k_1 值为 0.5/h。在第 II 降速干燥段内的干燥常数 $k_2 = 0.0153 t_2 - 0.215$，t_2 是介质的进气和排气温度相对应的平均温度（℃），计算得到的 k_2 值为 0.35/h。流动状态下的堆积密度 $\rho_b = 300 \text{ kg/m}^3$，并认为稻谷的流动速度 v 为定值 3 m/h。对应不同风量谷物比，稻谷逆流干燥含水率沿床深的分布如图 7-3（a）所示，相应的平均含水率沿床深的分布如图 7-4（a）所示、干燥速率沿床深的分布如图 7-5（a）所示、平均干燥速率沿床深的分布如图 7-6（a）所示。

对应不同层厚，稻谷逆流干燥含水率随风量谷物比的变化如图 7-3（b）所示，相应的平均含水率随风量谷物比的变化如图 7-4（b）所示、干燥速率随风量谷物比的变化如图 7-5（b）所示、平均干燥速率随风量谷物比的变化如图 7-6（b）所示。

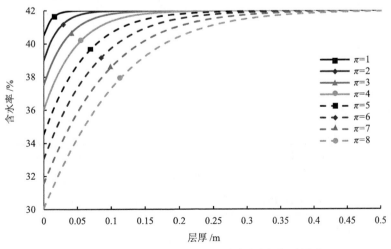

（a）不同风量谷物比下稻谷逆流干燥含水率沿床深的分布

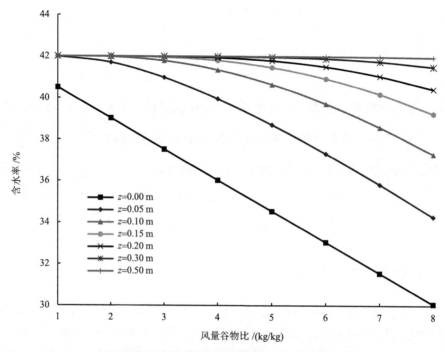

（b）不同层厚下稻谷逆流干燥含水率随风量谷物比的变化

图 7-3　不同条件下稻谷逆流干燥含水率的变化

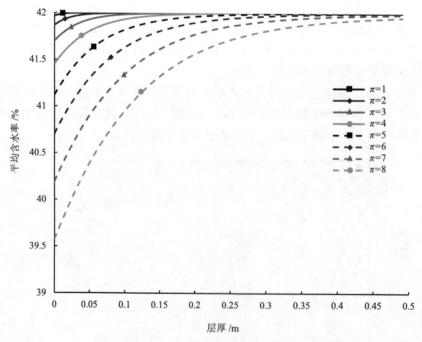

（a）不同风量谷物比下稻谷逆流干燥平均含水率沿床深的分布

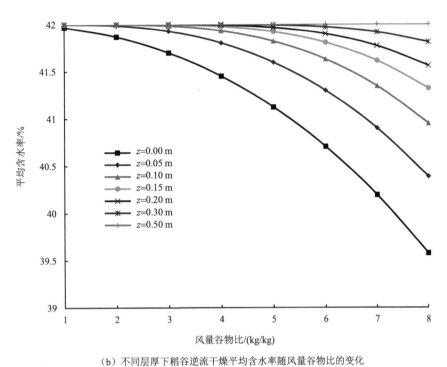

（b）不同层厚下稻谷逆流干燥平均含水率随风量谷物比的变化

图 7-4　不同条件下稻谷逆流干燥平均含水率的变化

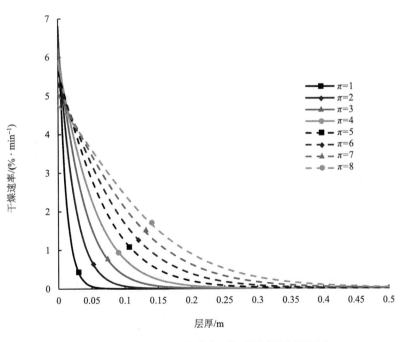

（a）不同风量谷物比下稻谷逆流干燥干燥速率沿床深的分布

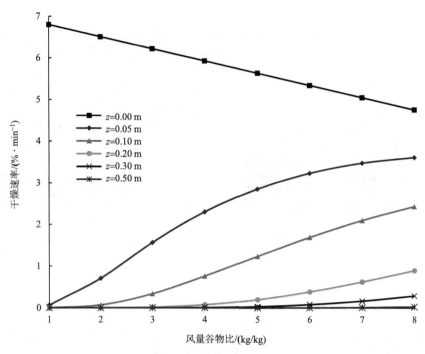

（b）不同层厚下稻谷逆流干燥干燥速率随风量谷物比的变化

图 7-5　不同条件下稻谷逆流干燥干燥速率的变化

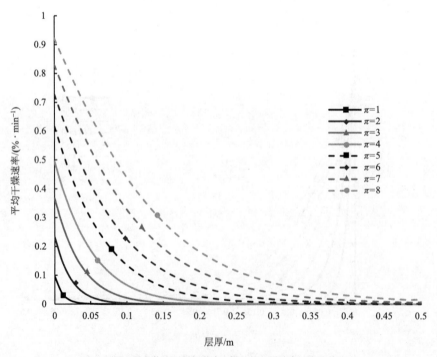

（a）不同风量谷物比下稻谷逆流干燥平均干燥速率沿床深的分布

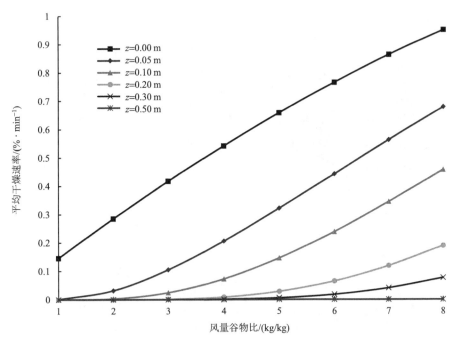

（b）不同层厚下稻谷逆流干燥平均干燥速率随风量谷物比的变化

图 7-6　不同条件下稻谷逆流干燥平均干燥速率的变化

不同风量谷物比下稻谷逆流干燥含水率沿床深的分布如图 7-7 所示、干燥速率沿床深的分布如图 7-8 所示。

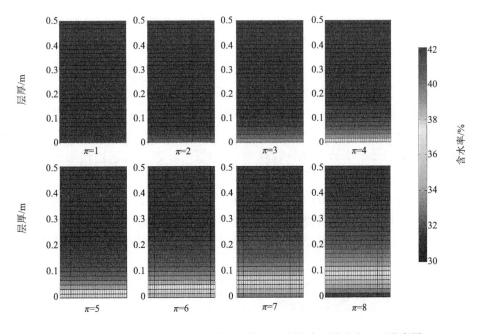

图 7-7　不同风量谷物比下稻谷逆流干燥含水率沿床深的分布（后附彩图）

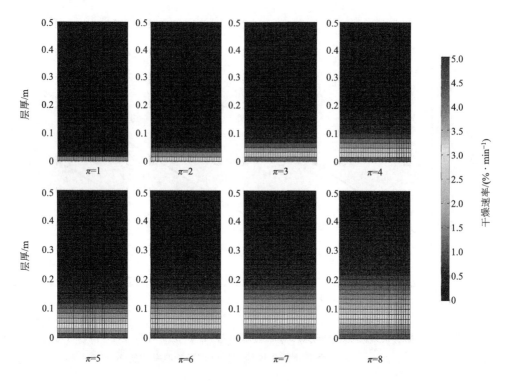

图 7-8　不同风量谷物比下稻谷逆流干燥干燥速率沿床深的分布（后附彩图）

7.4　多段逆流干燥-缓苏过程解析法

逆流干燥热风的初态点和粮食的终态点相遇，而终态点是和粮食的初态点相遇，迎合了稻谷水分结合能随含水率降低而增大的干燥热量匹配要求，能量利用效果较好，而且干燥强度大，但若操作不当，则容易出现品质问题，为了缓解稻谷的内应力，防止爆腰，逆流干燥必须包含缓苏段。下面说明多段逆流干燥-缓苏工艺过程水分在线解析的方法。

多段逆流干燥-缓苏过程如图 7-9 所示。稻谷在干燥塔内，靠自重缓慢向下流动，干燥介质通过机内通风角盒向上穿透粮层，实现水分和热量交换。稻谷自上而下，依次经过多级干燥、缓苏过程后到达终干水分，干燥机内始终充满稻谷并保持稳定的连续流动状态。

稻谷经过第 1 段干燥层后水分降至 M_1，经过缓苏后，由 M_1 的含水率状态进入第 2 段干燥层。依次经过多段逆流干燥-缓苏到达终干水分。

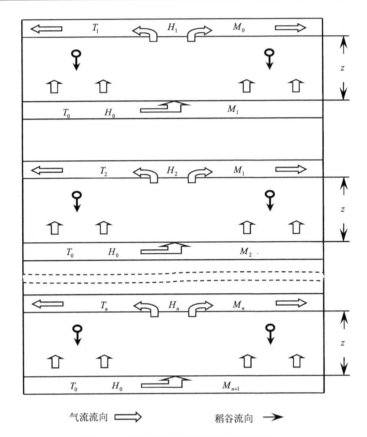

图 7-9　多段逆流干燥–缓苏工艺原理

稻谷在各级干燥段的送风条件相同，最初的自由含水比 $\phi = \dfrac{M_d - M_{e2}}{M_0 - M_{e2}}$，假设经过一段逆流干燥后水分降至 M_1 后，在缓苏段，使稻谷充分完成粒体内部的温度和湿度调节，达到粒体内部水分均匀一致，稻谷将在含水率 M_1 的状态进入下一级干燥段、缓苏段，此时，相对应于稻谷初始含水率 M_0；可以认为稻谷经过缓苏后，内部水分偏差消失，经过第 1 段干燥–缓苏后进入第 2 段时的自由含水比为 $\phi_1 = \dfrac{M_1 - M_{e2}}{M_0 - M_{e2}}$；经过第 2 段干燥–缓苏后进入第 3 段时的自由含水比为 $\phi_2 = \dfrac{M_2 - M_{e2}}{M_1 - M_{e2}}\phi_1$；经过第 3 段干燥–缓苏后进入第 4 段时的自由含水比为 $\phi_3 = \dfrac{M_3 - M_{e2}}{M_2 - M_{e2}}\phi_2$。这样，经第 n 段干燥层出口处的自由含水比 ϕ_n 就可用式（7-21）或式（7-22）来计算。

$$\phi_n = \frac{M_n - M_{e2}}{M_{n-1} - M_{e2}}\phi_{n-1} \tag{7-21}$$

$$\phi_n = \prod_{i=1}^{n} \frac{(M_n - M_{e2})}{(M_{n-1} - M_{e2})} \tag{7-22}$$

基于上述的方法，限定逆流干燥层厚度为 0.5 m，各干燥段之间设置缓苏段，谷物的流动速度设定为 1 m/h, 风量谷物比为 5, 得到的高湿稻谷在干燥、缓苏工艺条件下, 自由含水比变化及干燥速率变化的解析结果如图 7-10 和图 7-11 所示。

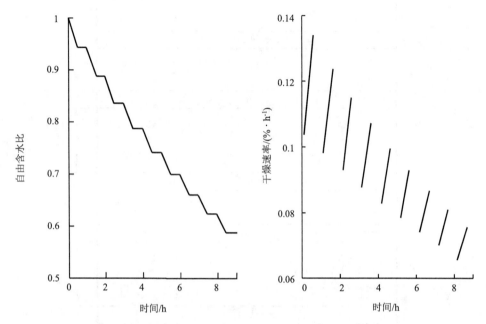

图 7-10　多段逆流干燥-缓苏自由含水比变化　　图 7-11　多段逆流干燥-缓苏干燥速率变化

从图 7-10、图 7-11 的曲线变化看到, 逆流干燥-缓苏工艺, 稻谷在各干燥层内均为持续升速干燥过程, 稻谷的含水率越高, 流经同一干燥层时的干燥速率和升速的幅度就越大。表明稻谷在低含水率状态时的能量利用率不如高含水率状态, 即干燥介质流经低湿稻谷层后仍具备相当的干燥能力, 加大逆流干燥通风面积、大幅度降低风量谷物比、延长热风在干燥层内的流经时间, 能够有效地提高逆流干燥的热能利用效率。

7.5　顺流干燥解析法

7.5.1　顺流干燥过程的分析解

顺流干燥如图 5-1 (a) 所示, 在顺流干燥方式下, 粮食靠自重连续向下流动, 热风受迫向下穿过干燥层。热风和粮食流动方向相同, 在同向流动的过程中, 实现粮食干燥、热风增湿、降温。高温、低湿的热风在干燥层入口处, 首先与高湿、低温的粮食相遇。在离开干燥层时, 粮食温度升至最高而热风温度降至最低。在顺流干燥过程中, 粮食的干燥特性受后续进料 (或上游粮食) 温度、湿度等条件的影响。

顺流干燥系统, 顺流干燥粮食的入口也是介质的入口, 粮食的出口也是介质的出口, 在 $\eta = 0$ 的深床位置点, 最湿的粮食与最初的热风相遇, 此状态点 $\phi = \phi_0$, 在任意确定的位

置上 $\dfrac{\partial \phi}{\partial \tau}=0$，把式（5-30）改写为 $\dfrac{1}{f(\phi)} \cdot \dfrac{\partial \phi}{\partial \tau} \cdot \dfrac{\partial \tau}{\partial \eta}+\phi=C$，$\dfrac{\partial \tau}{\partial \eta}$ 的值取决于粮食的流动状态，是有界函数，对于稳定流 $\dfrac{\partial \tau}{\partial \eta}$ 是确定的常数，由此可见，顺流干燥的积分常数等于对应床深位置的自由含水比。选定粮食的初态点为开始干燥的状态点并定义该状态点的自由含水比为 ϕ_i，则有粮食自由含水比变化区间 $[\phi_i, \quad \phi]$，对应的层厚区间为 $[0, \quad \eta]$。

根据顺流干燥的初期条件，按照以下方法，确定出式（5-31）中的积分常数及相关参数，即可得到顺流深层干燥自由含水比和干燥速率解析式。

$\dfrac{\partial \phi}{\partial \eta}=\dfrac{\partial \phi}{\partial M_d}\dfrac{\partial M_d}{\partial \theta}\dfrac{\partial \theta}{\partial \eta}=\dfrac{1}{M_0-M_e}\cdot \dfrac{g_0}{\varepsilon v}\cdot \dfrac{\partial M_d}{\partial \theta}$；$v$ 为粮食的流动速度（m/h）。用干燥速率 $\dfrac{\partial M_d}{\partial \theta}$ 替代（5-30）式中的 $\dfrac{\partial \phi}{\partial \eta}$ 后，式（5-30）便被改写成式（7-23）：

$$\frac{1}{f(\phi)}\cdot \frac{g_0}{\varepsilon v(M_0-M_e)}\cdot \frac{\partial M_d}{\partial \theta}+\phi=C \tag{7-23}$$

在 $\eta=0$ 时，顺流干燥速率最大（干燥层入口处）$-\dfrac{\mathrm{d}M_d}{\mathrm{d}\theta}=k(M_0-M_e)$，$\phi=\phi_i=\phi_0$，$f(\phi)=f(\phi_1)=\phi_0$，$\phi_0$ 为粮食的初始自由含水比，当粮食内部含水率分布处在均匀一致状态时 $\phi_0=1$。

把入口条件代入式（7-23）得 $\varepsilon=\dfrac{\rho_b k_{12}(M_0-M_{e2})}{\chi_0}$。

把入口条件和 ε 值代入式（7-23）及 $\eta=\dfrac{\varepsilon}{g_0}z$ 算式，分别得到顺流干燥积分常数及层厚无量纲表达式：

$$C=\phi_0-\frac{1}{\phi_0}\frac{g_0\chi_0}{v\rho_b(M_0-M_{e2})} \tag{7-24}$$

$$\eta=\frac{\rho_b(M_0-M_{e2})}{g_0\chi_0}k_{12}z \tag{7-25}$$

$$C\eta=\left[\phi_0\frac{\rho_b(M_0-M_{e2})}{g_0\chi_0}-\frac{1}{v\phi_0}\right]k_{12}z \tag{7-26}$$

将以上算式及参数代入式（5-31）得到顺流干燥自由含水比解析式（7-27）：

$$\phi=\frac{\left[\phi_0-\dfrac{1}{\phi_0}\dfrac{g_0\chi_0}{v\rho_b(M_0-M_{e2})}\right]\phi_0\exp\left\{\left[\phi_0\dfrac{\rho_b(M_0-M_{e2})}{g_0\chi_0}-\dfrac{1}{v\phi_0}\right]k_{12}z\right\}}{-\dfrac{1}{\phi_0}\dfrac{g_0\chi_0}{v\rho_b(M_0-M_{e2})}+\phi_0\exp\left\{\left[\phi_0\dfrac{\rho_b(M_0-M_{e2})}{g_0\chi_0}-\dfrac{1}{v\phi_0}\right]k_{12}z\right\}} \tag{7-27}$$

由 $\mathrm{d}\eta=\dfrac{\varepsilon}{g_0}v\mathrm{d}\theta$ 知 $\dfrac{\mathrm{d}\eta}{\mathrm{d}\theta}=\dfrac{\varepsilon}{g_0}v$，而 $\dfrac{\partial \phi}{\partial \eta}=\dfrac{\partial \phi}{\partial \theta}\dfrac{\partial \theta}{\partial \eta}$，代入式（5-30）得到顺流干燥速率沿床深方向分布式（7-28）：

$$-\frac{\partial \phi}{\partial \theta} = -\frac{v\varepsilon(\phi_0 - \phi)}{g_0}\phi \qquad (7-28)$$

自由含水比是状态参数,粮食经过顺流干燥层,自由含水比由状态点 ϕ_0 降至 ϕ,在[ϕ_0, ϕ]的干燥层内的平均干燥速率必然是降水幅度与其经历的时间之比,即 $-\frac{\partial \phi}{\partial \theta} = \frac{\phi_0 - \phi}{\theta}$,于是,存在式(7-29):

$$-\frac{\partial \overline{\phi}}{\partial \theta} = \frac{\phi_0 - \phi}{\theta}$$

$$= \frac{\phi_0}{\theta}\left(1 - \frac{\left[\phi_0 - \frac{1}{\phi_0}\frac{g_0\chi_0}{v\rho_b(M_0 - M_{e2})}\right]\exp\left\{\left[\phi_0\frac{\rho_b(M_0 - M_{e2})}{g_0\chi_0} - \frac{1}{v\phi_0}\right]k_{12}z\right\}}{-\frac{1}{\phi_0}\frac{g_0\chi_0}{v\rho_b(M_0 - M_{e2})} + \phi_0\exp\left\{\left[\phi_0\frac{\rho_b(M_0 - M_{e2})}{g_0\chi_0} - \frac{1}{v\phi_0}\right]k_{12}z\right\}}\right) \qquad (7-29)$$

7.5.2 顺流干燥解析实例

基于与逆流干燥相同的物料条件和送风条件,解析出的稻谷顺流干燥含水率沿床深方向的分布如图 7-12(a)所示,相应的平均含水率沿床深的分布如图 7-13(a)所示、干燥速率沿床深的分布如图 7-14(a)所示、平均干燥速率沿床深的分布如图 7-15(a)所示。

对应不同层厚,稻谷顺流干燥含水率随风量谷物比的变化如图 7-12(b)所示,相应的平均含水率随风量谷物比的变化如图 7-13(b)所示、干燥速率随风量谷物比的变化如图 7-14(b)所示、平均干燥速率随风量谷物比的变化如图 7-15(b)所示。

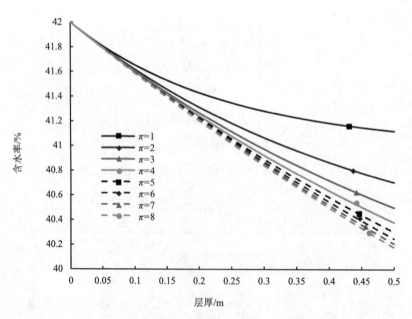

(a)不同风量谷物比下稻谷顺流干燥含水率沿床深的分布

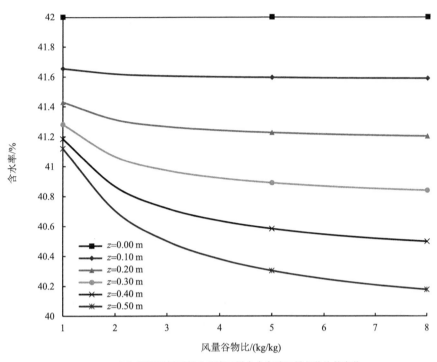

（b）不同层厚下稻谷顺流干燥含水率随风量谷物比的变化

图 7-12　不同条件下稻谷顺流干燥含水率的变化

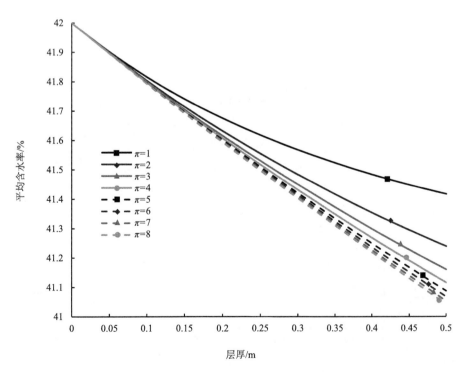

（a）不同风量谷物比下稻谷顺流干燥平均含水率沿床深的变化

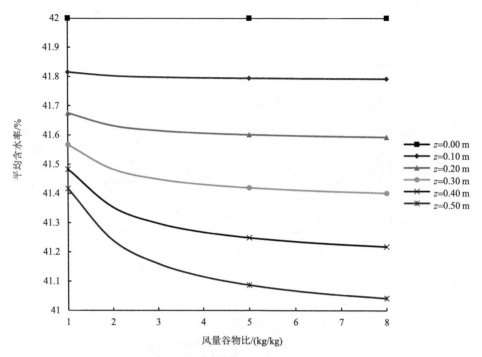

（b）不同层厚下稻谷顺流干燥平均含水率随风量谷物比的变化

图 7-13　不同条件下稻谷顺流干燥平均含水率的变化

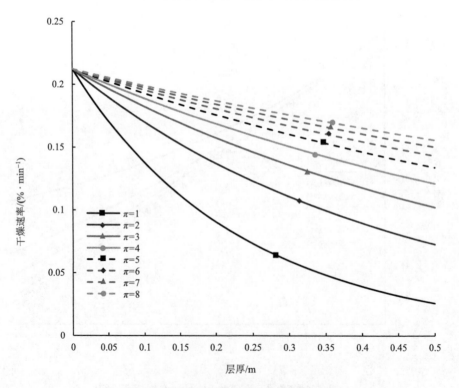

（a）不同风量谷物比下稻谷顺流干燥干燥速率沿床深的分布

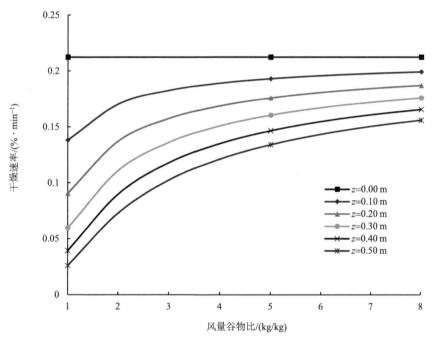

（b）不同层厚下稻谷顺流干燥干燥速率随风量谷物比的变化

图 7-14　不同条件下稻谷顺流干燥干燥速率的变化

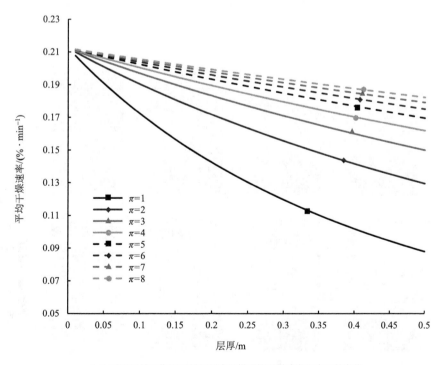

（a）不同风量谷物比下稻谷顺流干燥平均干燥速率沿床深的变化

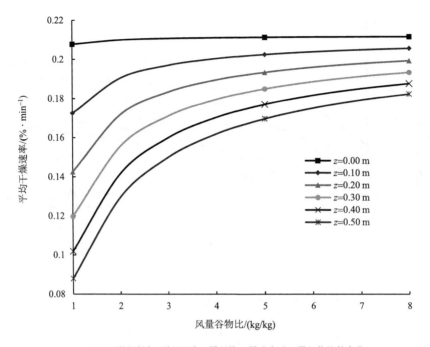

（b）不同层厚下稻谷顺流干燥平均干燥速率随风量谷物比的变化

图 7-15　不同条件下稻谷顺流干燥平均干燥速率的变化

　　不同风量谷物比下稻谷顺流干燥含水率沿床深的分布如图 7-16 所示、干燥速率沿床深的分布云图 7-17 所示。

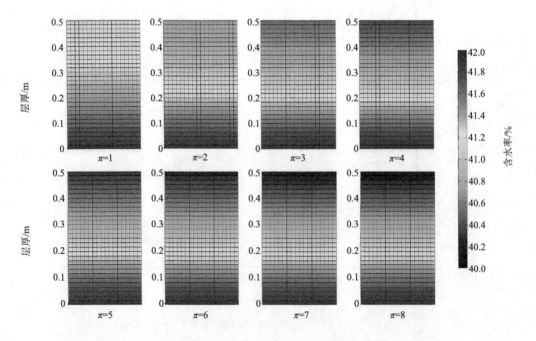

图 7-16　不同风量谷物比下稻谷顺流干燥含水率沿床深的变化（后附彩图）

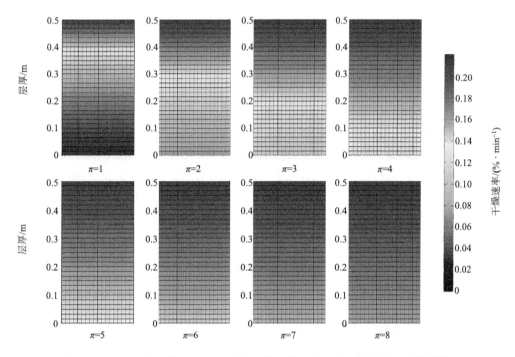

图 7-17　不同风量谷物比下稻谷顺流干燥干燥速率沿床深的变化（后附彩图）

　　顺流干燥粮食的流向与介质相同，粮食的干燥状态由高温低湿的热风状态点变化到低温高湿的热风状态点。从图 7-14、图 7-15 看出，在干燥层内的粮食干燥速率经历的是持续降低的过程，干燥速率最大点发生在干燥初期，即干燥层热风入口位置，而在图 7-12、图 7-13 中，粮食的含水率曲线存在初期快速降低、后期变化极其平缓的区间。表明干燥空气进入顺流干燥层后，干燥能力在快速下降，流动的后期基本丧失。随介质接纳水分能力的快速降低，与其对应的粮食平衡含水率在迅速升高，导致干燥层内的干燥速率快速下降。对比图 7-16、图 7-17 中的不同风量谷物比下的顺流干燥层内的含水率、干燥速率分布云图不难发现，风量谷物比对顺流干燥有一定影响，风量谷物比越大，层内粮食的含水率差值越大，但干燥速率差值相对越小。

　　由于顺流干燥热风与粮食同向流动，高温介质首先与最湿、温度最低的粮食相遇，可以使用很高的热风温度如 120~150℃，使得干燥层内的换热效率较高，低温粮食在干燥初期的升温幅度很大，而随其流动又能迅速持续回落，顺流工艺既能使粮食快速升温而又不会使粮食温度过高，比较适合低温环境条件下的高湿粮食干燥。但顺流工艺方式也有缺点：①介质和粮食的流动方向都是自上而下，介质在粮层内经历的是自上而下持续温度降低的过程，温度差造成流体内部密度不同而引起的浮升力，对干燥过程的对流换热起负面作用；②高温介质从上方与粮食籽粒相遇，热风与粮食的位置关系弱化了热交换；③蒸发出的水分因其分子量小于干燥介质，自发向上浮升，由于浮升方向与介质流向相反，这样则延长了水蒸气在干燥层内的停留时间，不利于干燥。因此，设计顺流干燥时，应适当提高送风温度，而不宜过度加大干燥层厚度。

7.6　横流干燥解析法

7.6.1　横流干燥过程的分析解

横流干燥如图 5-1（c）所示。在横流干燥方式下，干燥物靠自重连续向下流动，热风受迫横向穿过干燥层。干燥层进风侧温度最高，湿度最小，而在排气侧温度最低，湿度最大。物料在横流干燥过程中，处在不同位置的物料的干燥条件不同。在干燥层进风侧，物料的干燥条件就是送风条件，而在排风侧的物料的干燥特性，要受送风条件和进风侧物料的影响。

由横流干燥的初期条件，按照以下方法，确定出式（5-30）中的积分常数及相关参数，即得横流干燥自由含水比解析式和干燥速率解析式。

在 $\tau=0$，$\eta=0$ 时，$\phi=\phi_0$，$\dfrac{\partial\phi}{\partial\eta}=0$。代入式（5-30）得 $C=\phi_0$，最大干燥速率

$(-\dfrac{\partial M_d}{\partial\theta})_{max}=\dfrac{\varepsilon\chi_0}{\rho_b}=k_{12}(M_0-M_{e2})$，由此求得

$$\tau=\frac{\varepsilon}{\rho_b(M_0-M_{e2})}\theta=\frac{\rho_b k_{12}(M_0-M_{e2})}{\rho_b(M_0-M_{e2})\chi_0}\theta=\frac{k_{12}\theta}{\chi_0}\;;\quad \eta=\frac{k_{12}(M_0-M_{e2})\rho_b}{\chi_0 g_0}z$$

求解 $\dfrac{\partial\phi}{\partial\tau}=-\chi f(\phi)$，即在区间 $[\tau,\ 0]$ 上求 $\int_{\phi_0}^{\phi}\dfrac{\partial\phi}{\phi}=-\int_0^{\tau}\chi_0\partial\tau$，积分得横流进风侧自由含水比解析式：

$$\phi_1=\phi_0\exp(-\chi_0\tau)=\phi_0\exp(-k_{12}\theta)=\phi_0\exp(-k_{12}\frac{s}{v}) \tag{7-30}$$

式中，s 为物料落入干燥层后下落的距离（m）。

将以上参数与式（7-30）代入式（5-32）得热风横流干燥自由含水比解析式（7-31），进而求导得横流干燥速率分布式（7-32）：

$$\phi=\frac{\phi_0\exp\left[\phi_0\dfrac{k_{12}(M_0-M_{e2})\rho_b}{\chi_0 g_0}z\right]}{\exp(k_{12}\dfrac{s}{v})+\exp\left[\phi_0\dfrac{k_{12}(M_0-M_{e2})\rho_b}{\chi_0 g_0}z\right]-1} \tag{7-31}$$

$$-\frac{\partial\phi}{\partial\theta}=\frac{\phi_0\exp\left[\phi_0\dfrac{k_{12}(M_0-M_{e2})\rho_b}{\chi_0 g_0}z\right]k_{12}\exp(k_{12}\dfrac{s}{v})}{\left\{\exp(k_{12}\dfrac{s}{v})+\exp\left[\phi_0\dfrac{k_{12}(M_0-M_{e2})\rho_b}{\chi_0 g_0}z\right]-1\right\}^2} \tag{7-32}$$

7.6.2　横流干燥过程解析实例

横流干燥，粮食靠自重向下流动，热风受迫横向穿过粮层，干燥的初态点在粮食进入

干燥段的入口位置，干燥的终态点在粮食流出干燥段的出口位置。

在相同的流动层物料条件和送风条件下，解析出的稻谷横流干燥含水率随粮食行程的分布如图 7-18（a）所示，干燥速率随粮食行程的分布如图 7-19（a）所示。

对应不同层厚，稻谷横流干燥含水率沿床深的变化如图 7-18（b）所示，干燥速率沿床深的变化如图 7-19（b）所示。

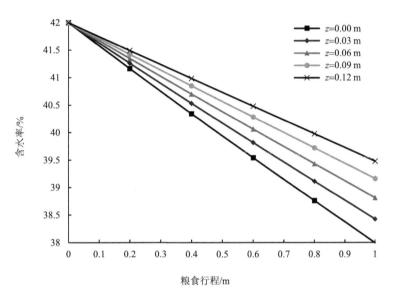

（a）风量谷物比为 1 时不同层厚稻谷横流干燥含水率随粮食行程的变化

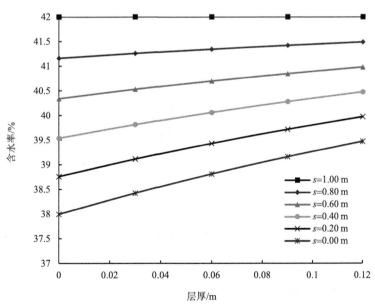

（b）风量谷物比为 1 时不同粮食行程下稻谷横流干燥含水率沿床深的变化

图 7-18　不同条件下稻谷横流干燥含水率的变化

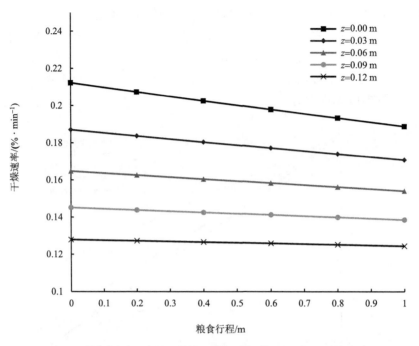

（a）风量谷物比为 1 时不同层厚稻谷横流干燥干燥速率随粮食行程的变化

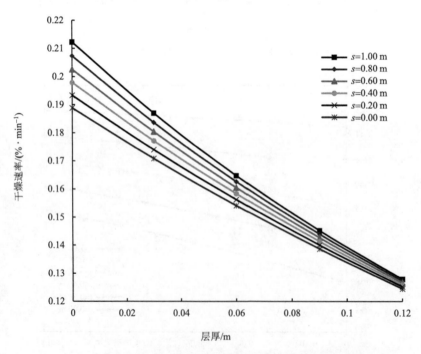

（b）风量谷物比为 1 时不同粮食行程下稻谷横流干燥干燥速率沿床深的变化

图 7-19　不同条件下稻谷横流干燥干燥速率的变化

　　不同风量谷物比下稻谷横流干燥含水率沿床深的分布如图 7-20 所示、干燥速率沿床深的分布如图 7-21 所示。

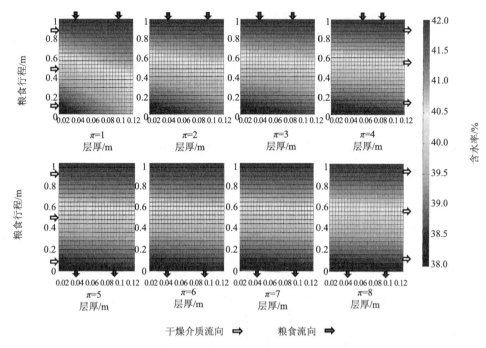

图 7-20 不同风量谷物比下稻谷横流干燥含水率沿床深的变化（后附彩图）

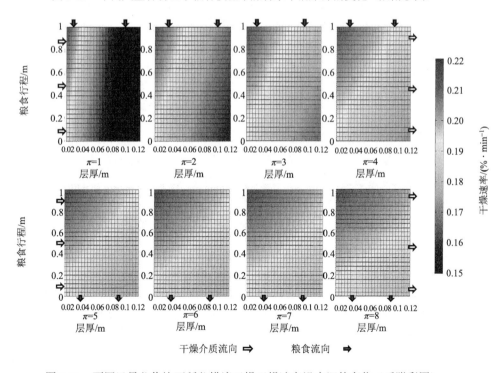

图 7-21 不同风量谷物比下稻谷横流干燥干燥速率沿床深的变化（后附彩图）

从图 7-18、图 7-19 横流层内含水率和干燥速率分布干燥曲线图和图 7-20、图 7-21 的分布图看出，横流干燥层内粮食籽粒间存在明显的水分偏差，并且随着干燥层厚度的增加而明显增大。最大干燥速率出现在粮食入口位置的进风侧，最小干燥速率出现在粮食入口位置的排风侧。对比图 7-19（a）和图 7-19（b）所示的干燥速率分布，层厚度对干燥速率的影响明显高于干燥时间的影响。在进风侧，横流的干燥速率沿粮食移行方向将持续下降；而在排风侧，干燥速率相对较小，但沿粮食移行方向干燥速率降低的幅度又明显小于进风侧，进风侧和排风测的粮食干燥速率差值随粮食的走程在持续减小。这一解析结果为分析横流干燥特征及其传递规律，干燥设计、实现高效能量利用，大幅度提高干燥效率，提供了重要的依据。

横流干燥工艺中粮食流向与热风流向垂直，机械设计比较容易实现且结构简单，制造成本较低，因而在粮食干燥领域有较广泛的应用。但存在干燥不均匀，进风侧的谷物过干，排气侧干燥不足，单位能耗较高，热能没有充分利用的弊端。受粮食干燥温度的限制，难以通过提高干燥温度来强化干燥过程，只能通过提高动力系数的方法强化干燥过程。为改善横流式干燥机干燥不均匀的缺陷，可采取以下技术措施：①粮食换位：可在横流式干燥机粮食流道中部安装粮食换流器，使内侧的粮食流到外侧，外侧的粮食流到内侧，以减少出机粮水分的不均匀性；②采用差速排粮：在横流式干燥机同一粮食流道的排料口处，设置两个转速不同的排料轮，靠进风侧的排料轮转速较快，而排风侧的排料轮转速较慢，这可使高温侧的粮食受热时间缩短而使得粮食的水分保持均匀；③热风换向：采用改变热风流动方向的方法，即沿横流式干燥机粮食流动方向，分两段或多段，使热风先由内向外流动，再由外向内流动，使粮食在向下流动的过程中均匀受热，从而改善干燥品质。

第8章 干燥系统㶲分析及能效评价

不同的能量及相同数量的能量在不同的环境、不同组分、不同相系的系统中，都会有不同的使用效果，根源在于能量之中所含的㶲不同。就粮食利用空气介质干燥的势场来源和性质而言，存在两类形式的㶲及其传递。一类是存在于粮食颗粒内部的、因生命活动产生的势场和自然界存在的势场引起的㶲传递，主要体现在水分在粮食颗粒内部的运动和粮食中的液态水分汽化时的饱和蒸气压与干燥介质中的水蒸气分压力之差引起的质㶲传递，此类㶲是自然界提供给干燥系统，可以无偿利用的干燥有用能，其传递是客观的，非人力所为，也就是说，新收获的高湿粮食，放在自然空气中，必然要自发地去水，在能够保障其安全存放的条件下，最终会自发地到达与环境介质条件对应的平衡含水率状态；另一类是为了强化干燥过程，人为地提高干燥温度、降低介质湿度、增大流速，强化或者弱化干燥势场的操作行为附加的㶲传递，主要体现为通过向干燥介质输入热能，增大比容，降低干燥室内的水蒸气分压力，提高介质流动速度等，优化处理工艺、机械结构及操作参数，强化动力系数等行为来提高干燥系统的效能，此类属于人为附加给系统的主观㶲，其传递具有确定性、规律性和可控性的特点，受时间和空间的约束。充分认识干燥系统的㶲并有效地加以利用，人为地为粮食营造一个能与介质高效地自发进行热质交换的环境，充分利用干燥系统的客观㶲，合理地匹配主观㶲，科学地指导干燥设计，是实现优质、高效节能的关键。

粮食干燥是系统内以多种势场为载体发生㶲传递的结果，㶲分析可为有效降低能耗指标、提高效率、评价能量利用水平提供科学依据，指明从能量和能质同时获得合理利用技术的途径。为此，本章讨论粮食干燥系统中的㶲特征、传递规律及能效评价法。为实现粮食高效节能干燥工艺及装置设计，开发自适应控制系统、保障粮食安全提供理论指导。

8.1 能量转换的差异性及㶲

热力学第一定律从不同形态的能量之间的数量关系，即"量"的角度描述了能量的价值，热力学第二定律说明了不同形态的能量相互转换时具有方向性。首先，机械能可以无条件地、百分之百地转换为热能，而热能转换为机械能时转换能力受到热力学第二定律的制约，在环境条件下，只能部分地转换为机械能，这说明机械能的品质高于热能；其次，热能的温度越高，转换为机械能的比例越高。说明热能本身也有质量的差别，热能的温度越高则其品质越高。因此，热力学第二定律从"质"的角度描述了能量的价值。

按照热力学第二定律,并以能量的可转换能力为衡量尺度,有以下三种不同质的能量。

（1）可无限转换的能量。如机械能、电能、水能、风能等,它们是"有序运动",所具有的能量在转换时不受热力学第二定律的制约,理论上可以毫无保留地转换为任何形式的能量。它们的"量"和"质"完全一致,称其为高级位能量。

（2）可有限转换的能量。如焓、内能、化学能等,它们是"无序运动",所具有的能量转换时要受热力学第二定律的制约,只能将其中的一部分转换为其他形式的能量,它们的"量"和"质"不统一,称其为低级位能量。

（3）不可转换能量。如地球表面的大气、海洋是一个温度基本恒定（处于环境温度下）的大热库,有着巨大的内能,但由于任何热机都是以环境为低温源工作的,无法利用环境蕴含的热能获得机械功,从机械动力学角度讲,属于不可用能,即全是废热。

可见,能量具有"量"和"质"的双重属性,能量在转换及传递时具有"量的守恒性"和"质的差异性"。比较能量的价值不能只讲数量,还必须考虑能量转换的能力,即"质"。评价各种形态能量的"量"与"质"的共同尺度就是"㶲"。

㶲是热力学第一定律和第二定律相结合的产物,它代表了能量中可无限转换的部分,是能量中"量"和"质"完全统一的部分,即可以相互比较的部分,是衡量系统在某一状态下最大做功能力的共同尺度,被用来评价过程的能量利用效率和寻求改进过程的技术途径。

在热力学中,把热力系统由任意状态可逆地变化到与环境状态相平衡时所做的最大有用功称为㶲,用 E_x 表示。这里所说的环境是抽象的概念,它是㶲的自然零点,是起算㶲的基准状态点。携带能量的系统之所以能做功,是因为它所处的状态与起算㶲的基准状态存在不平衡势差,这种势差能够驱动系统对外做功。如果过程是可逆的,则所做的功量最大,这个最大的功量,就是系统所包含的㶲,而所提到的基准状态就是环境。环境状态是指在静止的条件下,系统与环境处于热力学平衡状态,包括热平衡、力平衡、化学平衡等各项指标在内的完全平衡。环境状态具有稳定的状态参数（压力 p_0、温度 T_0、比容 v_0 等）及确定的物质组分,是一个处于静止和热力学平衡状态的庞大物系,即便是与其他热力系统交换热量、功和物质时,它自身的状态都不会改变。

在环境条件下,能量中不可能转化为有用功的部分称为炂,用 A_n 表示。

任何能量 E 都是由㶲和炂两部分组成,即

$$E = E_x + A_n \tag{8-1}$$

对于某种形式的能量,其㶲或炂可能为零,如电能、机械能是可无限转换的能量,其炂为零,全部是㶲;环境介质所储存的热能是不可转换的能量,全部为炂,其㶲为零。因此,不能以系统的环境作为能源,所谓的能源实际上指的是㶲源。能量中含有的㶲越多,其转换为有用功或可无限转换能量的能力越大,动力利用的价值越高。每单位能量中所含的㶲可以定量地用一个无量纲能质系数 λ 来表示:

$$\lambda = \frac{E_x}{E} \tag{8-2}$$

8.2　不同形式㶲的计算

8.2.1　闭口系统的㶲

热力学第二定律告诉我们热能不可能连续地全部转变为机械能。在给定的热源与环境温度（T_1 和 T_0）下，一切可逆热机的热效率相等，都等于卡诺循环热效率，介质从热源吸收的热量 Q 所能完成的最大有用功 $W_{U,\max}$，根据热力学第一定律：

$$\delta Q = dU + P_0 dV + \delta W_{U,\max} \tag{8-3}$$

式中，δQ 为可逆微元过程中系统与环境交换的热量；dU 为介质微元过程中内能的变化；$P_0 dV$ 为介质系统推挤环境介质所必须付出的膨胀功，此功无法利用；$\delta W_{U,\max}$ 为介质微元过程中向外提供的最大有用功。

取系统与环境构成扩大的孤立系，根据热力学第二定律，对于可逆过程，系统熵变与环境熵变的代数和应为零，用 dS_{ios} 表示孤立系的熵变，用 dS_0 表示环境熵变，用 dS 表示系统熵变，则有

$$dS_{ios} = dS + dS_0 = \frac{\delta Q}{T} + \frac{-\delta Q}{T_0} = 0$$

$$dS_0 = -\frac{\delta Q}{T_0} \quad （Q \text{ 取绝对值}）$$

$$dS = \frac{\delta Q}{T} = \frac{\delta Q}{T_0} \quad （\text{可逆过程，系统温度与环境温度相等}），\text{代入（8-3）式得}$$

$$\delta W_{U,\max} = -dU - P_0 dV + T_0 dS$$

对系统从任意状态变到环境状态的有限过程积分得

$$W_{U,\max} = -\int_U^{U_0} dU - P_0 \int_v^{v_0} dV + T_0 \int_s^{s_0} dS = (U + P_0 V - T_0 S) - (U_0 + P_0 V_0 - T_0 S_0)，\text{即内能㶲}$$

$$E_{X,U} = (U + P_0 V - T_0 S) - (U_0 + P_0 V_0 - T_0 S_0) \tag{8-4}$$

写成比㶲的形式，即

$$e_{x,u} = (u + p_0 v - T_0 s) - (u_0 + p_0 v_0 - T_0 s_0) \tag{8-5}$$

当环境一定时，内能㶲只取决于闭口系统的状态，显然是一个状态参数，即闭口系统从一个状态变化到另一个状态所能完成的最大有用功等于变化前后的内能㶲之差，与变化的路径无关。

8.2.2　开口系统的焓㶲

对于开口系统，在温度为 T_0、压力为 P_0 和熵为 S_0 的环境中，处于任意状态的进口（P, T, H, S）稳态，稳定流至与环境相平衡的出口（P_0, T_0, H_0, S_0）所能完成的最大有用功量，称为焓㶲，用 $E_{X,H}$ 表示。忽略重力位能差及介质宏观动能差，根据稳态稳定流动能量方程有

$$\delta W_{U,\max} = \delta Q - \mathrm{d}H \tag{8-6}$$

取系统与环境构成扩大的孤立系，对于可逆过程，系统熵变与环境熵变的代数和应为零，则有

$$\mathrm{d}S_{\mathrm{ios}} = \mathrm{d}S + \mathrm{d}S_0 = \frac{\delta Q}{T} + \frac{-\delta Q}{T_0} = 0$$

$$\mathrm{d}S_0 = -\frac{\delta Q}{T_0} \quad (Q\ \text{取绝对值})$$

$\mathrm{d}S = \dfrac{\delta Q}{T_0}$，代入（8-6）式后，积分得

$$W_{U,\max} = T_0(S_0 - S) - (H_0 - H) = (H - T_0 S) - (H_0 - T_0 S_0)$$

即焓㶲为

$$E_{X,H} = (H - T_0 S) - (H_0 - T_0 S_0) \tag{8-7}$$

写成比㶲的形式，即

$$e_{x,h} = (h - T_0 s) - (h_0 - T_0 s_0) \tag{8-8}$$

当环境一定时，焓㶲只取决于系统的状态，显然也是一个状态参数，即开口系统从一个状态变化到另一个状态所能完成的最大有用功等于变化前后的焓㶲之差，与变化的路径无关。

8.2.3　热量㶲

如图 8-1 所示，在温度为 T_0 的环境条件下，热源所提供的热量中可以转化为最大有用功的部分称为热量㶲，用 $E_{x,Q}$ 表示；热源通过系统边界传递 δQ 的热量，所能获得的最大有用功，用 $\delta W_{U,\max}$ 表示。根据卡诺定理，得 $\delta W_{U,\max}$ 计算式（8-9）

$$\delta W_{U,\max} = (1 - \frac{T_0}{T})\delta Q \tag{8-9}$$

这个最大有用功就是热量㶲 $E_{x,Q}$，积分式（8-9）得式（8-10）

$$E_{X,Q}=\int_1^2(1-\frac{T_0}{T})\delta Q=\int_1^2\delta Q-T_0\int_1^2\frac{\delta Q}{T}=Q_{12}-T_0(S_2-S_1) \tag{8-10}$$

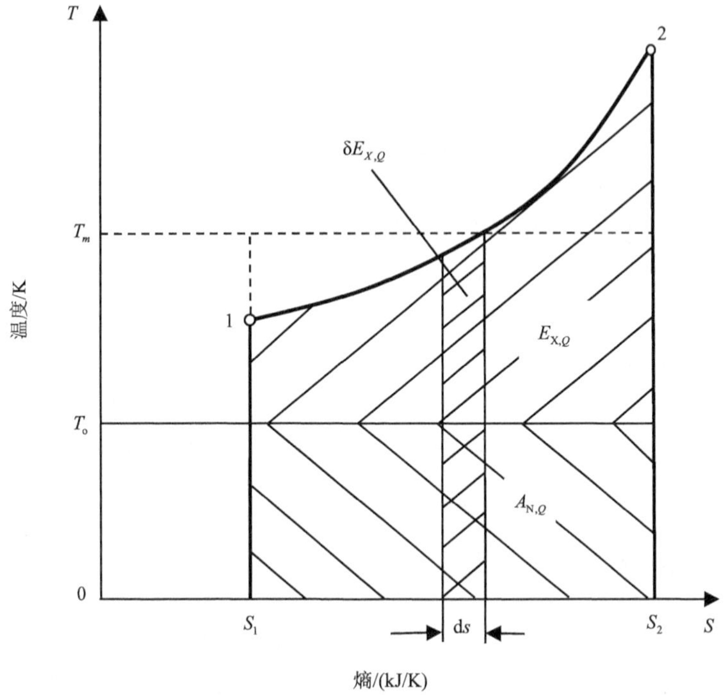

图 8-1　热量㶲

$E_{X,Q}$ 为㶲/kJ；$A_{N,Q}$ 为𬉼/kJ；1 是系统的初态点；2 是系统的终态点；T_0 是环境温度 1K

图 8-1 中，热量㶲与系统所处的环境状态有关，也与热源放热过程的特征有关，温度越高，系统从热源获得的热量中㶲所占的比例越大。热力学第二定律告诉我们，𬉼不可能转化为㶲，在可逆过程中㶲守恒；工作在两个恒温源之间的一切可逆热机的热效率相等，都等于卡诺循环的热效率。那么，系统从状态 1 变化到状态 2 的过程中，由于热源温度是连续函数，根据积分中值定理，温度函数对变量熵 S 的积分就等价于温度函数的平均值与变化前后的熵差之积，所以，只要平均放热温度 T_m 相同，无论系统经历怎样的可逆过程，放热量相等时热量㶲也相等，则热量㶲的能质系数 $\lambda_q \equiv \frac{T_m-T_0}{T_m}$。

由图 8-1 知，热源的平均放热温度 T_m 是评价热量传递的定性温度，系统从平均放热温度为 T_m 的热源吸热可逆地变化到环境状态所能完成的最大有用功等于该放热温度下的卡诺循环完成的最大有用功。

由于 $Q_{12}=\int_1^2\delta Q=\int_1^2 T\mathrm{d}s=T_m\int_1^2\mathrm{d}s=T_m\cdot(S_2-S_1)$，所以 $E_{X,Q}$ 的计算式（8-10）可表示为式（8-11）

$$E_{X,Q}=\int_1^2(1-\frac{T_0}{T_m})\delta Q=(1-\frac{T_0}{T_m})Q_{12}=(T_m-T_0)(S_2-S_1) \tag{8-11}$$

式中，T_m 是热源平均放热温度（K）；T_0 是环境温度（K）；$E_{X,Q}$ 是热量㶲（kJ）。

8.3　㶲平衡方程及㶲效率

㶲是能量本身的特性，系统具有能量的同时具有了㶲，介质携带能量或传递的同时也携带或传递㶲。任何可逆过程都不会发生㶲向炕的转变，没有㶲损，而任何不可逆过程都伴随着㶲损，过程的不可逆性越大，㶲损也越大。这是㶲平衡分析与能量平衡分析的不同之处。依照热力学第一定律建立的能量利用效率，没有考虑系统输入和输出能量的品质对效率的影响，如果输入的能量品质高，则系统的能量效率也高，如果系统排出的能量品质较高，则说明系统的性能较差，㶲没有被充分利用。显然，只有建立㶲平衡方程，引入㶲效率的概念才能反映系统的真实性能。

由于㶲的概念涉及能量的可用性，具有能量的量纲和属性，所以，建立㶲平衡方程可以参照能量平衡方程的建立方法，但需增加一支出项——㶲损，即输入系统的㶲减去输出系统的㶲和㶲损等于系统的㶲增量。

8.3.1　闭口系统㶲平衡方程

如图 8-2 所示，假设一闭口系统热力设备，介质从温度为 T 的热源获得热量 Q，对外做膨胀功 W，并使系统的内能从最初的 U_1 状态变化到 U_2。在此过程中热量㶲 $E_{x,Q}$ 随 Q 传入系统，由于能量传递与转换过程的不可逆性，而在系统内部产生了㶲损 I（如果热源与介质是不可逆传热，㶲损还要包括热源与系统换热的不可逆㶲损），使得㶲的总量随着不可逆过程的进行不断减小。系统的状态从最初的 U_1 变化到 U_2 的过程中，系统的㶲增量为 $E_{x,U_2} - E_{x,U_1}$，此部分㶲增量含在做完功的介质内。系统实际做出的有用功 W_a 才是系统输出的净㶲 E_{x,W_a}，它等于过程功量 W 与排斥大气所做的无用功 $P_0(V_2 - V_1)$ 之差。

此时，得到闭口系统的能量平衡方程为

$$Q = W + U_2 - U_1 = W_a + P_0(V_2 - V_1) + U_2 - U_1 \tag{8-12}$$

闭口系统的㶲平衡方程为

$$E_{x,Q} = E_{x,U_2} - E_{x,U_1} + E_{x,W_a} + I \tag{8-13}$$

写成比㶲的形式，即

$$e_{x,q} = e_{x,u_2} - e_{x,u_1} + e_{x,w_a} + i \tag{8-14}$$

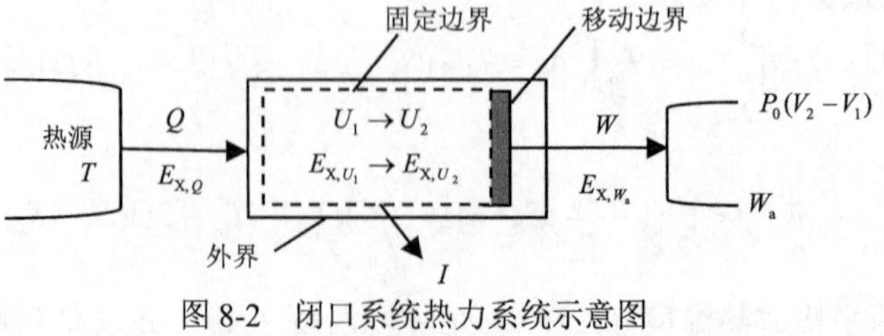

图 8-2　闭口系统热力系统示意图

8.3.2　开口系统㶲平衡方程

如图 8-3 所示，假设一开口系统热力设备，介质一元稳定流动过程中，从温度为 T 的热源获得热量 Q，对外输出轴功 W_s 并使系统的焓从最初的状态 H_1 变化到 H_2，在此过程中热量㶲 $E_{X,Q}$ 随 Q 传入系统，由于能量传递与转换过程的不可逆性，在系统内部产生了㶲损 I，使得㶲总量随着不可逆过程的进行不断减小。系统从最初的状态变化到 H_2 的㶲增量为 $E_{X,H_2} - E_{X,in}$，此部分㶲增量将随介质被作为废物排出热力设备，即排气㶲损。系统实际热力过程作出的轴功 W_s 是系统输出的净㶲 E_{X,W_s}。

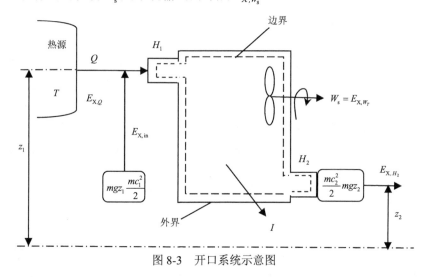

图 8-3　开口系统示意图

由此得到开口系统的能量平衡方程为

$$Q = (H_2 - H_1) + \frac{m(c_2^2 - c_1^2)}{2} + mg(z_2 - z_1) + W_s \tag{8-15}$$

开口系统的㶲平衡方程为

$$E_{X,Q} = E_{X,H_2} - E_{X,in} + E_{X,W_s} + I + \frac{m(c_2^2 - c_1^2)}{2} + mg(z_2 - z_1) \tag{8-16}$$

写成比㶲的形式，即

$$e_{x,q} = e_{x,h_2} - e_{x,in} + e_{x,w_s} + i + \frac{c_2^2 - c_1^2}{2} + g(z_2 - z_1) \tag{8-17}$$

8.3.3　㶲效率

对于给定环境条件下进行的过程，㶲损的大小能够用来衡量该过程的热力学完善程度。㶲损大，表明过程的不可逆性 8 大。通常用㶲效率 η_{E_x} 来表达热力系统或热工设备的㶲的利用程度或系统的热力学完善程度。

系统的㶲效率：

$$\eta_{E_X} = \frac{E_{X, gain}}{E_{X, pay}}$$ （8-18）

式中，$E_{X, gain}$ 为系统在热力过程中被利用或收益的㶲；$E_{X, pay}$ 为支付或耗费的㶲。

闭口系统的㶲效率 $\eta_{E_X} = \dfrac{E_{X, gain}}{E_{X, pay}} \dfrac{E_{X, W_a}}{E_{X, U_1} + E_{X, Q}} = 1 - \dfrac{E_{X, U_2} + I}{E_{X, U_1} + E_{X, Q}}$。

开口系统的㶲效率 $\eta_{E_X} = \dfrac{E_{X, gain}}{E_{X, pay}} = \dfrac{E_{X, W_s}}{E_{X, in} + E_{X, Q}} = 1 - \dfrac{E_{X, H_2} + I}{E_{X, in} + E_{X, Q}}$。

㶲效率是收益㶲与支付㶲的比值。㶲效率与能效率相比，它多了一个因系统内部的不可逆性造成的损失项 I，而此项损失才是真正意义上的热力学损失，反映了系统的热力学完善度。因此，建立热力系统㶲平衡方程，采用㶲分析法，能够定量计算能量㶲的各项收支、利用及损失情况。在㶲收支平衡的基础上，把握能流的去向，考察包括收益项和各种损失项，根据各项的分配比例可以分清其主次；通过计算效率，确定能量转换的效果和有效利用程度，进而分析能量利用的合理性，分析各种损失大小和影响因素，提出改进的可能性及改进途径，并预测改进后的节能效果，对研究能源的合理利用和实现高效节能具有重大意义。

一切系统的宏观过程都是自发地向着㶲减少的方向进行，到㶲值等于零为止，㶲也可以作为预测过程进行的方向、深度，以及衡量由于过程不可逆所引起的能量贬值程度。因此，可以说㶲在孤立系统中的作用与熵在孤立系统中的作用相当，只不过它们是从两个方向来说明热力学第二定律的。熵在孤立系统中只增不减，而㶲在孤立系统中只减不增，但应当注意的是，孤立系的熵增在任何情况下均等于功损，而㶲损却不一定等于功损。如果因功损而变成的热量温度高于环境温度，则这部分热量对环境而言仍有一定的做功能力，在这种情况下的㶲损小于功损。

8.4　粮食热风干燥系统㶲分析

㶲是指热力系统由任意状态可逆地变化到与环境状态相平衡时所做的最大有用功，是热力学第一定律和第二定律相结合的产物，代表了能量中可无限转换的部分，是能量中"量"和"质"完全统一的部分，是衡量热力系统在某一状态下最大做功能力的共同尺度，被用来评价过程的能量利用效率和寻求改进过程的技术途径。㶲概念的引入，解决了利用一个单独的物理量来揭示干燥系统能量价值的问题，改变了人们对能的性质、损失、转换效率等传统的看法，提供了用能分析的科学基础，能够全面深刻地揭示系统内部损失、能量的价值及在各环节上损耗的特征。但粮食干燥是在大惯性、非线性、湿、热多种不确定扰动因素并存条件下的自发去水过程，伴随其自身的物理性状实时改变并发生复杂的理化、生化反应。影响干燥效果及品质的因素，不仅有外部条件、内部因素，还有系统的扰动、处理工艺，装置结构设计及其操作参数对干燥系统的能量利用效果都会产生较大的影响。从粮食干燥势场来源和性质看，存在两类形式的㶲。一类是主观㶲，受时间和空间的约束，传递过程具有规律性和可控性的特点。另一类是客观㶲。因此，在基于㶲分析法评价粮食干燥系统的能效时，还必须揭示介质及粮食状态变化过程中㶲及其传递的性质，确立动态干燥过程中的㶲基准线。为此，本节基于粮食水分结合能及其干燥状态变化特征，以干燥过程中粮食对应介质状态变化的平衡含水率为干燥㶲基准线，说明了干燥系统的客观㶲和主观㶲的性质及其状态变化特征；给出热效率、效率、能效评价计算式，通过干燥系统状态参数图解析粮食干燥的耗能特征。

8.4.1　热风干燥系统的环境态

㶲分析的关键之一是要给定环境参考态，所谓的干燥环境态就是特定的维持一定压力、温度、湿度条件下的无穷大的热源和无穷大的物质源，是指评价粮食及介质的一切宏观状态参数不随时间变化，干燥系统处于包括热平衡、力平衡、化学平衡等各项平衡在内的完全平衡，这个完全平衡状态的环境才是系统的外界，环境在与系统作用时其状态保持不变。在热力学、能源科学领域，已提出过许多环境模型，但现有模型不是针对热风干燥系统建立的，没有考虑粮食自身的状态，在使用中存在很大的局限性。实际的粮食热风干燥系统归属连续流动的开口系统，它以热风和粮食为载体发生热质交换和传递。该系统工作的参考环境应是自然界的空气和欲干燥的粮食共同构成的外界。考察粮食热风干燥过程，实质上可以归结为研究热风状态（湿空气）和粮食状态变化。要把握状态变化，评价过程的能效，就必须考虑粮食自身的状态，首先要明确表征系统变化的状态参数；其次，在得到精准的参数值的基础上，确立能流与㶲流，进而从能质的角度评价能量转换、传递、利用和损失情况，揭示损耗的原因，找到薄弱环节，指明改进的途径。

8.4.2　干燥系统的状态参数图

干燥系统中，干燥介质是一种特殊的理想混合气体，其中的水蒸气可以是过热状态，也可以是饱和状态，并在一定条件下会发生集态的变化，这些都取决于湿空气的温度和水蒸气分压力。在此，把粮食看作由绝干物质和水分构成的物系，其中的水分状态，类似湿空气，同样取决于粮食的温度和粮食内的水蒸气分压力。粮食在无限大的环境介质源中，对应其温度、湿度条件，二者必然自发地进行热湿交换，过程进行的终点是粮食到达平衡含水率状态、干燥介质稳定在环境状态。所以，平衡含水率（用符号 M_e 表示）被表示为粮食温度（t_g）和空气相对湿度（φ）的函数，即 $M_e = f(t_g, \varphi)$。

假定粮食干燥经历的是由湿到干或者是由干到湿的过程，那么，粮食的平衡含水率从状态 1 变化到状态 2 服从 $\int_1^2 dM_e = M_{e1} - M_{e2}$，即 M_e 的变化量等于初、终状态下该状态参数的差值，与变化过程无关。从而在表征湿空气状态变化的焓-含湿量图上就可绘制出粮食的等 M_e 曲线，得到表征粮食热风干燥系统状态参数间的关系。图 8-4 中的 M_e 线是依据稻谷的平衡含水率算式：$M_e = \left[\dfrac{-\ln(1-\varphi)}{0.19187 \times 10^{-4}(t_g + 51.161)} \right]^{\frac{1}{2.4451}}$（%）绘制出的稻谷热风

干燥系统的状态参数坐标图。其中干燥介质的相对湿度是空气温度和空气含湿量的函数，

可由 $\varphi = \dfrac{d \times 101325}{(0.622 + d) \times 133.3224 \times \exp\left(18.7509 - \dfrac{4075.16}{236.516 + t}\right)}$ 计算出。式中，φ 为相对湿度（小

数）；M_e 为粮食的平衡含水率（%）；t_g 为粮食温度（℃）；d 为介质含湿量（g/kg）；t 为热
风温度（℃）。

　　从图 8-4 的曲线看到，等平衡含水率曲线和等相对湿度曲线的变化趋势一致，迎合了
粮食水分蒸发的驱动力是来自于粮食和干燥介质中水蒸气分压力差的普遍说法。这样一
来，我们就可以依照粮食的含水率在 h-d 图上，查出或者通过计算得到粮食表面的水蒸气分
压力 p_{gv}，在 p_{gv} 高于介质处于平衡时的水蒸气分压力 p_{ge} 时，说明粮食携带有客观的干燥
势；反之，粮食则被吸湿，同时 $p_{gv} - p_{ge}$ 的值，既可以定量描述干燥过程进行的强度，也
可以确定干燥进行的方向。

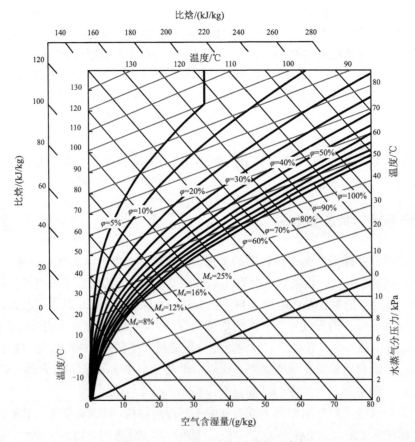

图 8-4　稻谷热风干燥系统状态参数图

　　由于相对湿度 $\varphi = \dfrac{p_v}{p_s}$，是湿空气中水蒸气分压力与同温度下的饱和水蒸气分压力的比

值，表征了空气接纳水分的能力或者湿空气距离饱和的程度，驱使水分运动的力来自饱和水蒸气分压力 p_s 与水蒸气分压力 p_v 之差，即 $p_s - p_v$ 或者 $p_s(1-\varphi)$，式中的 1 就是空气在饱和状态时的相对湿度值。由于 p_s 与饱和温度一一对应，在饱和温度恒定时 p_s 是确定的常数。同理当粮食的含水率在其最大吸湿含水率及以下时，$p_{gv} - p_{ge}$ 可表示为一个待定的常数与粮食的含水率差之积，即 $k(M_d - M_e)$，这也印证了迄今普遍采用的指数模型 $-\dfrac{\mathrm{d}M_d}{\mathrm{d}\theta} = k(M_d - M_e)$ 吻合实际的干燥过程。

8.4.3　干燥㶲基准点及基准函数

稳态下的自然环境是粮食与干燥介质接触后能够实现的熵的最大点，是过程进行的极限，在此状态点热量源和质量源都到达了平衡状态，可以作为干燥㶲的基准点。但粮食热风干燥系统的外环境，无论是温度还是压力都会实时变化，输入的粮食水分也不能保证其一致性，这种变化和波动与干燥系统的能量消耗、系统的不可逆程度及装置处理能力评价息息相关，所以，既不能采用常态平均大气参数，也不能采用普遍使用的大气平均气象参数或者环境温度下的饱和空气状态参数作为干燥㶲分析参考点。必须获得表征热风干燥过程㶲分析参考点实时变化的基准函数。从图 8-4 所示的干燥系统介质状态变化曲线可知，这一基准函数符合外界大气条件在各等平衡含水率曲线之间变化，其规律服从 $M_{e0} = f(t_{g0}, \varphi_0)$。通过实时测定的环境温度 t_0（粮食在环境态时温度 t_{g0} 与 t_0 相等）和相对湿度 φ_0，由粮食的平衡含水率计算式即可得到干燥系统即时的零㶲点和干燥过程的㶲分析参考基准线。

8.4.4　干燥系统的热量㶲及其㶲效率

实际干燥系统利用的介质是自然空气，水分蒸发消耗的是系统中的热能，过程进行的极限是粮食到达平衡含水率状态点。所利用自然空气自身携带有客观的干燥㶲，对于充分湿的粮食，在粮食的表面完全被水膜覆盖的状态下，粮食的温度变化是迎着介质的湿球温度，在其水膜未被打破之前，粮食所能到达的温度是介质的湿球温度。假设粮食是在初期温度等于自然空气的干球温度 T_0 的条件下与干燥介质相遇，开始干燥的同时，热风经历降温增湿过程，释放显热，而粮食对应的干燥条件可以是降温、恒温、升温的多种温度变化过程。

在热风与粮食之间，温度差是进行热量交换的动力，取熵为干燥系统热量的综合坐标，在粮食的初态点温度等于自然空气温度 T_0 的条件下，实际干燥系统的温熵关系可用如图 8-5 所示的温熵图来表达。

在图 8-5 中干燥室内，实际利用的热量㶲是干燥介质温度与粮食温度变化过程线包围的面积，包含加热器向干燥介质提供的热量和环境介质携带的干燥㶲，假设热风温度为 T_a（K）；粮食的温度为 T_g（K）。由卡诺定理可得

$$E_{\mathrm{x},Q} = \int_1^2 (1 - \frac{T_0}{T_a}) \delta Q - \int_{1'}^{2'} (1 - \frac{T_0}{T_g}) \delta Q = Q_{12} - Q_{1'2'} \qquad (8\text{-}19)$$

由式（8-19）和图 8-5 知，干燥室的热量㶲与粮食的温度变化和干燥介质放热过程的特征有关。

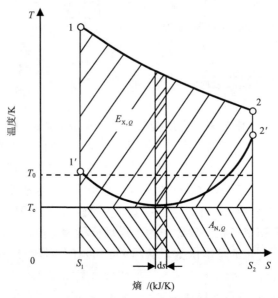

图 8-5　粮食干燥过程的温熵图

$E_{\mathrm{x},Q}$ 为㶲/kJ；$A_{\mathrm{N},Q}$ 为炕/kJ；1 是空气的初态点；1′是粮食的初态点；2 是空气的终态点；2′是粮食的终态点；
T_0 是粮食初始温度/K；T_e 是干燥过程中粮食的最低温度/K

干燥介质从状态 1 变化到状态 2、对应的粮食从 1′变化到 2′的过程中，温度函数对熵的积分等价于平均值与变化前后的熵差之积，即介质的平均放热温度和粮食的平均温度是评价干燥室热量传递的定性温度，于是式（8-19）可表示为式（8-20）。

$$E_{\mathrm{x},Q} = (T_{\mathrm{m}} - T_{\mathrm{m}}')(S_2 - S_1) \qquad (8\text{-}20)$$

式中，T_{m} 是介质的平均放热温度（K）；T_{m}' 是粮食的平均温度（K）；S_1 初态熵（kJ/K）；S_2 终态熵（kJ/K）。

图 8-5 中的热量㶲包含人为提供给介质的干燥㶲和环境介质拥有的干燥㶲，而由式（4-34）所表达的粮食水分蒸发过程消耗的能量中，消耗在粮食内部的单位热量 $\dfrac{p_{\mathrm{gv}} - p_{\mathrm{v}}}{|p_{\mathrm{gv}} - p_{\mathrm{v}}|} \gamma (T_{\mathrm{g}}) -$

$R_{\mathrm{v}} T_{\mathrm{v}} \ln \dfrac{p_{\mathrm{gv}}}{p_{\mathrm{sg}}}$，$-R_{\mathrm{v}} T_{\mathrm{v}} \ln \dfrac{p_{\mathrm{v}}}{p_{\mathrm{gv}}}$ 是蒸发出的 1 kg 水蒸气对环境所做的功 $w_0 = q - q_{\mathrm{g}}$。而粮食中蒸发的水分，在其集态发生变化时，每千克水分在对介质做出功的同时，从介质中也获得了与 w_0 相同数量的㶲，在不可逆过程中，实际消耗的㶲为 w_0 再加上过程中的㶲损。就粮食干燥而言，做出 w_0 功的㶲转换与传递仅仅发生在介质中，最终消耗在环境中，与粮食自身的干燥能量消耗无关。基于此，得到的粮食干燥过程的最大热㶲效率表达式为式（8-21）：

$$\eta_q = \frac{\dfrac{p_{gv} - p_v}{\left|p_{gv} - p_v\right|}\gamma(T_g) - R_v T_v \ln\dfrac{p_{gv}}{p_{sg}}}{(T_m - T'_m)(S_2 - S_1)} \tag{8-21}$$

8.5　干燥系统的能效评价

粮食热风干燥是热风与粮食接触自发交换水分的多组分、多相系传递的不可逆热力过程，过程发生的机制复杂，影响因素繁多。干燥条件、环境条件、物料条件的变动及处理工艺上的差异，使得系统中的能量在数量和质量上的损失都存在差异，在极端情况下可能还相差很大。由于迄今评价粮食干燥系统的用能效果，评定的标准都是基于热能数量守恒关系，来揭示能量转换、传递、利用和损失情况，反映了热量的外部损失，体现了热在数量上的利用程度，但不能反映干燥系统内部损失的情况，评价方法本身存在固有的局限性，也使粮食干燥装备技术及精准控制技术的发展受到了影响。

近年，针对特定系统采用能效分析热力学模型，预测了多孔介质热质传递过程和温度对流体输送性能的影响；利用干燥热力学分析模型，优化输入和输出条件，评价颗粒物料流化床干燥能量效率和有效能效率。但没有揭示干燥系统状态变化的㶲作用规律，没有从理论上清晰地表达客观㶲的性质及其作用效果。由于干燥㶲基准点的选取，对系统状态参数、系统中的㶲结构与特征、转换与传递规律的把握存在很大差异，使得不同学者的评价分析结果也有较大地差异。针对粮食干燥机，日本学者基于㶲分析法并把稻谷作为多组分系进行了解析，计算了日本的稻谷干燥机能耗，给出了热风干燥仅有 0.5%～1% 的有用能转化给了水分蒸发的分析结果，指出㶲效率低下的主要原因在于干燥室内部的不可逆损失极大。但其分析的情况与中国现行的干燥方式还不尽一致，就粮食热风干燥系统的㶲评价理论研究，还很不全面，缺乏对热风干燥系统内存在的客观㶲、表示粮食湿㶲的状态参数、动态干燥过程的㶲基准点、㶲在粮食与热风间的转换与传递规律等较深入的理论考察。

由于㶲和能都是相对量，㶲分析不能脱离能分析，需要研究二者相同的基准态。㶲是以给定环境为基准的相对量，只有在与给定环境相平衡的状态时，系统的㶲值才为零，况且它还要以可逆条件下最大限度为前提，而能的基准态选取具有任意性，仅以数量多寡来表征，并不需要上述的两个约束条件。为揭示粮食干燥系统能量损耗的本质，下面基于㶲分析法，揭示粮食热风干燥系统的能量结构及㶲效率，明确了粮食的含水率是状态函数，确立了干燥系统㶲基准点，给出了稻谷热风干燥系统状态参数相互制约关系图。为深一步研究能量损耗的原因，探讨高效节能干燥的途径及工艺设计、制定合理的评价标准，提供科学的分析方法。

8.5.1　粮食热风干燥系统的㶲流

在干燥系统，㶲在温度场、压力场、干燥介质和粮食中的水蒸气分压力场的关联作用下转换与传递，实现去水目标。从㶲的来源看，有客观㶲和主观㶲两种类型。高湿粮食携带有客观的干燥烟,在粮食的含水率高于它与环境条件对应的平衡含水率以上时,常温自然空气对其就具有相当的干燥能力,此时,存在于干燥系统中,能够最大限度地被水分蒸发所利用的那部分能量就是客观烟,主观烟来源于人为提供给干燥介质的焓(包含内能和流动能两部分),其能流和烟流如图 8-6 所示。

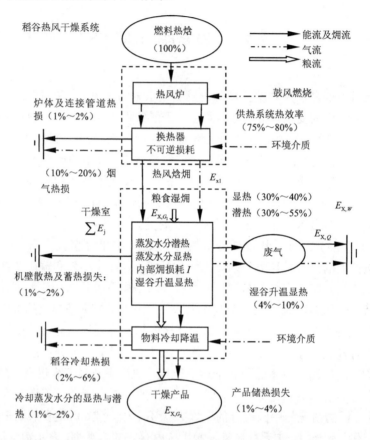

图 8-6   稻谷热风干燥系统能流及烟流

E_{x1} 为干燥介质在换热器中获得的焓烟/kJ; $E_{x,Q}$ 为排气烟损/kJ; $E_{x,W}$ 为稻谷水分汽化潜热烟/kJ; E_{x,G_1}、E_{x,G_2} 分别为稻谷进出干燥室时自身携带的干燥烟/kJ; I 为不可逆过程烟损/kJ; $\sum E_j$ 为除水分汽化潜热以外的所有外部烟损/kJ

在图 8-6 中,烟以势场为载体发生传递,热烟以系统中的温差为载体随能流发生转换与传递,流动烟以气流压差为载体随干燥介质发生转换与传递,湿烟以干燥介质与物料上的水蒸气分压力差为载体在物料内部及气流和物料之间发生转换与传递。

在图 8-6 所示的供热系统中,燃料在通入的自然介质中燃烧产生高温烟气,在燃烧过程中存在节流和流动阻力、有温差传热、混合、摩擦等不可逆烟损。在此把其提供给干燥室的烟值作为燃料燃烧热,但就干燥系统而言,可设想其中能够提供给干燥室热量烟,等价于通入的自然空气的平均升温温度与空气出入热风炉前后的熵差之积。烟气流经热交换器时,将其携带的绝大部分热量传递给干燥机风机吸入的自然空气,转换为干燥介质的焓烟,被带入干燥室,自身温度降低,蜕变成废烟气后流入环境。烟气在流经热交换器的过程中,自身携带的烟被分成了 4 部分,一部分传递给了干燥介质,一部分通过炉体及管道散失到环境中，一部分随废烟气排入环境，其余的在不可逆传热过程中损耗。

干燥介质被风机鼓入干燥室后，携带的热量㶲又被分成了 6 部分：①传递给谷物，用于谷物自身升温和水分汽化；②用于机壁蓄热升温；③通过机壁散失到环境中；④转化为蒸发出的水蒸气升温；⑤蜕变成废气排放到环境中；⑥在不可逆传热过程中损耗。

粮食经热风干燥后，自身携带的热㶲和湿㶲，在冷却段分成两部分，一部分被通入的环境介质接纳后排放到外界，另一部分随干燥产品带到外界。

8.5.2　干燥室内的焓㶲特征

1. 粮食与干燥介质间的㶲传递规律

粮食与干燥介质间的㶲传递过程如图 8-7 所示。输入干燥室热风的焓㶲，包含干燥介质的流动㶲和湿空气的焓㶲两部分。流动㶲可以通过介质进出干燥室的动能差求得。在此仅讨论其中湿空气的焓㶲在干燥室内与粮食发生的㶲的转换与传递。

在粮食与干燥介质之间，㶲传递的方向取决于粮食的含水率和干燥介质的条件，内能㶲传递的方向与热流方向相同，湿㶲传递的方向取决于粮食含水率与其自身的即时平衡含水率差。在粮食含水率高于其即时平衡含水率时，湿㶲的传递方向是由粮食到介质，在粮食含水率低于其平衡含水率时，湿㶲的传递方向则是由介质到粮食。图 8-7 中，当粮食含水率高于其平衡含水率，且介质的温度高于粮食温度时，干燥层中从介质流出的焓㶲被分成两部分，一部分通过㶲传递流入粮食，另一部分在不可逆干燥过程中损耗；从粮食流出的湿㶲也被分成两部分，一部分通过㶲传递流入干燥介质，另一部分在不可逆扩散过程中损耗。当粮食含水率较低，湿空气温度和湿度较高，且粮食的含水率低于其即时平衡含水率时，粮食则被吸湿，湿㶲传递方向是从干燥介质传递到粮层，粮食的湿㶲增加。在此种情况下，从干燥介质流出的热㶲被分成了三部分：①通过㶲传递流入粮层；②转换为粮食的湿㶲；③在不可逆干燥过程中损耗。从干燥介质流出的湿㶲也被分成两部分，一部分通过㶲传递流入粮食，一部分在不可逆扩散过程中损耗。

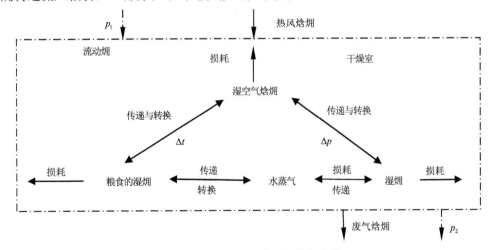

图 8-7　粮食与干燥介质间的㶲传递

Δt、Δp 分别为温度差和水蒸气分压力之差；　p_1、p_2 分别为干燥介质流入和流出干燥室时的压力/Pa

2. 状态变化过程㶲结构

干燥过程状态参数变化与㶲结构如图 8-8 所示。自然介质从状态点 0 等湿加热到状态点 1 后，进入干燥系统，自发地与粮食进行热质交换，在状态点 2 排出系统，介质状态则经历从 0→1→2 点的变化过程。在定压干燥条件下，干燥介质从加热器中获取的热量体现在介质自身焓的变化量，每千克自然空气在加热器中获得的焓㶲为 $q_j = h_1 - h_0$，每千克自然介质自身携带的客观干燥㶲为 $q_0 = h_0 - h_{e0}$，干燥介带入系统的总热量㶲为此二部分之和，即 $q_{zj} = h_1 - h_{e0}$，介质携带的热量㶲主要消耗在：①介质经过干燥系统时的热损 $q_x = h_1 - h_2$，包括粮食升温吸热、机壁散热、水分蒸发带入的显热、机内介质惯性流动热损等；②水分蒸发耗热 $q_v = h_2 - h_2'$；③排气㶲损 $q_p = h_2' - h_{e0}$。

在图 8-8 中，系统的干燥㶲自发地向着㶲减少的方向进行，直到干燥㶲值等于零为止。如果粮食最初的状态在 4 点（此点在图 8-8 中用虚线表示的平衡水分线上），表明粮食携带有客观的干燥㶲。

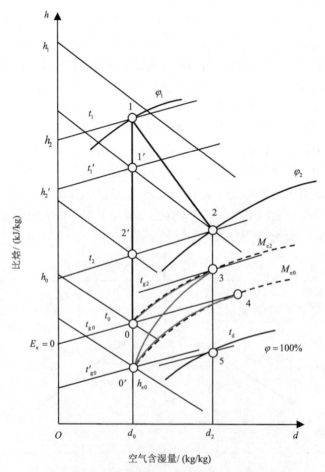

图 8-8　干燥过程状态参数变化与㶲结构

h、t、d、φ 分别为空气的比焓、温度、含湿量、相对湿度，下标 0 表示初态和环境态、1 和 2 表示干燥器进、出的状态；3 是干粮状态点；4 是湿粮状态点；5 是露点；$E_x = 0$ 为零㶲基准线；t_g、M_e 表示粮食温度、平衡含水率；h_{e0} 是零㶲基点干燥室内的㶲结构为：$E_{H1} - E_{H0}$ 是环境介质在换热器中获得的焓㶲 E_{X1}；$E_{H'2} - E_{H1}$ 为排气㶲损 $E_{X,Q}$；$E_{H2} - E_{H'2}$ 粮食水分汽化潜热㶲 $E_{X,W}$；$E_{H1} - E_{H2}$ 为干燥过程中的㶲损（包含系统总体的散热损失、粮食升温吸热损失及不可逆过程中损耗等）；粮食携带的客观干燥㶲为 $E_{X,G} = E_{H,G_1} - E_{H0}$。据此，干燥室㶲效率则为

$$\eta_{E_X} = \frac{E_{X,W}}{E_{X1} + E_{X,G}} = \frac{E_{H2} - E_{H'2}}{E_{H1} + E_{H,G_1} - 2E_{H0}} \tag{8-22}$$

干燥㶲效率式（8-22）包含了湿粮携带的客观㶲，它不同于一般意义上的干燥效率，从上述的干燥㶲结构及图 8-8 可以得到：

（1）高湿粮食自身携带有客观的干燥㶲，合理地利用这一客观㶲能够获得粮食干燥并使其降温，是实现优质、节能干燥的关键。

（2）从式（8-19）可知，在湿空气焓㶲和蒸发量相同的不同干燥系统，粮食初始含水率越高，干燥室的㶲效率越低，说明干燥室能效越差。

（3）图 8-8 中的零㶲基准线（M_{e0} 线）是干燥㶲传递方向的分界线，介质的状态点处于 M_{e0} 线的上方，当粮食的含水率状态处于 M_{e0} 线的下方时，粮食被干燥，反之粮食被吸附。

（4）㶲可以预测湿分传递的方向、深度，以及衡量由于过程不可逆所引起的能量贬值程度。

（5）干燥过程的推动力主要来源于干燥介质具有的㶲和粮食的湿㶲。

（6）粮食干燥是介质放热和接纳水分同时进行的过程，干燥室内存在能质的内损耗。

（7）粮食处于高水分状态时，携带有较多的客观干燥㶲，此部分㶲向介质中传递时，蒸发水分，可使介质的焓增大而使其温度降低。为实现优质、高效节能干燥，针对高湿粮食应充分考虑利用粮食自身携带的干燥㶲实现自然脱水、降温。

（8）节能干燥的最佳工艺操作是当平衡含水率为目标含水率 M_{e2} 时的曲线与物料等温线的交汇点，这一最佳值可以由 $M_{e2} = f(t_g, \varphi)$ 计算得到。

（9）干燥物料的目标含水率越高，干燥的㶲效率相应的也越大。

（10）评价粮食干燥系统能量利用效果，不能仅仅停留在人为提高干燥动力方面，不能忽视干燥工艺、装置设计及操作参数对干燥系统客观㶲的作用。

（11）主观㶲传递受时间和空间的约束，具有确定性、规律性和可控性的特点。充分利用干燥系统的客观㶲，合理地匹配主观㶲，能够实现较小的主观能量消耗而获得极大的干燥的效率。

8.6　干燥系统㶲匹配及能效评价法

基于能量守恒，供需相等时能效率为 100%。供应量不足，则意味着不能满足需要。实际上，由于干燥过程不可避免地要有热量散失、装置及物料升温吸热等外部损失，实际

的供应量必然大于需要的量，而使实际的能效率小于 1。但能效率不能反映系统的内部损失，也没有体现干燥系统内的客观势，因而其评价结果并不准确。

通过对图 8-9 所示的干燥室㶲结构分析可知，㶲评价法全面反映了粮食干燥系统的用能效果。㶲效率不仅包含了干燥装置和工艺系统的评价因素，也体现了干燥操作参数对用能效果的影响，所以，干燥系统能量利用的程度可以用㶲效率的高低来表征，而㶲效率的高低可从能量供求"量"与"质"的匹配来评价。能量匹配的合理性，可以通过输入系统的能量的能质系数与系统输出的干燥所需的能量的能质系数比来表征。其能量的"量"与"质" 匹配评价如图 8-9 所示。

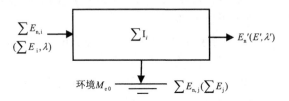

图 8-9   干燥系统的量与质匹配评价

在图 8-9 所示的干燥系统中，设输入系统的净能量为 $\sum E_{n,i}$，其中的㶲值为 $\sum E_i$，它包含了燃料燃烧提供的㶲和粮食携带的客观干燥㶲及通风系统的流动㶲，并设其折合能质系数为 λ。干燥系统的净输出能量中，作为干燥所需的"有用"输出能量为 E_n'，其㶲值为 E'。此值与干燥蒸发水分的汽化潜热㶲相当，设其能质系数为 λ'，其余均为外部损失 $\sum E_{n,j}$（包括介质带走的能量、散热损失、物料及机壁吸热损失，蒸发水分升温热损失，流动损失等）。由于环境介质进入和排出系统时的流动㶲增量将随热风被作为废气排到环境，所以，把此部分㶲增量也包含到外部损失。那么，$\sum E_{n,j}$ 即为除水分汽化潜热以外的所有损失，设其㶲值为 $\sum E_j$。由于能量传递与转换过程的不可逆性，而在系统内部产生了㶲损 I，使得㶲总量随着不可逆过程的进行不断减小，$\sum I_i$ 表示干燥系统内部各环节㶲损的总和。

根据能量平衡和㶲平衡得到：$\sum E_{n,i} = E_n' + \sum E_{n,j}$ 和 $\sum E_i = E' + \sum E_j + \sum I_i$，系统的能量利用效率为 $\dfrac{E_n'}{\sum E_{n,i}}$，输入系统的净能量的能质系数 $\lambda \equiv \dfrac{\sum E_i}{\sum E_{n,i}}$，"有用"输出的能质系数 $\lambda' = \dfrac{E'}{E_n'}$。于是，得到基于能质系数的干燥系统的㶲效率表达式（8-23）：

$$\eta_{Ex} = \frac{E'}{\sum E_i} = \frac{\lambda'}{\lambda} \cdot \frac{E_n'}{\sum E_{n,i}} \tag{8-23}$$

可见，$\dfrac{\lambda'}{\lambda}$ 从质量上反映了能量匹配的情况。

当 $\lambda > \lambda'$ 时，输入能量的质量高于有用的干燥输出的能量的质量，能质系数的差值 $\Delta\lambda = (\lambda - \lambda')$ 越大，表明匹配性越差，η_{Ex} 必然越小。在物料规定了干燥过程的极限温度的前提下，热风干燥系统提高热能利用效果的途径，应是尽可能选用经济的低值燃料，降低燃烧、换热过程的能质内损耗。

当 $\lambda < \lambda'$ 时，即输入能量的质量低于有用的干燥输出的能量的质量，能质系数的差值 $\Delta\lambda = (\lambda - \lambda')$ 越大，则意味着从质量较差的能量中提取出了有用的㶲，提高了 η_{Ex}，就粮食干燥系统而言，利用粮食携带的客观干燥㶲，实现系统温度降低而又使介质的焓增大，其结果必然使系统向环境中释放水分的同时，又不断地从环境中提取水分蒸发所必须的热㶲，使得系统的干燥㶲效率大幅度提高。

参 考 文 献

曹崇文，朱文学，2001. 农产品干燥工艺过程的计算机模拟[M]. 北京：中国农业出版社.

陈晋南，2004. 传递过程原理[M]. 北京：化学工业出版社.

胡荣祖，史启祯，2001. 热分析动力学[M]. 北京：科学出版社.

金兹布尔格，1986. 食品干燥原理与技术基础[M]. 高奎元译. 北京：轻工业出版社.

李长友，2011. 热工基础[M]. 北京：中国农业大学出版社.

李长友，2012. 粮食热风干燥系统㶲评价理论研究[J]. 农业工程学报，28(12)：1-6.

李长友，方壮东，2014. 高湿稻谷多段逆流干燥缓苏解析模型研究[J]. 农业机械学报，45(5)：179-184.

李长友，方壮东，麦智炜，2014. 散体物料孔隙率测定装置设计与试验[J]. 农业机械学报，45(10)：200-206.

李长友，马兴灶，方壮东，等，2014. 粮食热风干燥热能结构与解析法[J]. 农业工程学报，30(9)：220-228.

李长友，马兴灶，麦智炜，2014. 粮食热风干燥含水率在线模型解析[J]. 农业工程学报，30(11)：10-20.

李长友，麦智炜，方壮东，2014. 粮食水分结合能与热风干燥动力解析法[J]. 农业工程学报，30(7)：236-242.

李长友，麦智炜，方壮东，等，2014. 高湿稻谷节能干燥工艺系统设计与试验[J]. 农业工程学报，30(10)：1-9.

李长友，邵耀坚，上出顺一，1996a. 从气流状态考察小麦深床干燥特性研究[J]. 华南农业大学学报，17(1)：102-107.

李长友，邵耀坚，上出顺一，1996b. 拟合谷粒干燥温度的数学模型[J]. 农业工程学报，12(1)：152-156.

李格萍，2009. 基于㶲理论的粮食干燥系统能量评价法研究[D]. 广州：华南农业大学.

林群山，2003. 最新粮食监督管理与储存加工新技术实务全书[M]. 安徽：安徽文化音像出版社.

潘泳康，王喜忠，刘相东，2007. 现代干燥技术[M]. 第二版. 北京：化学工业出版社.

邵耀坚，刘道被，肖俊铭，等，1985. 谷物干燥机的原理与构造[M]. 北京：机械工业出版社.

杨东华，1986. 㶲分析与能级分析[M]. 北京：科学出版社.

张烨，李长友，马兴灶，等，2014. 干燥机粮层通风阻力特性数值模拟与试验[J]. 农业机械学报，45(7)：216-221.

周祖锷，1994. 农业物料学[M]. 北京：中国农业出版社.

朱明善，1988. 能量系统的㶲分析[M]. 北京：清华大学出版社.

上出順一，李长友，1991. 通気の状態変化から見た高水分小麦の厚層乾燥特性[J]. 山形大学紀要（農学），11(2)：99-108.

山下律也，西山喜雄，伊藤和彦，他，1991. 新版農産機械学[M]. 東京：文永堂出版株式会社.

山沢信吾，吉崎繁，前川孝昭，他，1971. 農産物の乾燥に関する基礎的研究（第2報）[J]. 農業機械学会誌，33(3)：279-287.

本橋圀司，1980. 一粒モミの乾燥特性とこの乾燥特性を用いたバルクモミの通気乾燥に関する研究[D]. 東京：東京大学.

本橋圀司，細川明，1979. モミ乾燥への通気乾燥理論の適用(Ⅰ)[J]. 農業機械学会誌，40(4)：557-564.

本橋圀司，細川明，1980. モミ乾燥への通気乾燥理論の適用(Ⅱ)[J]. 農業機械学会誌，41(4)：593-600.

加藤宏朗，1981. 穀物乾燥機のエネルギ評価法に関する研究（第1報）——水分濃度差エネルギを考慮した籾のエンタルビと平衡含水率式[J]. 農業機械学会誌，43(3)：443-450.

加藤宏朗，1982. 穀物乾燥機のエネルギ評価法に関する研究（第2報）——穀物乾燥のための最小エネルギと穀物水分の部分量[J]. 農業機械学会誌，44(1)：69-78.

加藤宏朗，1983. 穀物乾燥機のエネルギ評価法に関する研究（第3報）——乾燥プロセスのエクセルギ解析[J]. 農業機械学会誌，45(1)：85-93.

西山喜雄，1975a. 球モデルのパラメータの簡便な計算法とその精度[J]. 農業機械学会誌，37(1)：34-40.

西山喜雄，1975b. 球モデルによる穀類間断乾燥の計算プログラム（第1報）[J]. 農業機械学会誌，37(1)：96-101.

西山喜雄，細川明，1975. 球モデルを使った穀類間断乾燥の計算法[J].農業機械学会誌，37(2)：209-216.

桐栄良三，林信也，内藤孝弘，他，1959. 粒粉体材料の減率乾燥期間の過程解析[J]. 化学工学，23(3)：641-647.

亀岡孝治，1988. 籾の薄層乾燥特性（第2報）[J]. 農業機械学会誌，50(4)：57-65.

細川明，本橋圀司，1971. 一粒のモミの乾燥特性[J]. 農業機械学会誌，33(1)：53-59.

細川明，本橋圀司，1972. 一粒のモミの乾燥特性——3軸方向の乾燥特性[J]. 農業機械学会誌，34(4)：372-378.

細川明，本橋圀司，1973. 一粒の生玄米の乾燥特性[J]. 農業機械学会誌，35(3)：65-68.

細川明，本橋圀司，1975. 一粒のモミの恒率乾燥速度[J]. 農業機械学会誌，37(3)：326-330.

Arrieche L S，Sartori D J M，2007. Fluid flow effect and mechanical interactions during drying of a deformable food model[J]. Drying Technology，26(1)：54-63.

Khalloufi S，Almeida-Rivera C，Janssen J，et al，2011. Mathematical model for simulating the springback effect of gel matrixes during drying processes and its experimental validation[J]. Drying Technology，29(16)：1972-1980.

Li C Y，2010. Analytic solution of mass conservation equation for drying process[J]. International Journal of Food Engineering，6(1).

Li C Y，Ban H，Shen W H，2008. Self-adaptive control system of grain drying device[J]. Drying Technology，26(11)：1351-1354.

Li C Y，Liu J T，Chen L，2003. The moisture distribution of high moisture content rough rice during harvesting，storage，and drying[J]. Drying technology，21(6)：1115-1125.

Li C Y，Shao Y J，Kamide J，1998. An analytical solution of the granular product in deep-bed falling rate drying process[J]. Drying Technology，17(9)：1959-1969.

Liu Y Z，Zhao Y F，Feng X，2008. Exergy analysis for a freeze-drying process[J]. Applied Thermal Engineering，28(7)：675-690.

Luikov A V，1968. Analytical Heat Diffusion Theory[M]. New York ： Academic Press.

Mujumdar A S. Innovation and globalization in drying R&D[C]//15th International Drying Symposium (IDS 2006)，Budapest，Hungary. Gödöllo：Szent István，Vol. A. 2006：3-17.

Putranto A，Chen X D，2015. An assessment on modeling drying processes：Equilibrium multiphase model and the spatial reaction engineering approach (S-REA)[J]. Chemical Engineering Research and Design，94：660-672.

Roques M A，2008. From Drying to Thermo-Hydro-Rheology—A Thirty-Year-Long Unfinished Maze[J]. Drying Technology，26(10)：1172-1179.

Tolaba M P，Viollaz P E，Suárez C，1988. A mathematical model to predict the temperature of maize kernels during drying[J]. Journal of Food Engineering，8(1)：1-16.

Tsotsas E，2011. Modern Drying Technology，Energy Savings[M]. Hoboken：John Wiley & Sons.

van Meel D A，1958. Adiabatic convection batch drying with recirculation of air[J]. Chemical Engineering Science，9(1)：36-44.

Yoshida M，Imakoma H，Okazaki M，1991. Estimation of drying rate curves for nonhygroscopic porous slabs using the characteristic function for the regular regime[J]. Chemical Engineering and Processing：Process Intensification，30(2)：87-96.

附表 1 部分常用气体在理想气体状态下的平均定压比热容

$$c_{pm}\Big|_0^t \ [\mathrm{kJ/(kg \cdot K)}]$$

$t/^\circ C$ 气体	H₂	O₂	N₂	空气	CO	CO₂	H₂O
0	14.195	0.915	1.039	1.004	1.040	0.815	1.859
100	14.353	0.923	1.040	1.006	1.042	0.866	1.873
200	14.421	0.935	1.043	1.012	1.046	0.910	1.894
300	14.446	0.950	1.049	1.019	1.054	0.949	1.919
400	14.477	0.965	1.057	1.028	1.063	0.983	1.948
500	14.509	0.979	1.066	1.039	1.075	1.013	1.978
600	14.542	0.993	1.076	1.050	1.086	1.040	2.009
700	14.587	1.005	1.087	1.061	1.098	1.064	2.042
800	14.641	1.016	1.097	1.071	1.109	1.085	2.075
900	14.706	1.026	1.108	1.081	1.120	1.104	2.110
1000	14.776	1.035	1.118	1.091	1.130	1.122	2.144
1100	14.853	1.043	1.127	1.100	1.140	1.138	2.177
1200	14.934	1.051	1.136	1.108	1.149	1.153	2.211
1300	15.023	1.058	1.145	1.117	1.158	1.166	2.243
1400	15.113	1.065	1.153	1.124	1.166	1.178	2.274
1500	15.202	1.071	1.160	1.131	1.173	1.189	2.305
1600	15.294	1.077	1.167	1.138	1.180	1.200	2.335
1700	15.383	1.083	1.174	1.144	1.187	1.209	2.363
1800	15.472	1.089	1.180	1.150	1.192	1.218	2.391
1900	15.561	1.094	1.186	1.156	1.198	1.226	2.417
2000	15.649	1.099	1.191	1.161	1.203	1.233	2.442
2100	15.736	1.104	1.197	1.166	1.208	1.241	2.466
2200	15.819	1.109	1.201	1.171	1.213	1.247	2.489
2300	15.902	1.114	1.206	1.176	1.218	1.253	2.512
2400	15.983	1.118	1.210	1.180	1.222	1.259	2.533
2500	16.064	1.123	1.214	1.184	1.226	1.264	2.554

附表 2 部分常用气体在理想气体状态下的平均定容热容

$$c_{vm}\big|_0^t \ [kJ/(kg \cdot K)]$$

t/℃ \ 气体	H₂	O₂	N₂	空气	CO	CO₂	H₂O
0	10.071	0.655	0.742	0.716	0.743	0.626	1.398
100	10.228	0.663	0.744	0.719	0.745	0.677	1.411
200	10.297	0.675	0.747	0.724	0.749	0.721	1.432
300	10.322	0.690	0.752	0.732	0.757	0.760	1.457
400	10.353	0.705	0.760	0.741	0.767	0.794	1.486
500	10.384	0.719	0.769	0.752	0.777	0.824	1.516
600	10.417	0.733	0.779	0.762	0.789	0.851	1.547
700	10.463	0.745	0.80	0.773	0.801	0.875	1.581
800	10.517	0.756	0.801	0.784	0.812	0.896	1.614
900	10.581	0.766	0.811	0.794	0.823	0.916	1.648
1000	10.652	0.775	0.821	0.804	0.834	0.933	1.682
1100	10.729	0.783	0.830	0.813	0.843	0.950	1.716
1200	10.809	0.791	0.839	0.821	0.857	0.964	1.749
1300	10.899	0.798	0.848	0.829	0.861	0.977	1.781
1400	10.988	0.805	0.856	0.837	0.869	0.989	1.813
1500	11.077	0.811	0.863	0.844	0.876	1.001	1.843
1600	11.169	0.817	0.870	0.851	0.883	1.010	1.873
1700	11.258	0.823	0.877	0.857	0.889	1.020	1.902
1800	11.347	0.829	0.883	0.863	0.896	1.029	1.929
1900	11.437	0.834	0.889	0.869	0.901	1.037	1.955
2000	11.524	0.839	0.894	0.874	0.906	1.045	1.980
2100	11.611	0.844	0.900	0.879	0.911	1.052	2.005
2200	11.694	0.849	0.905	0.884	0.916	1.058	2.028
2300	11.798	0.854	0.909	0.889	0.921	1.064	2.050
2400	11.858	0.858	0.914	0.893	0.925	1.070	2.072
2500	11.939	0.863	0.918	0.897	0.929	1.075	2.093

附表 3 饱和水与饱和水蒸气表（按温度排列）

温度 t/℃	饱和压力 p_s/10⁵Pa	比容		比焓		汽化潜热 γ/(kJ/kg)	比熵	
		饱和水 v'/(m³/kg)	饱和水蒸气 v''/(m³/kg)	饱和水 h'/(kJ/kg)	饱和水蒸气 h''/(kJ/kg)		饱和水 s'/[kJ/(kg·K)]	饱和水蒸气 s''/[kJ/(kg·K)]
0	0.006 108	0.001 000 2	206.312	−0.04	2 501.0	2 501.0	−0.000 2	9.156 5
0.01	0.006 112	0.001 000 22	206.175	0.000 614	2 501.0	2 501.0	0.000 0	9.156 2
1	0.006 566	0.001 000 1	192.611	4.17	2 502.8	2 498.6	0.015 2	9.129 8
2	0.007 054	0.001 000 1	179.935	8.39	2 504.7	2 496.3	0.030 6	9.103 5
4	0.008 120	0.001 000 0	157.267	16.80	2 508.3	2 491.5	0.060 0	9.051 4
6	0.009 346	0.001 000 0	137.768	25.21	2 512.0	2 486.8	0.091 3	9.000 3
8	0.010 721	0.001 000 1	120.952	33.60	2 515.7	2 482.1	0.121 3	8.950 1
10	0.012 271	0.001 000 3	106.190	41.99	2 519.4	2 477.4	0.151 0	8.900 9
12	0.014 015	0.001 000 4	93.828	50.38	2 523.0	2 472.6	0.180 5	8.852 5
14	0.015 974	0.001 000 7	82.893	58.75	2 526.7	2 467.9	0.209 8	8.805 0
16	0.018 170	0.001 001 0	73.376	67.13	2 530.4	2 463.3	0.238 5	8.758 3
18	0.020 626	0.001 001 3	65.080	75.50	2 534.0	2 458.5	0.267 7	8.712 5
20	0.023 368	0.001 001 7	57.833	83.86	2 537.7	2 453.8	0.296 3	8.667 4
22	0.026 424	0.001 002 2	51.488	92.22	2 541.4	2 449.2	0.324 7	8.623 2
24	0.029 824	0.001 002 6	45.923	100.59	2 545.0	2 444.4	0.358 0	8.579 7
26	0.033 600	0.001 003 2	41.031	108.95	2 548.6	2 439.6	0.381 0	8.537 0
28	0.037 785	0.001 003 7	36.236	117.31	2 552.3	2 435.0	0.408 8	8.459 0
30	0.042 417	0.001 004 3	32.929	125.66	2 555.9	2 430.2	0.436 5	8.453 7
35	0.056 217	0.001 006 0	25.246	146.56	2 565.0	2 418.4	0.504 9	8.353 6
40	0.073 749	0.001 007 8	19.548	167.45	2 574.0	2 406.5	0.572 1	8.257 6
45	0.095 817	0.001 009 9	15.278 0	188.35	2 582.9	2 394.5	0.638 3	8.165 5
50	0.123 35	0.001 012 1	12.048 0	209.26	2 591.8	2 382.5	0.703 5	8.077 1
55	0.157 40	0.001 014 5	9.581 2	230.17	2 600.7	2 370.5	0.767 7	7.992 2
60	0.199 19	0.001 017 1	7.680 7	251.09	2 609.5	2 358.4	0.831 0	7.910 2
65	0.250 08	0.001 019 9	6.204 2	272.02	2 618.2	2 346.2	0.893 3	7.832 0
70	0.311 61	0.001 022 8	5.047 9	292.97	2 626.8	2 333.8	0.954 8	7.756 5
75	0.385 48	0.001 025 9	4.135 6	313.94	2 635.3	2 321.4	1.015 4	7.683 7
80	0.473 59	0.001 029 2	3.410 4	334.92	2 643.8	2 308.9	1.052 0	7.613 5

续表

温度	饱和压力	比容		比焓		汽化潜热	比熵	
$t/℃$	$p_s/10^5\text{Pa}$	饱和水 $v'/(\text{m}^3/\text{kg})$	饱和水蒸气 $v''/(\text{m}^3/\text{kg})$	饱和水 $h'/(\text{kJ/kg})$	饱和水蒸气 $h''/(\text{kJ/kg})$	$\gamma/(\text{kJ/kg})$	饱和水 $s'/[\text{kJ}/(\text{kg}\cdot\text{K})]$	饱和水蒸气 $s''/[\text{kJ}/(\text{kg}\cdot\text{K})]$
85	0.578 03	0.001 032 6	2.830 0	355.92	2 652.1	2 296.2	1.134 3	7.545 9
90	0.701 08	0.001 036 1	2.362 4	376.94	2 660.3	2 283.4	1.192 5	7.480 5
95	0.845 25	0.001 039 8	1.983 20	397.99	2 668.4	2 270.4	1.250 0	7.417 4
100	1.013 25	0.001 043 7	1.673 80	419.06	2 676.3	2 257.2	1.306 9	7.356 4
110	1.432 60	0.001 051 9	1.210 60	461.32	2 691.8	2 230.5	1.418 5	7.240 2
120	1.985 40	0.001 060 6	0.892 02	503.70	2 706.6	2 202.9	1.527 6	7.131 0
130	2.701 20	0.001 070 0	0.668 15	546.30	2 720.7	2 174.4	1.634 4	7.028 1
140	3.613 6	0.001 080 1	0.508 75	589.1	2 734.0	2 144.9	1.739 0	6.930 7
150	4.759 7	0.001 090 8	0.392 61	632.2	2 746.3	2 114.1	1.841 6	6.838 1
160	6.180 4	0.001 102 2	0.306 85	675.5	2 757.7	2 082.2	1.942 5	6.749 8
170	7.920 2	0.001 114 5	0.242 59	719.1	2 768.0	2 048.9	2.041 6	6.665 2
180	10.027	0.001 127 5	0.293 81	763.1	2 777.1	2 014.0	2.139 3	6.583 8
190	12.552	0.001 141 5	0.156 31	807.5	2 784.9	1 977.4	2.235 6	6.505 2
200	15.551	0.001 156 5	0.127 14	852.4	2 791.4	1 939.0	2.330 7	6.428 9
210	19.079	0.001 172 6	0.104 22	897.8	2 796.4	1 898.6	2.424 7	6.354 6
220	23.201	0.001 190 0	0.086 02	943.7	2 799.9	1 856.2	2.517 8	6.281 9
230	27.979	0.001 208 7	0.071 43	990.3	2 801.7	1 811.4	2.610 2	6.210 4
240	33.480	0.001 229 1	0.059 64	1 037.6	2 801.6	1 764.0	2.702 1	6.139 7
250	39.776	0.001 251 3	0.050 02	1 085.8	2 799.5	1 713.7	2.793 6	6.069 3
260	46.940	0.001 275 6	0.042 12	1 135.0	2 795.2	1 660.2	2.885 0	5.998 9
270	55.051	0.001 302 5	0.035 57	1 185.4	2 788.3	1 602.9	2.976 6	5.927 8
280	64.191	0.001 332 4	0.030 10	1 237.0	2 778.6	1 541.6	3.068 7	5.855 5
290	74.448	0.001 365 9	0.025 51	1 290.3	2 765.4	1 475.1	3.161 6	5.781 1
300	85.917	0.001 404 1	0.021 62	1 345.4	2 748.4	1 403.0	3.255 9	5.703 8
310	98.697	0.001 448 0	0.018 29	1 402.9	2 726.8	1 323.9	3.352 2	5.622 4
320	112.90	0.001 499 5	0.015 44	1 463.4	2 699.6	1 236.2	3.451 3	5.535 6
330	128.65	0.001 561 4	0.012 96	1 527.5	2 665.5	1 138.0	3.554 6	5.441 4
340	146.08	0.001 639 0	0.010 780	1 596.8	2 622.3	1 025.5	3.663 8	5.336 3
350	165.37	0.001 740 7	0.008 822	1 672.9	2 566.1	893.2	3.781 6	5.214 9
360	186.74	0.001 893 0	0.006 970	1 763.1	2 485.7	722.6	3.918 9	5.060 3
370	210.53	0.002 231 0	0.004 958	1 896.2	2 335.7	439.5	4.119 8	4.803 1
374.12*	221.15	0.003 174 0	0.003 147	2 095.2	2 095.2	0.0	4.423 7	4.423 7

* 这一行的数据为临界状态的参数值

附表 4 饱和水与饱和水蒸气表（按压力排列）

压力 $p_s/10^5\mathrm{Pa}$	饱和温度 $t/℃$	比容		比焓		汽化潜热 γ /(kJ/kg)	比熵	
		饱和水 v' /(m³/kg)	饱和水蒸气 v'' /(m³/kg)	饱和水 h' /(kJ/kg)	饱和水蒸气 h'' /(kJ/kg)		饱和水 s' /[kJ/(kg·K)]	饱和水蒸气 s'' /[kJ/(kg·K)]
0.010	6.982	0.001 000 1	129.208	29.33	2 513.8	2 484.5	0.106 0	8.975 6
0.020	17.511	0.001 001 2	67.006	73.45	2 533.2	2 459.8	0.260 6	8.723 6
0.030	24.098	0.001 002 7	45.668	101.00	2 545.2	2 444.2	0.354 3	8.577 6
0.040	28.981	0.001 004 0	34.803	121.41	2 554.1	2 432.7	0.422 4	8.474 7
0.050	32.90	0.001 005 2	28.196	137.77	2 561.2	2 423.4	0.476 2	8.395 2
0.060	36.18	0.001 006 4	23.742	151.50	2 567.1	2 415.6	0.520 9	8.330 5
0.070	39.02	0.001 007 4	20.532	163.38	2 572.2	2 408.8	0.559 1	8.276 0
0.080	41.53	0.001 008 4	18.106	173.87	2 576.7	2 402.8	0.592 6	8.228 9
0.090	43.79	0.001 009 4	16.206	183.28	2 580.8	2 397.6	0.622 4	8.187 5
0.100	45.83	0.001 010 2	14.676	191.84	2 584.4	2 392.6	0.649 3	8.150 5
0.15	54.00	0.001 014 0	10.025	225.98	2 598.9	2 372.9	0.754 9	8.008 9
0.20	60.09	0.001 017 2	7.651 5	251.46	2 609.6	2 358.1	0.832 1	7.909 2
0.25	64.99	0.001 019 9	6.206 0	271.99	2 618.1	2 346.1	0.893 2	7.832 1
0.30	69.12	0.001 022 3	5.230 8	289.31	2 625.3	2 336.0	0.944 1	7.769 5
0.40	75.89	0.001 026 6	3.994 9	317.65	2 636.8	2 319.2	1.026 1	7.671 1
0.50	81.35	0.001 030 1	3.241 5	340.57	2 646.0	2 305.4	1.091 2	7.595 1
0.60	85.95	0.001 033 3	2.732 9	359.93	2 653.6	2 293.7	1.145 4	7.533 2
0.70	89.96	0.001 036 1	2.365 8	376.77	2 660.2	2 283.4	1.192 1	7.481 1
0.80	93.51	0.001 038 7	2.087 9	391.72	2 666.0	2 274.3	1.233 0	7.436 0
0.90	96.71	0.001 041 2	1.870 1	405.21	2 671.1	2 265.9	1.269 6	7.396 3
1.00	99.63	0.001 043 4	1.694 6	417.51	2 675.7	2 258.2	1.302 7	7.360 8
1.2	104.81	0.001 047 6	1.428 9	439.36	2 683.8	2 244.4	1.360 9	7.299 6
1.4	109.32	0.001 051 3	1.237 0	458.42	2 690.8	2 232.4	1.410 9	7.248 0
1.6	113.32	0.001 054 7	1.091 7	475.38	2 696.8	2 221.4	1.455 0	7.203 2
1.8	116.93	0.001 057 9	0.977 75	490.70	2 702.1	2 211.4	1.494 4	7.163 8
2.0	120.23	0.001 060 8	0.885 92	504.7	2 706.9	2 202.2	1.530 1	7.128 6
2.5	127.43	0.001 067 5	0.718 81	535.4	2 717.2	2 181.8	1.607 2	7.054 0
3.0	133.54	0.001 073 5	0.605 86	561.4	2 725.5	2 164.1	1.671 7	6.993 0
3.5	138.88	0.001 078 9	0.524 25	584.3	2 732.5	2 148.2	1.727 3	6.941 4
4.0	143.62	0.001 083 9	0.462 42	604.7	2 738.5	2 133.8	1.776 4	6.896 6
4.5	147.92	0.001 088 5	0.413 92	623.2	2 743.8	2 120.6	1.820 4	6.857 0

续表

压力 p_s/10^5Pa	饱和温度 t/℃	比容		比焓		汽化潜热 γ /(kJ/kg)	比熵	
		饱和水 υ' /(m³/kg)	饱和水蒸气 υ'' /(m³/kg)	饱和水 h' /(kJ/kg)	饱和水蒸气 h'' /(kJ/kg)		饱和水 s' /[kJ/(kg·K)]	饱和水蒸气 s'' /[kJ/(kg·K)]
5.0	151.85	0.001 092 8	0.374 81	640.1	2 748.5	2 108.4	1.860 4	6.821 5
6.0	158.84	0.001 100 9	0.315 56	670.4	2 756.4	2 086.0	1.930 8	6.758
7.0	164.96	0.001 108 2	0.272 74	697.1	2 762.9	2 065.8	1.991 8	6.707 4
8.0	170.42	0.001 115 0	0.240 30	720.9	2 768.4	2 047.5	2.045 7	6.661 8
9.0	175.36	0.001 121 3	0.214 84	742.6	2 773.0	2 030.4	2.094 1	6.621 2
10.0	179.88	0.001 127 4	0.194 30	762.6	2 777.0	2 014.4	2.138 2	6.584 7
11.0	184.06	0.001 133 1	0.177 39	781.1	2 780.4	1 999.3	2.178 6	6.551 5
12.0	187.96	0.001 138 6	0.163 20	798.4	2 783.4	1 985.0	2.216 0	6.521 0
13.0	191.60	0.001 143 8	0.151 12	814.7	2 786.0	1 971.3	2.250 9	6.492 7
14.0	195.04	0.001 148 9	0.140 72	830.1	2 788.4	1 958.3	2.283 6	6.466 5
15.0	198.28	0.001 153 8	0.131 65	844.7	2 790.4	1 945.7	2.314 4	6.441 8
16.0	201.37	0.001 158 6	0.123 68	858.6	2 792.2	1 933.6	2.343 6	6.418 7
17.0	204.30	0.001 163 3	0.116 61	871.8	2 793.8	1 922.0	2.371 2	6.386 7
18.0	207.10	0.001 167 8	0.110 31	884.6	2 795.1	1 910.5	2.397 6	6.375 9
19.0	209.79	0.001 172 2	0.104 64	896.8	2 796.4	1 899.6	2.422 7	6.356 1
20.0	212.37	0.001 176 6	0.099 53	908.6	2 797.4	1 888.8	2.446 8	6.337 3
22.0	217.24	0.001 185 0	0.090 64	930.9	2 799.1	1 868.2	2.492 2	6.301 8
24.0	221.78	0.001 193 2	0.083 19	951.9	2 800.4	1 848.5	2.534 3	6.209 1
26.0	226.03	0.001 201 1	0.076 85	971.7	2 801.2	1 829.5	2.573 6	6.238 6
28.0	230.04	0.001 208 8	0.071 38	990.5	2 801.7	1 811.2	2.610 6	6.210 1
30.0	233.84	0.001 216 3	0.066 62	1 008.4	2 801.9	1 793.5	2.645 5	6.183 2
35.0	242.54	0.001 234 5	0.057 02	1 049.8	2 801.3	1 751.5	2.725 3	6.121 8
40.0	250.33	0.001 252 1	0.049 74	1 087.5	2 799.4	1 711.9	2.796 7	6.067 0
45.0	257.41	0.001 269 1	0.044 02	1 122.2	2 796.5	1 674.3	2.861 4	6.017 1
50.0	263.92	0.001 285 8	0.039 41	1 154.6	2 792.8	1 638.2	2.920 9	5.971 2
60.0	275.56	0.001 318 7	0.032 41	1 213.9	2 783.3	1 569.4	3.027 7	5.887 8
70.0	285.80	0.001 351 4	0.027 34	1 267.7	2 771.4	1 503.7	3.122 5	5.812 6
80.0	294.98	0.001 384 3	0.023 49	1 317.5	2 757.5	1 440.0	3.208 3	5.743 0
90.0	303.31	0.001 417 9	0.020 46	1 364.2	2 741.8	1 377.6	3.287 5	5.677 3
100	310.96	0.001 452 6	0.018 00	1 408.6	2 724.2	1 315.8	3.361 6	5.614 3
120	324.64	0.001 526 7	0.014 25	1 492.6	2 684.8	1 192.2	3.498 6	5.493 0
140	336.63	0.001 610 4	0.011 49	1 572.8	2 638.3	1 065.5	3.626 2	5.373 7
160	347.32	0.001 710 1	0.009 330	1 651.5	2 582.7	931.2	3.748 6	5.249 6
180	356.96	0.001 838 0	0.007 534	1 733.4	2 514.4	781.0	3.878 9	5.113 5
200	365.71	0.002 038	0.005 873	1 828.8	2 413.8	585.0	4.018 1	4.933 8
220	373.68	0.002 675	0.003 757	2 007.7	2 192.5	184.8	4.289 1	4.574 5
221.15	374.12	0.003 147	0.003 174	2 095.2	2 095.2	0.0	4.423 7	4.423 7

附表 5 未饱和水与过热水蒸气表

压力 p	0.001 MPa			0.005 MPa		
饱和 参数	$t_s = 6.982$ $\upsilon'' = 129.208$ $h'' = 2513.8$ $s'' = 8.9756$			$t_s = 32.90$ $\upsilon'' = 28.196$ $h'' = 2561.2$ $s'' = 8.3952$		
温度 t/℃	比容 υ /(m³/kg)	比焓 h /(kJ/kg)	比熵 s /[kJ/(kg·K)]	比容 υ /(m³/kg)	比焓 h /(kJ/kg)	比熵 s /[kJ/(kg·K)]
0	<u>0.001 000 2</u>	<u>−0.041 2</u>	<u>−0.000 1</u>	0.001 000 2	0.0	−0.000 1
10	130.60	2 519.5	8.995 6	0.001 000 2	42.0	0.151 0
20	135.23	2 538.1	9.060 4	0.001 001 7	83.9	0.296 3
30	139.85	2 556.8	9.123 0	<u>0.001 004 3</u>	<u>125.7</u>	<u>0.436 5</u>
40	144.47	2 575.5	9.183 7	28.86	2 574.6	8.438 5
50	149.09	2 594.2	9.242 6	29.78	2 583.4	8.497 7
60	153.71	2 613.0	9.299 7	30.17	2 612.3	8.555 2
70	158.33	2 631.8	9.355 2	31.64	2 631.1	8.611 0
80	162.95	2 650.6	9.409 3	32.57	2 650.0	8.665 2
90	167.57	2 669.4	9.461 9	33.49	2 668.9	8.718 0
100	172.19	2 688.3	9.513 2	34.42	2 687.9	8.769 5
120	181.41	2 726.2	9.612 2	36.27	2 725.9	8.868 7
140	190.66	2 764.3	9.706 6	38.12	2 764.0	8.963 3
160	199.89	2 802.6	9.797 1	39.97	2 802.3	9.053 9
180	209.12	2 841.0	9.883 9	41.81	2 840.8	9.140 8
200	218.35	2 879.6	9.967 2	43.66	2 879.5	9.224 4
220	227.58	2 918.6	10.048 0	45.51	2 918.5	9.304 9
240	236.82	2 957.7	10.125 7	47.36	2 957.6	9.382 8
260	246.05	2 997.1	10.201 0	49.20	2 997.0	9.458 0
280	255.28	3 036.7	10.273 9	51.05	3 036.6	9.531 0
300	264.51	3 076.5	10.344 6	52.90	3 076.4	9.601 7
400	310.66	3 279.5	10.670 9	62.13	3 279.4	9.282 0
500	356.81	3 489.0	10.960	71.36	3 489.0	10.218
600	402.96	3 705.3	11.224	80.59	3 705.3	10.481

注：粗水平线之上为未饱和水状态，粗水平线之下为过热水蒸气状态，下同

压力 p	0.01 MPa			0.04 MPa		
饱和参数	$t_s = 45.83$ $\upsilon'' = 14.676$ $h'' = 2584.4$ $s'' = 8.1505$			$t_s = 75.89$ $\upsilon'' = 3.9949$ $h'' = 2636.8$ $s'' = 7.6711$		
温度 t/℃	比容 υ /(m³/kg)	比焓 h /(kJ/kg)	比熵 s/[kJ/(kg·K)]	比容 υ /(m³/kg)	比焓 h /(kJ/kg)	比熵 s/[kJ/(kg·K)]
0	0.001 000 2	+0.0	−0.000 1	0.001 000 2	0.0	−0.000 1
10	0.001 000 2	42.0	0.151 0	0.001 000 2	42.0	0.151 0
20	0.001 001 7	83.9	0.296 3	0.001 001 7	83.9	0.296 3
30	0.001 004 3	125.7	0.436 5	0.001 004 3	125.7	0.436 5
40	0.001 007 8	167.4	0.572 1	0.001 007 8	167.5	0.572 1
50	14.87	2 592.3	8.175 2	0.001 012 1	209.3	0.703 5
60	15.34	2 611.3	8.233 1	0.001 017 1	251.1	0.831 0
70	15.80	2 630.3	8.289 2	0.001 022 8	293.0	0.954 8
80	16.27	2 949.3	8.343 7	4.044	2 644.9	7.694 0
90	16.73	2 668.3	8.396 8	4.162	2 664.4	7.748 5
100	17.20	2 687.2	8.448 4	4.280	2 683.8	7.801 3
120	18.12	2 725.4	8.547 9	4.515	2 722.6	7.902 5
140	19.05	2 763.6	8.642 7	4.749	2 761.3	7.998 6
160	19.98	2 802.0	8.733 4	4.983	2 800.1	8.090 3
180	20.90	2 840.6	8.820 4	5.216	2 838.9	8.178 0
200	21.82	2 879.3	8.904 1	5.448	2 877.9	8.262 1
220	22.75	2 918.3	8.984 8	5.680	2 917.1	8.343 2
240	23.67	2 957.4	9.062 6	5.912	2 956.4	8.421 3
260	24.60	2 996.8	9.137 9	6.144	2 995.9	8.496 9
280	25.52	3 036.5	9.210 9	6.375	3 035.6	8.570 0
300	26.44	3 076.3	9.281 7	6.606	3 075.6	8.640 9
400	31.06	3 279.4	9.608 1	7.763	3 278.9	8.967 8
500	35.68	3 488.9	9.898 2	8.918	3 488.6	9.258 1
600	40.29	3 705.2	10.161	10.07	2 705.0	9.521 2

压力 p	0.08 MPa			0.1MPa		
饱和参数	$t_s = 93.51$ $\upsilon^{"} = 2.0879$ $h^{"} = 2666.0$ $s^{"} = 7.4360$			$t_s = 99.63$ $\upsilon^{"} = 1.6946$ $h^{"} = 2675.7$ $s^{"} = 7.3608$		
温度 t/℃	比容 υ /(m³/kg)	比焓 h /(kJ/kg)	比熵 s /[kJ/(kg·K)]	比容 υ /(m³/kg)	比焓 h /(kJ/kg)	比熵 s /[kJ/(kg·K)]
0	0.001 000 2	0.0	−0.000 1	0.001 000 2	0.1	−0.000 1
10	0.001 000 2	42.1	0.151 0	0.001 000 2	42.1	0.151 0
20	0.001 001 7	83.9	0.296 3	0.001 001 7	84.0	0.296 3
30	0.001 004 3	125.7	0.436 5	0.001 004 3	125.8	0.436 5
40	0.001 007 8	167.5	0.572 1	0.001 007 8	167.5	0.572 1
50	0.001 012 1	209.3	0.703 5	0.001 012 1	209.3	0.703 5
60	0.001 017 1	251.1	0.831 0	0.001 017 1	251.2	0.830 9
70	0.001 022 8	293.0	0.954 8	0.001 022 8	293.0	0.954 8
80	0.001 029 2	334.9	1.075 2	0.001 029 2	335.0	1.075 2
90	0.001 036 1	376.9	1.192 5	0.001 036 1	377.0	1.192 5
100	2.127	2 679.0	7.471 2	1.696	2 676.5	7.362 8
120	2.247	2 718.8	7.575 0	1.793	2 716.8	7.468 1
140	2.366	2 758.2	7.672 9	1.889	2 756.6	7.566 9
160	2.484	2 797.5	7.765 8	1.984	2 796.2	7.660 5
180	2.601	2 836.8	7.851 4	2.078	2 835.7	7.749 6
200	2.718	2 876.1	7.939 3	2.172	2 875.2	7.834 8
220	2.835	2 915.5	8.020 8	2.266	2 914.7	7.916 6
240	2.952	2 955.0	8.099 4	2.359	2 954.3	7.995 4
260	3.068	2 994.7	8.175 0	2.453	2 994.1	8.071 4
280	3.184	3 034.6	8.248 6	2.546	3 034.0	8.144 9
300	3.300	3 074.6	8.319 8	2.639	3 074.1	8.216 2
400	3.879	3 278.3	8.647 2	3.103	3 278.0	8.543 9
500	4.457	3 488.2	8.937 8	3.565	3 487.9	8.834 6
600	5.035	3 704.7	9.201 1	4.028	3 704.5	9.097 9

压力 p	0.5 MPa			1 MPa		
饱和参数	$t_s = 151.85$ $\upsilon'' = 0.37481$ $h'' = 2748.5$ $s'' = 6.8215$			$t_s = 179.88$ $\upsilon'' = 0.19430$ $h'' = 2777.0$ $s'' = 6.5847$		
温度 $t/℃$	比容 υ /(m³/kg)	比焓 h /(kJ/kg)	比熵 s /[kJ/(kg·K)]	比容 υ /(m³/kg)	比焓 h /(kJ/kg)	比熵 s /[kJ/(kg·K)]
0	0.001 000 0	0.5	−0.000 1	0.000 999 7	1.0	−0.000 1
10	0.001 000 0	42.5	0.150 9	0.000 999 8	43.0	0.150 9
20	0.001 001 5	84.3	0.296 3	0.001 001 3	84.8	0.296 1
30	0.001 004 1	126.1	0.436 4	0.001 003 9	126.6	0.436 2
40	0.001 007 6	167.9	0.571 9	0.001 007 4	168.3	0.571 7
50	0.001 011 9	209.7	0.703 3	0.001 011 7	210.1	0.703 0
60	0.001 016 9	251.5	0.830 7	0.001 016 7	251.9	0.830 5
70	0.001 022 6	293.4	0.954 5	0.001 022 4	293.8	0.945 2
80	0.001 029 0	335.3	1.075 0	0.001 028 7	335.7	1.074 6
90	0.001 035 9	377.3	1.192 2	0.001 035 7	377.7	1.191 8
100	0.001 043 5	419.4	1.306 6	0.001 043 2	419.7	1.306 2
120	0.001 060 5	503.9	1.527 3	0.001 060 2	504.3	1.526 9
140	<u>0.001 080 0</u>	<u>589.2</u>	<u>1.738 8</u>	0.001 079 6	589.5	1.738 3
160	0.383 6	2767.4	6.865 3	<u>0.001 101 9</u>	<u>675.7</u>	<u>1.942 0</u>
180	0.404 6	2812.1	6.966 4	0.194 4	2 777.3	6.585 4
200	0.424 9	2855.4	7.060 3	0.205 9	2 827.5	6.694 0
220	0.444 9	2897.9	7.148 1	0.216 9	2 874.9	6.792 1
240	0.464 6	2939.9	7.231 4	0.227 5	2 920.5	6.882 6
260	0.484 1	2981.4	7.310 9	0.237 8	2 964.8	6.967 4
280	0.503 4	3022.8	7.387 1	0.248 0	3 008.3	7.047 5
300	0.522 6	3064.2	7.460 5	0.258 0	3 051.3	7.123 9
400	0.617 2	3271.8	7.794 4	0.306 6	3 264.0	7.460 6
500	0.710 9	3483.6	8.087 7	0.354 0	3 478.3	7.762 7
600	0.804 0	3701.4	8.352 5	0.401 0	3 697.4	8.029 2

压力 p	2 MPa			3 MPa		
饱和参数	$t_s = 212.37$ $v'' = 0.09953$ $h'' = 2797.4$ $s'' = 6.3373$			$t_s = 233.84$ $v'' = 0.06662$ $h'' = 2801.9$ $s'' = 6.0670$		
温度 t/℃	比容 v /(m³/kg)	比焓 h /(kJ/kg)	比熵 s/[kJ/(kg·K)]	比容 v /(m³/kg)	比焓 h /(kJ/kg)	比熵 s/[kJ/(kg·K)]
0	0.000 999 2	2.0	0.000 0	0.000 998 7	3.0	0.000 1
10	0.000 999 3	43.9	0.150 8	0.000 998 8	44.9	0.150 7
20	0.001 000 8	85.7	0.295 9	0.001 000 4	86.7	0.295 7
30	0.001 003 4	127.5	0.435 9	0.001 003 0	128.4	0.435 6
40	0.001 006 9	169.2	0.571 3	0.001 006 5	170.1	0.570 9
50	0.001 011 2	211.0	0.702 6	0.001 010 8	211.8	0.702 1
60	0.001 016 2	252.7	0.829 9	0.001 015 8	253.6	0.829 4
70	0.001 021 9	294.6	0.953 6	0.001 021 5	295.4	0.953 0
80	0.001 028 2	336.5	1.074 0	0.001 027 8	337.3	1.073 3
90	0.001 035 2	378.4	1.191 1	0.001 034 7	379.3	1.190 4
100	0.001 042 7	420.5	1.305 4	0.001 042 2	421.2	1.304 6
120	0.001 059 6	505.0	1.526 0	0.001 059 0	505.7	1.525 0
140	0.001 079 0	590.2	1.737 3	0.001 078 3	590.8	1.736 2
160	0.001 101 2	676.3	1.940 8	0.001 100 5	676.9	1.939 6
180	0.001 126 6	763.6	2.137 9	0.001 125 8	764.1	2.136 6
200	<u>0.001 156 0</u>	<u>852.6</u>	<u>2.330 0</u>	0.001 155 0	853.0	2.328 4
220	0.102 1	2 820.4	6.384 2	<u>0.001 189 1</u>	<u>943.9</u>	<u>2.516 6</u>
240	0.108 4	2 876.3	6.495 3	0.068 18	2 823.0	6.224 5
260	0.114 4	2 927.9	8.594 1	0.072 86	2 885.5	6.344 0
280	0.120 0	2 976.9	6.684 2	0.077 14	2 941.8	6.447 7
300	0.125 5	3 024.0	6.767 9	0.081 16	2 994.2	6.540 8
400	0.151 2	3 248.1	7.128 5	0.099 33	3 231.6	6.923 1
500	0.175 6	3 467.4	7.432 3	0.116 1	3 456.4	7.234 5
600	0.199 5	3 689.5	7.702 4	0.132 4	3 681.5	7.508 4

压力 p	4 MPa			5 MPa		
饱和参数	$t_s = 250.33$ $\upsilon'' = 0.04974$ $h'' = 2799.4$ $s'' = 6.0670$			$t_s = 263.92$ $\upsilon'' = 0.03941$ $h'' = 2792.8$ $s'' = 5.9712$		
温度 t/℃	比容 υ /(m³/kg)	比焓 h /(kJ/kg)	比熵 s /[kJ/(kg·K)]	比容 υ /(m³/kg)	比焓 h /(kJ/kg)	比熵 s /[kJ/(kg·K)]
0	0.000 998 2	4.0	0.000 2	0.000 997 7	5.1	0.000 2
10	0.000 998 4	45.9	0.150 6	0.000 997 9	46.9	0.150 5
20	0.000 999 9	87.6	0.295 5	0.000 999 5	88.6	0.295 2
30	0.001 002 5	129.3	0.435 3	0.001 002 1	130.2	0.435 0
40	0.001 006 0	171.0	0.570 6	0.001 005 6	171.9	0.570 2
50	0.001 010 3	212.7	0.701 6	0.001 009 9	213.6	0.701 2
60	0.001 015 3	254.4	0.828 8	0.001 014 9	255.3	0.828 3
70	0.001 021 0	296.2	0.952 4	0.001 020 5	297.0	0.951 8
80	0.001 027 3	338.1	1.072 6	0.001 026 8	338.8	1.072 0
90	0.001 034 2	280.0	1.189 7	0.001 033 7	380.7	1.189 0
100	0.001 041 7	422.0	1.303 8	0.001 041 2	422.7	1.303 0
120	0.001 058 4	506.4	1.524 2	0.001 057 9	507.1	1.523 2
140	0.001 077 7	591.5	1.735 2	0.001 077 1	592.1	1.734 2
160	0.001 099 7	677.5	1.938 5	0.001 099 0	678.0	1.937 3
180	0.001 124 9	764.8	2.135 2	0.001 124 1	765.2	2.133 9
200	0.001 154 0	853.4	2.326 8	0.001 153 0	853.8	2.325 3
220	0.001 187 8	944.2	2.514 7	0.001 186 6	944.4	2.512 9
240	0.001 228 0	1 037.7	2.700 7	0.001 226 4	1 037.8	2.698 5
260	0.051 74	2 835.6	6.135 5	0.001 275 0	1 135.0	2.884 2
280	0.055 47	2 902.2	6.258 1	0.042 24	2 857.0	6.088 9
300	0.058 85	2 961.5	6.363 4	0.045 32	2 925.4	6.210 4
400	0.073 39	3 214.5	6.771 3	0.057 80	3 193.9	6.648 6
500	0.086 38	3 445.2	7.090 9	0.068 53	3 433.8	6.976 8
600	0.098 79	3 673.4	7.368 6	0.078 64	3 665.4	7.258 6

压力 p	6 MPa			7 MPa		
饱和参数	$t_s = 275.56$ $\upsilon^{''} = 0.03241$ $h^{''} = 2783.3$ $s^{''} = 5.8878$			$t_s = 285.80$ $\upsilon^{''} = 0.02734$ $h^{''} = 2771.4$ $s^{''} = 5.8126$		
温度 t/℃	比容 υ /(m³/kg)	比焓 h /(kJ/kg)	比熵 s /[kJ/(kg·K)]	比容 υ /(m³/kg)	比焓 h /(kJ/kg)	比熵 s /[kJ/(kg·K)]
0	0.000 997 2	6.1	0.000 3	0.000 996 7	7.1	0.000 4
10	0.000 997 4	47.8	0.150 5	0.000 997 0	48.8	0.150 4
20	0.000 999 0	89.5	0.295 1	0.000 998 6	90.4	0.294 8
30	0.001 001 6	131.1	0.434 7	0.001 001 2	132.0	0.434 4
40	0.001 005 1	172.7	0.569 8	0.001 004 7	173.6	0.569 4
50	0.001 009 4	214.4	0.700 7	0.001 009 0	215.3	0.700 3
60	0.001 014 4	256.1	0.827 8	0.001 014 0	256.9	0.827 3
70	0.001 020 1	297.8	0.951 2	0.001 019 6	298.7	0.950 6
80	0.001 026 3	339.6	1.071 3	0.001 025 9	340.4	1.070 7
90	0.001 033 2	381.5	1.188 2	0.001 032 7	382.3	1.187 5
100	0.001 040 6	423.5	1.302 3	0.001 040 1	424.2	1.301 5
120	0.001 057 3	507.8	1.522 4	0.001 056 7	508.5	1.521 5
140	0.001 076 4	592.8	1.733 2	0.001 075 8	593.4	1.732 1
160	0.001 098 3	678.6	1.936 1	0.001 097 6	679.2	1.935 0
180	0.001 123 2	765.7	2.132 5	0.001 122 4	766.2	2.131 2
200	0.001 151 9	854.2	2.323 7	0.001 151 0	854.6	2.322 2
220	0.001 185 3	944.7	2.511 1	0.001 184 1	945.0	2.509 3
240	0.001 224 9	1037.9	2.696 3	0.001 223 3	1 038.0	2.694 1
260	0.001 272 9	1 134.8	2.881 5	0.001 270 8	1 134.7	2.878 9
280	0.033 17	2 804.0	5.925 3	0.001 330 7	1 236.7	3.066 7
300	0.036 16	2 885.0	6.069 3	0.029 46	2 839.2	5.932 2
400	0.047 38	3 178.6	6.543 8	0.039 92	3 159.7	6.451 1
500	0.056 62	3 422.2	6.881 4	0.048 10	3 410.5	6.798 8
600	0.065 21	3 657.2	7.167 3	0.055 61	3 649.0	7.089 0

压力 p	8 MPa			9 MPa		
饱和参数	$t_s = 294.98$ $\upsilon'' = 0.02349$ $h'' = 2757.5$ $s'' = 5.7430$			$t_s = 303.31$ $\upsilon'' = 0.02046$ $h'' = 2741.8$ $s'' = 5.6773$		
温度 t/℃	比容 υ /(m³/kg)	比焓 h /(kJ/kg)	比熵 s /[kJ/(kg·K)]	比容 υ /(m³/kg)	比焓 h /(kJ/kg)	比熵 s /[kJ/(kg·K)]
0	0.000 996 2	8.1	0.000 4	0.000 995 8	9.1	0.000 5
10	0.000 996 5	49.8	0.150 3	0.000 996 0	50.7	0.150 2
20	0.000 998 1	91.4	0.294 6	0.000 997 7	92.3	0.294 4
30	0.001 000 8	132.9	0.434 0	0.001 000 3	133.8	0.433 7
40	0.001 004 3	174.5	0.569 0	0.001 003 8	175.4	0.568 6
50	0.001 008 6	216.1	0.699 8	0.001 008 1	217.0	0.699 3
60	0.001 013 5	257.8	0.826 7	0.001 013 1	258.6	0.826 2
70	0.001 019 2	299.5	0.950 0	0.001 018 7	300.3	0.949 4
80	0.001 025 4	341.2	1.070 0	0.001 024 9	342.0	1.069 4
90	0.001 032 2	383.1	1.186 8	0.001 031 7	383.8	1.186 1
100	0.001 039 6	425.0	1.300 7	0.001 039 1	425.8	1.300 0
120	0.001 056 2	509.2	1.520 6	0.001 055 6	509.9	1.519 7
140	0.001 075 2	594.1	1.731 1	0.001 074 5	594.7	1.730 1
160	0.001 096 8	679.8	1.933 8	0.001 096 1	680.4	1.932 6
180	0.001 121 6	766.7	2.129 9	0.001 120 7	767.2	2.128 6
200	0.001 150 0	855.1	2.320 7	0.001 149 0	855.5	2.319 1
220	0.001 182 9	945.3	2.507 5	0.001 181 7	945.6	2.505 7
240	0.001 221 8	1 038.2	2.692 0	0.001 220 2	1 038.3	2.689 9
260	0.001 268 7	1 134.6	2.876 2	0.001 266 7	1 134.4	2.873 7
280	0.001 327 7	1 236.2	3.063 3	0.001 324 9	1 235.6	3.060 0
300	0.024 25	2 785.4	5.791 8	0.001 402 2	1 344.9	3.253 9
400	0.034 31	3 140.1	6.367 0	0.029 93	3 119.7	6.289 1
500	0.041 72	3 398.5	6.725 4	0.036 75	3 386.4	6.659 2
600	0.048 41	3 640.7	7.020 1	0.042 81	3 632.4	6.958 5

压力 p	10 MPa			12 MPa		
饱和参数	$t_s = 310.96$ $v'' = 0.01800$ $h'' = 2724.7$ $s'' = 5.6143$			$t_s = 324.64$ $v'' = 0.01425$ $h'' = 2684.8$ $s'' = 5.4930$		
温度 t/℃	比容 v /(m³/kg)	比焓 h /(kJ/kg)	比熵 s /[kJ/(kg·K)]	比容 v /(m³/kg)	比焓 h /(kJ/kg)	比熵 s /[kJ/(kg·K)]
0	0.000 995 3	10.1	0.000 5	0.000 994 3	12.1	0.000 6
10	0.000 995 6	51.7	0.150 0	0.000 994 7	53.6	0.149 8
20	0.000 997 2	93.2	0.294 2	0.000 996 4	95.1	0.293 7
30	0.000 999 9	134.7	0.433 4	0.000 999 1	136.6	0.432 8
40	0.001 003 4	176.3	0.568 2	0.001 002 6	178.1	0.567 4
50	0.001 007 7	217.8	0.698 9	0.001 006 8	219.6	0.697 9
60	0.001 012 6	259.4	0.825 7	0.001 011 8	261.1	0.824 6
70	0.001 018 2	301.1	0.948 9	0.001 017 4	302.7	0.947 7
80	0.001 024 4	342.8	1.068 7	0.001 023 5	344.4	1.067 4
90	0.001 031 2	384.6	1.185 4	0.001 030 3	386.2	1.184 0
100	0.001 038 6	426.5	1.299 2	0.001 037 6	428.0	1.297 7
120	0.001 055 1	510.6	1.518 8	0.001 054 0	512.0	1.517 0
140	0.001 073 9	595.4	1.729 1	0.001 072 7	596.7	1.727 1
160	0.001 095 4	681.0	1.931 5	0.001 094 0	682.2	1.929 2
180	0.001 119 9	767.8	2.127 2	0.001 118 3	768.8	2.124 6
200	0.001 148 0	855.9	2.317 6	0.001 146 1	856.8	2.314 6
220	0.001 180 5	946.0	2.504 0	0.001 178 2	946.6	2.500 5
240	0.001 218 8	1 038.4	2.687 8	0.001 215 8	1 038.8	2.683 7
260	0.001 264 8	1 134.3	2.871 1	0.001 260 9	1 134.2	2.866 1
280	0.001 322 1	1 235.2	3.056 7	0.001 316 7	1 234.3	3.050 3
300	0.001 397 8	1 343.7	3.249 4	0.001 389 5	1 341.5	3.240 7
400	0.026 41	3 098.5	6.215 8	0.021 08	3 053.3	6.078 7
500	0.032 77	3 374.1	6.598 4	0.026 79	3 349.0	6.489 3
600	0.038 33	3 624.0	6.902 5	0.031 61	3 607.0	6.803 4

压力 p	14 MPa			16 MPa		
饱和参数	$t_s = 336.63$ $v'' = 0.01149$ $h'' = 2638.3$ $s'' = 5.3737$			$t_s = 347.32$ $v'' = 0.009330$ $h'' = 2582.7$ $s'' = 5.2496$		
温度 t/℃	比容 v /(m³/kg)	比焓 h /(kJ/kg)	比熵 s /[kJ/(kg·K)]	比容 v /(m³/kg)	比焓 h /(kJ/kg)	比熵 s /[kJ/(kg·K)]
0	0.000 993 3	14.1	0.000 7	0.000 992 4	16.1	0.000 8
10	0.000 993 8	55.6	0.149 6	0.000 992 8	57.5	0.149 4
20	0.000 995 5	97.0	0.293 3	0.000 994 6	98.8	0.292 8
30	0.000 998 2	138.1	0.432 2	0.000 997 3	140.2	0.431 5
40	0.001 001 7	179.8	0.566 6	0.001 000 8	181.6	0.565 9
50	0.001 006 0	221.3	0.697 0	0.001 005 1	223.0	0.696 1
60	0.001 010 9	262.8	0.823 6	0.001 010 0	264.5	0.822 5
70	0.001 016 4	304.4	0.946 5	0.001 015 6	306.0	0.945 3
80	0.001 022 6	346.0	1.066 1	0.001 021 7	347.6	1.064 8
90	0.001 029 3	387.7	1.182 6	0.001 028 4	389.3	1.181 2
100	0.001 036 6	429.5	1.296 1	0.001 035 6	431.0	1.294 6
120	0.001 052 9	513.5	1.515 3	0.001 051 8	514.9	1.513 6
140	0.001 071 5	598.0	1.725 1	0.001 070 3	599.4	1.723 1
160	0.001 092 6	683.4	1.926 9	0.001 091 2	684.6	1.924 7
180	0.001 116 7	769.9	2.122 0	0.001 115 1	771.0	2.119 5
200	0.001 144 2	857.7	2.311 7	0.001 142 3	858.6	2.308 7
220	0.001 175 9	947.2	2.497 0	0.001 173 6	947.9	2.493 6
240	0.001 212 9	1 039.1	2.679 6	0.001 210 1	1 039.5	2.675 6
260	0.001 257 2	1 134.1	2.861 2	0.001 253 5	1 134.0	2.856 3
280	0.001 311 5	1 233.5	3.044 1	0.001 306 5	1 232.8	3.038 1
300	<u>0.001 381 6</u>	<u>1 339.5</u>	<u>3.232 4</u>	<u>0.001 374 2</u>	<u>1 337.7</u>	<u>3.224 5</u>
400	0.017 26	3 004.0	5.948 8	0.014 27	2 949.7	5.821 5
500	0.022 51	3 323.0	6.392 2	0.019 29	3 296.3	6.303 8
600	0.026 81	3 589.8	6.717 2	0.023 21	3 572.4	6.640 1

压力 p	18 MPa			20 MPa		
饱和参数	$t_s = 356.96$ $\upsilon^{''} = 0.007534$ $h^{''} = 2514.4$ $s^{''} = 5.1135$			$t_s = 365.71$ $\upsilon^{''} = 0.005873$ $h^{''} = 2413.8$ $s^{''} = 4.9338$		
温度 t/℃	比容 υ /(m³/kg)	比焓 h /(kJ/kg)	比熵 s /[kJ/(kg·K)]	比容 υ /(m³/kg)	比焓 h /(kJ/kg)	比熵 s /[kJ/(kg·K)]
0	0.000 991 4	18.1	0.000 8	0.000 990 4	20.1	0.000 8
10	0.000 991 9	59.4	0.149 1	0.000 991 0	61.3	0.148 9
20	0.000 993 7	100.7	0.292 4	0.000 992 9	102.5	0.291 9
30	0.000 996 5	142.0	0.430 9	0.000 995 6	143.8	0.430 3
40	0.001 000 0	183.3	0.565 1	0.000 999 2	185.1	0.564 3
50	0.001 004 3	224.7	0.695 2	0.001 003 4	226.4	0.694 3
60	0.001 009 2	266.1	0.821 5	0.001 008 3	267.8	0.820 4
70	0.001 014 7	307.6	0.944 2	0.001 013 8	309.3	0.943 0
80	0.001 020 8	349.2	1.063 6	0.001 019 9	350.8	1.062 3
90	0.001 027 4	390.8	1.179 8	0.001 026 5	392.4	1.178 4
100	0.001 034 6	432.5	1.293 1	0.001 033 7	434.0	1.291 6
120	0.001 050 7	516.3	1.511 8	0.001 049 6	517.7	1.510 1
140	0.001 069 1	600.7	1.721 2	0.001 067 9	602.0	1.719 2
160	0.001 089 9	685.9	1.922 5	0.001 088 6	687.1	1.920 3
180	0.001 113 6	772.0	2.117 0	0.001 112 0	773.1	2.114 5
200	0.001 140 5	859.5	2.305 8	0.001 138 7	860.4	2.303 0
220	0.001 171 4	948.6	2.490 3	0.001 169 3	949.3	2.487 0
240	0.001 207 4	1 039.9	2.671 7	0.001 204 7	1 040.3	2.667 8
260	0.001 250 0	1 134.0	2.851 6	0.001 246 6	1 134.1	2.847 0
280	0.001 301 7	1 232.1	3.032 3	0.001 297 1	1 231.6	3.026 6
300	<u>0.001 367 2</u>	<u>1 336.1</u>	<u>3.216 8</u>	<u>0.001 360 6</u>	<u>1 334.6</u>	<u>3.209 5</u>
400	0.011 91	2 889.0	5.692 6	0.009 952	2 820.1	5.557 8
500	0.016 78	3 268.7	6.211 5	0.014 77	3 240.2	6.144 0
600	0.020 41	3 554.8	6.570 1	0.018 16	3 536.9	6.505 5

附表6 大气压力（$p=1.01325\times10^5\,\mathrm{Pa}$）下空气的热物理性质

温度 T/K	密度 ρ /(kg/m³)	定压比热容 c_p /[kJ/(kg·K)]	动力黏度 μ /[10^5 kg/(m·s)]	运动黏度 υ /(10^6 m²/s)	导热系数 λ /[10^3 W/(m·K)]	导温系数 α /(10^6 m²/s)	普朗特数 Pr	A^* /[10^{-3} (m³·K)]
100	3.601 0	1.026 6	0.692 4	1.923	9.246	2.501	770×10³	2.04×10⁷
150	2.367 5	1.009 9	1.028 3	4.343	13.735	5.745	753×10³	2.62×10⁶
200	1.768 4	1.006 1	1.328 9	7.49	18.09	10.165	739×10³	6.41×10⁵
250	1.412 8	1.005 3	1.488	9.49	22.27	13.161	722×10³	2.38×10⁵
300	1.177 4	1.005 7	1.983	15.68	26.24	22.16	708×10³	8.76×10⁴
350	0.998 0	1.009 0	2.075	20.76	30.03	29.83	697×10³	4.52×10⁴
400	0.882 6	1.014 0	2.286	25.90	33.65	37.60	689×10³	2.52×10⁴
450	0.783 3	1.020 7	2.484	28.86	37.07	42.22	683×10³	1.48×10⁴
500	0.704 8	1.029 5	2.671	37.90	40.38	55.64	680×10³	9300
550	0.642 3	1.039 2	2.848	44.34	43.60	65.32	680×10³	6160
600	0.587 9	1.055 1	3.018	51.34	46.59	75.12	680×10³	4240
650	0.543 0	1.063 5	3.177	58.51	49.53	85.78	682×10³	3000
700	0.503 0	1.075 2	3.332	66.25	52.30	96.72	684×10³	2190
750	0.470 9	1.085 6	3.481	73.91	55.09	107.74	686×10³	1640
800	0.440 5	1.097 8	3.625	82.29	57.79	119.51	689×10³	1250
850	0.414 9	1.109 5	3.765	90.75	60.28	130.97	692×10³	971
900	0.392 5	1.121 2	3.899	99.3	62.79	142.71	696×10³	769
950	0.371 6	1.132 1	4.023	108.2	65.25	155.10	699×10³	615
1000	0.352 4	1.141 7	4.152	117.8	67.52	167.79	702×10³	496
1100	0.320 4	1.160	4.44	138.6	73.2	196.90	704×10³	327
1200	0.294 7	1.179	4.69	159.1	78.2	225.10	707×10³	228
1300	0.270 7	1.197	4.93	182.1	83.7	258.30	705×10³	160
1400	0.251 5	1.214	5.17	205.5	89.1	292.0	705×10³	117
1500	0.235 5	1.230	5.40	229.1	94.6	326.2	705×10³	87.3
1600	0.221 1	1.248	5.63	254.5	100	360.9	705×10³	66.4
1700	0.208 2	1.267	5.85	280.5	105	397.7	705×10³	51.6
1800	0.197 0	1.287	6.07	308.1	111	437.9	704×10³	40.4
1900	0.185 8	1.309	6.29	338.5	117	481.1	704×10³	31.7
2000	0.176 2	1.338	6.50	369.0	124	526.0	702×10³	25.3
2100	0.168 2	1.372	6.72	399.6	131	571.5	700×10³	20.6

续表

温度 T/K	密度 ρ /(kg/m³)	定压比热容 c_p /[kJ/(kg·K)]	动力黏度 μ / [10⁵ kg/(m·s)]	运动黏度 υ / (10⁶ m²/s)	导热系数 λ / [10³ W/(m·K)]	导温系数 α / (10⁶ m²/s)	普朗特数 Pr	A^* /[10⁻³ (m³·K)]
2200	0.160 2	1.419	6.93	432.6	139	612.0	707×10³	16.8
2300	0.153 8	1.482	7.14	464.0	149	654.0	710×10³	14.1
2400	0.145 8	1.574	7.35	504.0	161	702.0	718×10³	11.6
2500	0.139 4	1.688	7.57	543.5	175	744.1	730×10³	9.72

$$* \; A = \frac{g\beta\rho^2 c_p}{\mu\lambda} = \frac{g\rho^2 c_p}{\mu\lambda T}$$

附表 7 未饱和水和饱和水的物理参数

温度 t/℃	压力 p/10^5Pa	密度 ρ /(kg/m³)	定压比热容 c_p /[kJ/(kg·℃)]	导热系数 λ / [10^2 J/(m·s·℃)]	导温系数 α / (10^7 m²/s)	动力黏度 μ / (10^4 N·s/m²)	运动黏度 υ / (10^6 m²/s)	β /(10^4 /K)	普朗特数 Pr
0	1.013	999.9	4.212	55.1	1.31	17.89	1.789	−0.63	13.67
10	1.013	999.7	4.191	57.5	1.37	13.06	1.306	+0.70	9.52
20	1.013	998.2	4.183	59.9	1.43	10.04	1.006	1.82	7.02
30	1.013	995.7	4.174	61.8	1.49	8.02	0.805	3.21	5.42
40	1.013	992.2	4.174	63.4	1..53	6.54	0.659	3.87	4.31
50	1.013	988.1	4.174	64.8	1.57	5.49	0.556	4.49	3.54
60	1.013	983.2	4.179	65.9	1.61	4.70	0.478	5.11	2.98
70	1.013	977.8	4.187	66.8	1.63	4.06	0.415	5.70	2.55
80	1.013	971.8	4.195	67.5	1.66	3.55	0.365	6.32	2.21
90	1.013	965.3	4.208	68.0	1.68	3.15	0.326	6.95	1.95
100	1.013	958.4	4.220	68.3	1.69	2.83	0.295	7.52	1.75
110	1.43	951.0	4.233	68.5	1.70	2.59	0.272	8.08	1.60
120	1.99	943.1	4.250	68.6	1.71	2.38	0.252	8.64	1.47
130	2.70	934.8	4.267	68.6	1.72	2.18	0.233	9.19	1.36
140	3.62	926.1	4.287	68.5	1.73	2.01	0.217	9.72	1.26
150	4.76	917.0	4.313	68.4	1.73	1.86	0.203	10.3	1.17
160	6.18	907.4	4.346	68.3	1.73	1.73	0.191	10.7	1.10
170	7.92	897.3	4.380	67.9	1.73	1.62	0.181	11.3	1.05
180	10.03	886.9	4.417	67.5	1.72	1.53	0.173	11.9	1.06
190	12.55	876.0	4.459	67.0	1.71	1.45	0.165	12.6	0.96
200	15.55	863.0	4.505	66.3	1.71	1.36	0.158	13.3	0.93
210	19.08	852.8	4.55	65.5	1.69	1.30	0.153	14.1	0.91
220	23.20	840.3	4.614	64.5	1.66	1.24	0.148	14.8	0.89
230	27.98	827.3	4.681	63.7	1.64	1.20	0.145	15.9	0.88
240	33.48	813.6	4.756	62.8	1.62	1.15	0.141	16.8	0.87
250	39.78	799.0	4.844	61.8	1.59	1.09	0.137	18.1	0.86
260	46.95	784.0	4.949	60.5	1.56	1.06	0.135	119.7	0.87
270	55.06	767.9	5.070	59.0	1.51	1.02	0.133	21.6	0.88
280	64.20	750.7	5.230	57.5	1.46	0.983	0.131	23.7	0.90
290	74.45	732.3	5.485	55.8	1.39	0.945	0.129	26.2	0.93
300	85.92	712.5	5.736	54.0	1.32	0.912	0.128	29.2	0.97
310	98.70	691.1	6.071	52.3	1.25	0.885	0.128	32.9	1.03

续表

温度 t/℃	压力 p/10⁵Pa	密度 ρ /(kg/m³)	定压比热容 c_p /[kJ/(kg·℃)]	导热系数 λ / [10² J/(m·s·℃)]	导温系数 α / (10⁷ m²/s)	动力黏度 μ / (10⁴ N·s/m²)	运动黏度 υ / (10⁶ m²/s)	β /(10⁴ /K)	普朗特数 Pr
320	110.94	667.1	6.574	50.6	1.15	0.854	0.128	38.2	1.11
330	128.65	640.2	7.244	48.4	1.04	0.813	0.127	43.3	1.22
340	146.09	610.1	8.165	45.7	0.917	0.775	0.127	53.4	1.39
350	165.38	574.4	9.504	43.0	0.789	0.724	0.126	66.8	1.60
360	186.74	528.0	13.98	39.5	0.536	0.665	0.126	109	2.35
370	210.54	450.5	40.32	33.7	0.186	0.568	0.126	264	6.79

附表 8 饱和水蒸气的物理参数

温度 $t/℃$	压力 $p/10^5Pa$	密度 ρ /(kg/m³)	汽化潜热 γ /(kJ/kg)	定压比热容 c_p /[kJ/(kg·℃)]	导热系数 $\lambda / [10^2$ J/(m·s·℃)]	导温系数 $\alpha / (10^7$ m²/s)	动力黏度 $\mu / (10^4$ N·s/m²)	运动黏度 $\upsilon / (10^6$ m²/s)	普朗特数 Pr
100	1.013	0.598	2257	2.14	2.37	18.6	11.97	20.02	1.08
110	1.43	0.826	2230	2.18	2.49	13.8	12.45	15.07	1.09
120	1.99	1.121	2203	2.21	2.59	10.5	12.85	11.46	1.09
130	2.70	1.496	2174	2.26	2.69	7.970	13.20	8.85	1.11
140	3.62	1.966	2145	2.32	2.79	6.130	13.50	6.89	1.12
150	4.76	2.547	2114	2.39	2.88	4.728	13.90	5.47	1.16
160	6.18	3.258	2083	2.48	3.01	3.722	14.30	4.39	1.18
170	7.92	4.122	2050	2.58	3.13	2.939	14.70	3.57	1.21
180	10.03	5.157	2015	2.71	3.27	2.340	15.10	2.93	1.25
190	12.55	6.391	1979	2.86	3.42	1.870	15.60	2.44	1.30
200	15.55	7.862	1941	3.02	3.55	1.490	16.00	2.03	1.36
210	19.08	9.588	1900	3.20	3.72	1.210	16.40	1.71	1.41
220	23.20	11.62	1858	3.41	3.90	0.983	16.80	1.45	1.47
230	27.98	13.99	1813	3.63	4.10	0.806	17.30	1.24	1.54
240	33.48	16.76	1766	3.88	4.30	0.658	17.80	1.06	1.61
250	39.78	19.98	1716	4.16	4.51	0.544	18.20	0.913	1.68
260	46.95	23.72	1661	4.47	4.80	0.453	18.80	0.794	1.75
270	55.06	28.09	1604	4.82	5.11	0.378	19.30	0.688	1.82
280	64.20	33.19	1543	5.23	5.49	0.317	19.90	0.600	1.90
290	74.45	39.15	1476	5.69	5.83	0.216	20.60	0.526	2.01
300	85.92	46.21	1404	6.28	6.27	0.261	21.30	0.461	2.13
310	98.70	54.58	1325	7.12	6.84	0.176	22.00	0.403	2.29
320	110.94	64.72	1238	8.21	7.51	0.141	22.80	0.353	2.50
330	128.65	77.10	1140	9.88	8.26	0.108	23.90	0.310	2.86
340	146.09	92.76	1027	12.35	9.30	0.081 1	25.20	0.272	3.35
350	165.38	113.6	893.1	16.25	10.7	0.058 0	26.60	0.234	4.03
360	186.74	144.0	720.0	23.03	12.8	0.038 69	29.10	0.202	5.23
370	210.54	203.0	438.4	56.52	17.1	0.015 0	33.70	0.166	11.10

附表9 0.1MPa时饱和空气的状态参数

干球温度 $t/℃$	饱和水蒸气分压力 p_s /kPa	含湿量 d /(g/kg)	饱和比焓 h_s /(kJ/kg)	密度 ρ /(kg/m³)	汽化潜热 γ /(kJ/kg)
−20	0.103	0.64	−18.5	1.38	2839
−18	0.125	0.78	−16.4	1.36	2839
−16	0.150	0.94	−13.8	1.35	2838
−14	0.181	1.13	−11.3	1.34	2838
−12	0.217	1.35	−8.7	1.33	2837
−10	0.259	1.62	−6.0	1.32	2837
−8	0.309	1.93	−3.2	1.31	2836
−6	0.368	2.30	−0.3	1.30	2836
−4	0.437	2.73	2.8	1.29	2835
−2	0.517	3.23	6.0	1.28	2834
0	0.611	3.82	9.5	1.27	2500
2	0.705	4.42	13.1	1.26	2496
4	0.813	5.10	16.8	1.25	2491
6	0.935	5.87	20.7	1.24	2486
8	1.072	6.74	25.0	1.23	2481
10	1.227	7.73	29.5	1.22	2477
12	1.401	8.84	34.4	1.21	2472
14	1.597	10.10	39.5	1.21	2470
16	1.817	11.51	45.2	1.20	2465
18	2.062	13.10	51.3	1.19	2458
20	2.337	14.88	57.9	1.18	2453
22	2.642	16.88	65.0	1.17	2448
24	2.982	19.12	72.8	1.16	2444
26	3.360	21.63	81.3	1.15	2441
28	3.778	24.42	90.5	1.14	2434
30	4.241	27.52	100.5	1.13	2430
32	4.753	31.07	111.7	1.12	2425
34	5.318	34.94	123.7	1.11	2420
36	5.940	39.28	137.0	1.10	2415
38	6.624	44.12	151.6	1.09	2411

续表

干球温度 $t/℃$	饱和水蒸气分压力 p_s /kPa	含湿量 d /(g/kg)	饱和比焓 h_s /(kJ/kg)	密度 ρ /(kg/m³)	汽化潜热 γ /(kJ/kg)
40	7.376	49.52	167.7	1.08	2406
42	8.198	55.54	185.5	1.07	2401
44	9.100	62.26	205.0	1.06	2396
46	10.085	69.76	226.7	1.05	2391
48	11.162	78.15	250.7	1.04	2386
50	12.335	87.52	277.3	1.03	2382
52	13.613	98.01	306.8	1.02	2377
54	15.002	109.80	339.8	1.00	2372
56	16.509	123.00	376.7	0.99	2367
58	18.146	137.89	418.0	0.98	2363
60	19.917	154.752	464.5	0.97	2358
65	25.010	207.44	609.2	0.93	2345
70	31.160	281.54	811.1	0.90	2333
75	38.550	390.20	1105.7	0.85	2320
80	47.360	559.61	1563.0	0.81	2309
85	57.800	851.90	2351.0	0.76	2295
90	70.110	1459.00	3893.0	0.70	2282

附表 10　大气压力（$p=1.01325×10^5$ Pa）下烟气的热物理性质

（烟气中组成成分的质量分数：$\omega_{CO_2}=0.13$；$\omega_{H_2O}=0.11$；$\omega_{N_2}=0.76$）

温度 $t/℃$	密度 ρ /(kg/m³)	定压比热容 c_p /[kJ/(kg·K)]	导热系数 λ /[10^2W/(m·k)]	导温系数 α /(10^8m²/s)	动力黏度 μ /[10^5kg/(m·s)]	运动黏度 υ /(10^6m²/s)	普朗特数 Pr
0	1.295	1.042	2.28	16.9	15.8	12.20	0.72
100	0.950	1.068	3.13	30.8	20.4	21.54	0.69
200	0.748	1.097	4.01	48.9	24.5	32.80	0.67
300	0.617	1.122	4.84	69.9	28.2	45.81	0.65
400	0.525	1.151	5.70	94.3	31.7	60.38	0.64
500	0.457	1.185	5.56	121.1	34.8	76.30	0.63
600	0.405	1.214	7.42	150.9	37.9	93.61	0.62
700	0.363	1.239	8.27	183.8	40.7	112.1	0.61
800	0.330	1.264	9.15	219.7	43.4	131.8	0.60
900	0.301	1.290	10.00	258.0	45.9	152.5	0.59
1 000	0.275	1.306	10.90	303.4	48.4	174.3	0.58
1 100	0.257	1.323	11.75	345.5	50.7	197.1	0.57
1 200	0.240	1.340	12.62	392.4	53.0	221.0	0.56

彩　图

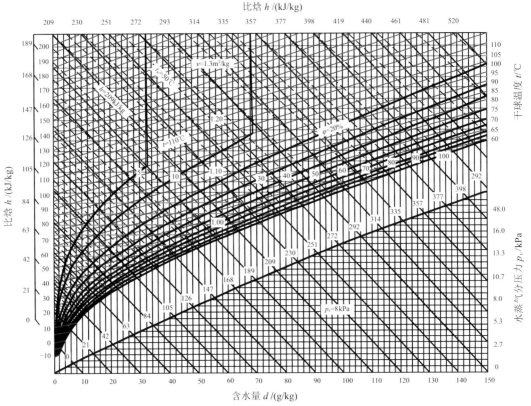

图 2-4　湿空气 h-d 图（大气压力 $p=1.01325\times10^5\,\mathrm{Pa}$）

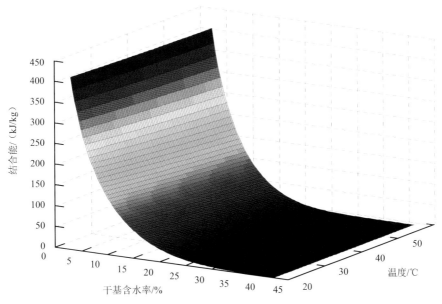

图 4-8　玉米中水分结合能随温度及干基含水率的变化

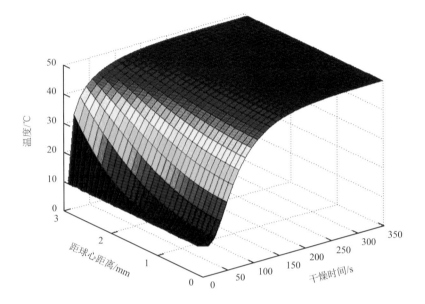

图 4-12　粮食温度随干燥进程的变化及径向分布

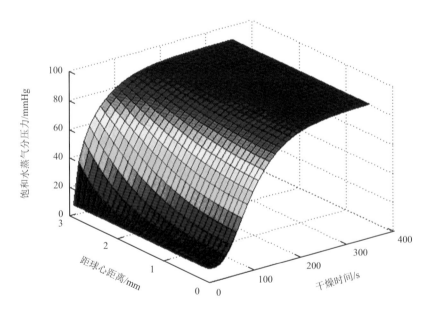

图 4-18　籽粒内部饱和水蒸气分压力随干燥进程的变化及径向分布

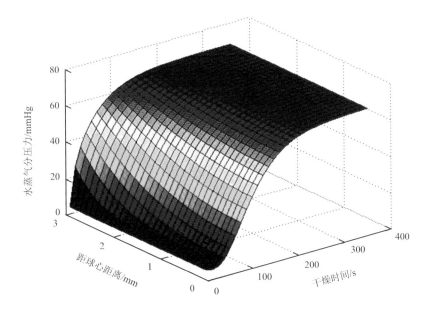

图 4-19 籽粒内部蒸发面上方水蒸气分压力随干燥进程的变化及径向分布

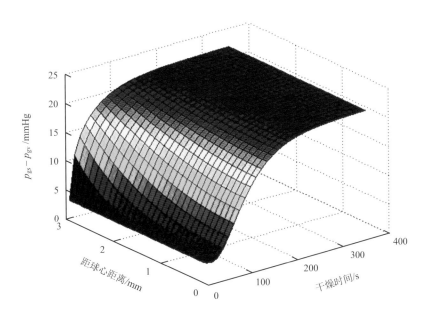

图 4-20 籽粒内部饱和水蒸气分压力及蒸发面上方的水蒸气分压力之差（$p_{gs}-p_{gv}$）随干燥进程的变化及径向分布

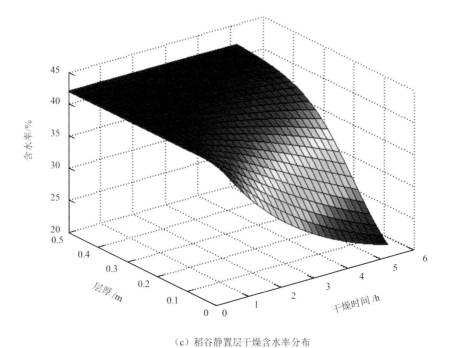

（c）稻谷静置层干燥含水率分布

图 6-3　不同条件下稻谷静置层干燥含水率的变化

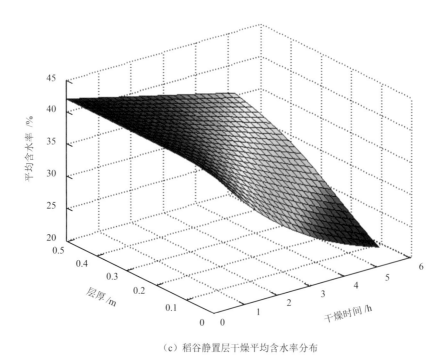

（c）稻谷静置层干燥平均含水率分布

图 6-4　不同条件下稻谷静置层干燥平均含水率的变化

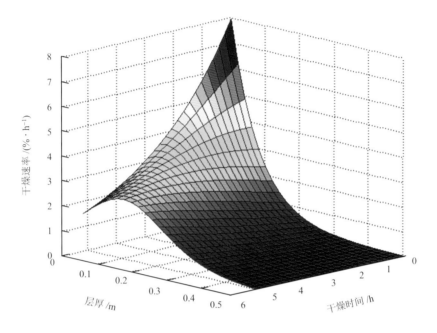

（c）稻谷静置层干燥干燥速率分布

图 6-5　不同条件下稻谷静置层干燥干燥速率的变化

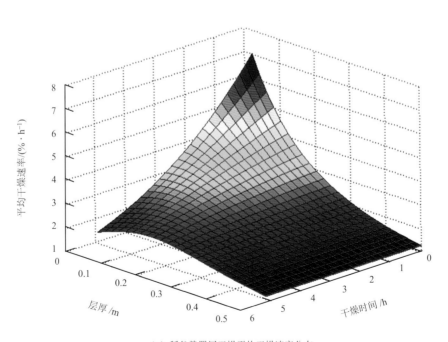

（c）稻谷静置层干燥平均干燥速率分布

图 6-6　不同条件下稻谷静置层干燥平均干燥速率的变化

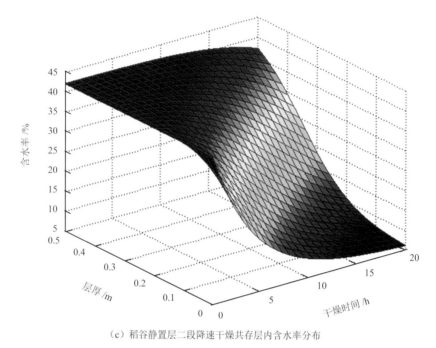

（c）稻谷静置层二段降速干燥共存层内含水率分布

图 6-16　不同条件下稻谷静置层二段降速干燥共存层内含水率的变化

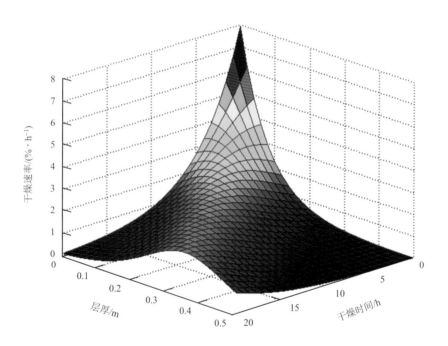

（c）稻谷静置层二段降速干燥共存层内干燥速率分布

图 6-17　不同条件下稻谷静置层二段降速干燥共存层内干燥速率的变化

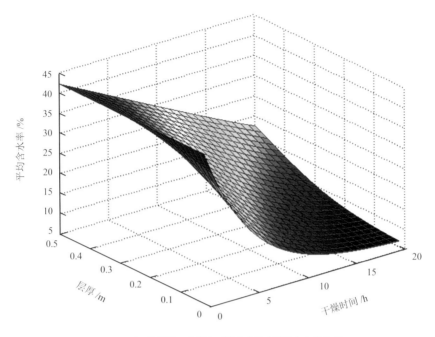

（c）稻谷静置层二段降速干燥共存层内平均含水率分布

图 6-18 不同条件下稻谷静置层二段降速干燥共存层内平均含水率的变化

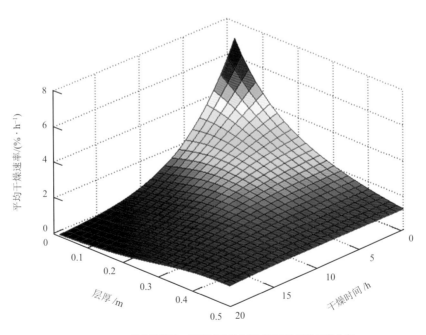

（c）稻谷静置层二段降速干燥共存区间平均干燥速率分布

图 6-19 不同条件下稻谷静置层二段降速干燥共存层内平均干燥速率的变化

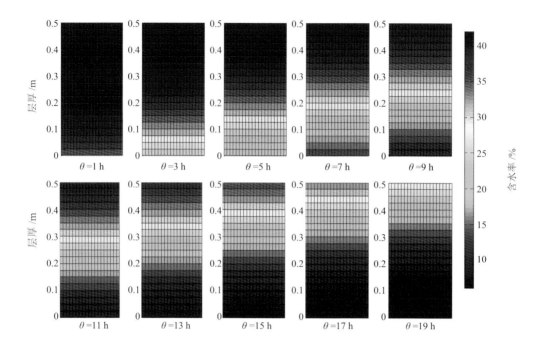

图 6-20　不同时刻稻谷静置层二段降速干燥层内含水率分布云图

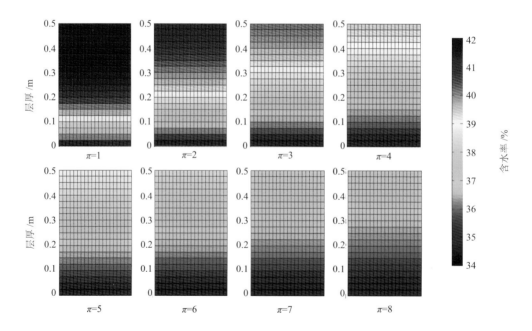

图 6-21　不同风量谷物比下稻谷静置层干燥 1h 后层内含水率分布云图

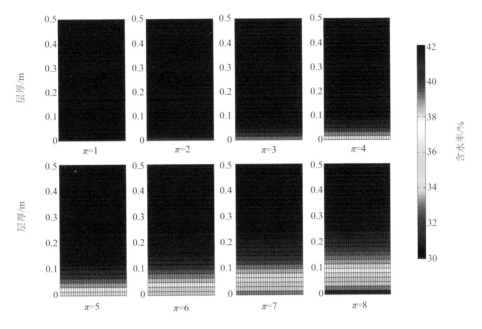

图 7-7　不同风量谷物比下稻谷逆流干燥含水率沿床深的分布

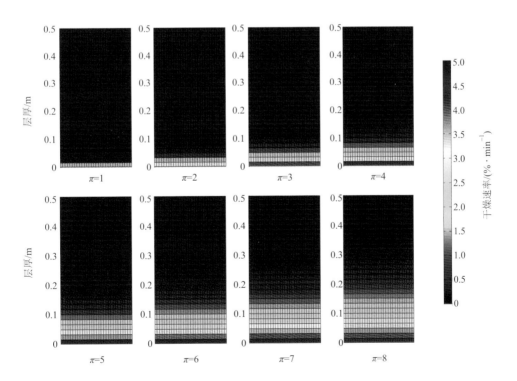

图 7-8　不同风量谷物比下稻谷逆流干燥干燥速率沿床深的分布

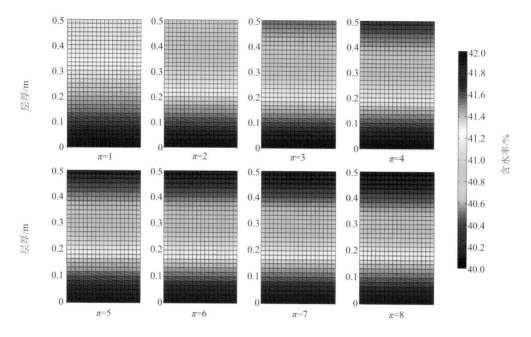

图 7-16　不同风量谷物比下稻谷顺流干燥含水率沿床深的变化

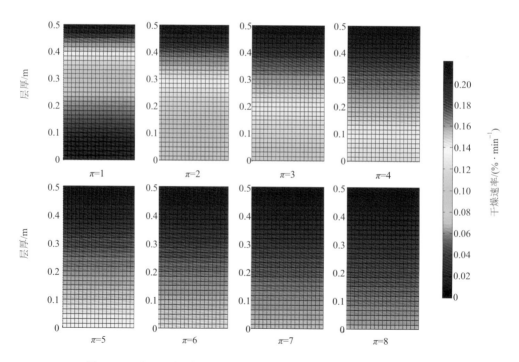

图 7-17　不同风量谷物比下稻谷顺流干燥干燥速率沿床深方向的变化

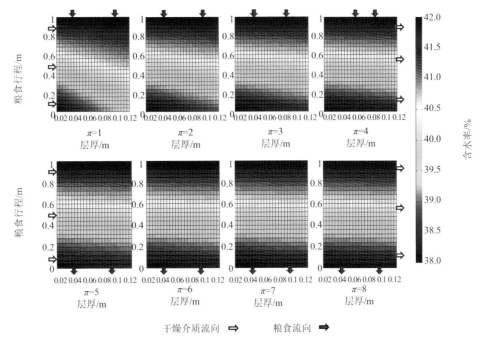

图 7-20 不同风量谷物比下稻谷横流干燥含水率沿床深的变化

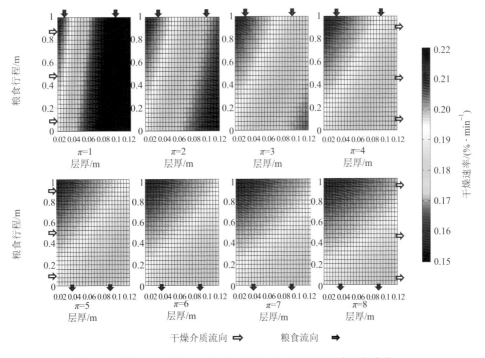

图 7-21 不同风量谷物比下稻谷横流干燥干燥速率沿床深的变化